# 主要林木及林下资源产业化栽培与利用

中国林学会 ◎ 主编

中国林业出版社
China Forestry Publishing House

#### 图书在版编目(CIP)数据

主要林木及林下资源产业化栽培与利用/中国林学会编.—北京：中国林业出版社，2020.7
ISBN 978-7-5219-0574-8

Ⅰ.①主… Ⅱ.①中… Ⅲ.①林木－林业资源－农业产业化－研究－中国 Ⅳ.①F326.24

中国版本图书馆 CIP 数据核字(2020)第 085488 号

| | |
|---|---|
| **出版** | 中国林业出版社(100009　北京西城区刘海胡同7号) |
| **电话** | 010-83143564 |
| **发行** | 中国林业出版社 |
| **印刷** | 北京中科印刷有限公司 |
| **版次** | 2020 年 7 月第 1 版 |
| **印次** | 2020 年 7 月第 1 次 |
| **开本** | 787mm×1092mm，1/16 |
| **印张** | 17.25 |
| **字数** | 420 千字 |
| **定价** | 65.00 元 |

# 本书编委会

**编委会主任：** 陈幸良

**编委会副主任：** 李 莉　曾祥谓

**编　　委：**（按姓氏笔画排序）

| | | | | | |
|---|---|---|---|---|---|
| 王玉柱 | 王西洋 | 王军辉 | 王　妍 | 王贵禧 | 王保平 |
| 卢孟柱 | 邢丙聪 | 朱培林 | 乔　杰 | 刘小金 | 刘京晶 |
| 刘孟军 | 刘攀峰 | 孙晓梅 | 苏淑钗 | 杜红岩 | 李金花 |
| 李荣生 | 李　彦 | 李　聪 | 吴家胜 | 邹　莉 | 应国华 |
| 张良波 | 张建国 | 张俊佩 | 邵清松 | 林思祖 | 尚旭岚 |
| 金爱武 | 周志春 | 段爱国 | 费世民 | 姚小华 | 敖　妍 |
| 贾黎明 | 徐大平 | 黄坚钦 | 曹光球 | 梁坤南 | 彭方仁 |
| 斯金平 | 曾　杰 | 曾炳山 | 谢允慧 | 谢锦忠 | 谢耀坚 |
| 裴　东 | | | | | |

# 前 言

为贯彻落实习近平总书记关于统筹推进疫情防控和经济社会发展工作的重要指示精神，认真落实中国科学技术协会2020年服务科技经济融合发展行动计划，促进科技经济深度融合，激发创新创业活力，助力地方经济社会高质量发展，中国林学会组建了国家级"科技服务团"。学会充分发挥组织、人才、资源等优势，积极组织全国林业和草原的科技力量，奔赴林业生态建设和产业发展的最前线、最基层，以新技术新成果应用、学术交流、技术指导、咨询培训等多种方式，搭建服务平台，促进科技服务资源下沉，为企业成长和区域林业产业发展提供解决方案，加速林业科技成果联合攻关与转化应用，进一步发挥林业在疫情防控、脱贫攻坚、乡村振兴、区域协调发展等国家重大战略实施中的重要作用。

中国林学会科技服务团由院士和知名专家组成，成员达100余人。服务团主要任务：一是实施开展产业发展调研，助力产业升级；二是开展科技培训服务，助力能力提升；三是开展科技成果评价和成果库建设，助力企业创新；四是开展高端学术交流，助力技术革新；五是开展科技成果推广，助力成果转化。组织编写《主要林木及林下资源产业化栽培与利用》专业教材是开展服务团工作、促进产业发展和成果推广的一项重要工作。多年来，在广大林业科技工作者的努力下，我国主要林木的选择及其良种化、主要栽培林木的培育和产业化利用不断取得新进展。我国林下资源产业目前处于起始阶段，林下资源培育和利用创新有待进一步深化。通过对主要林木及林下资源的产业化栽培与利用技术的系统梳理，可以科学地指导资源产业化发展，对促进科技成果转化推广及林业产业持续健康发展具有重要作用，同时有效服务脱贫攻坚和助力乡村振兴。

《主要林木及林下资源产业化栽培与利用》是在国家林业和草原局与中国科学技术协会共同指导下，由中国林学会精心组织完成的。本书是由从事林业生产研究一线的教学与科研专家，在多年自主研究成果积累的基础上编写而成。本书由速生丰产用材林、珍贵用材林、能源林、经济林、药用植物、食用菌六篇构成，紧密结合林业产业植物栽培生产实践，侧重知识应用和实践操作，并做到理论与实际相结合，充分反映栽培生产技术领域的新知识、新技术和新成果。《主要林木及林下资源产业化栽培与利用》内容系统全面、技术先进可行、语言通俗易懂。本书的出版力求为我国主要林业产业植物先进实用技术的集成推广以及林业实用科技人才培养等发挥重要作用。

本书的策划、编写和出版，得到了中国科学技术协会和科技服务团编写专家们的鼎力支持，在书稿编成出版之际，特向他们致以诚挚的谢意！

限于时间和水平，书中疏漏之处在所难免，敬请广大读者、同行和专家批评指正。

中国林学会
2020 年 3 月

# 目 录

前言

## 第一篇　速生丰产用材林

杉木 ······················································································（002）

泡桐 ······················································································（008）

杨树 ······················································································（012）

马尾松 ···················································································（018）

桉树 ······················································································（023）

落叶松 ···················································································（035）

毛竹 ······················································································（039）

## 第二篇　珍贵用材林

降香黄檀 ················································································（048）

楠木 ······················································································（051）

柚木 ······················································································（055）

楸树 ······················································································（060）

西南桦 ···················································································（063）

黑木相思（澳洲黑檀）································································（067）

## 第三篇　能源林

无患子 ···················································································（076）

文冠果 ···················································································（084）

光皮树 ···················································································（088）

小桐子 ···················································································（092）

## 第四篇　经济林

核桃 ······················································································（102）

油茶 ······················································································（123）

枣树 …………………………………………………………………………………（133）
板栗 …………………………………………………………………………………（140）
仁用杏 ………………………………………………………………………………（144）
香榧 …………………………………………………………………………………（149）
山核桃 ………………………………………………………………………………（154）
薄壳山核桃（碧根果）………………………………………………………………（160）
油橄榄 ………………………………………………………………………………（164）
沙棘 …………………………………………………………………………………（170）
榛树 …………………………………………………………………………………（174）

## 第五篇　药用植物

杜仲 …………………………………………………………………………………（184）
沉香 …………………………………………………………………………………（191）
青钱柳 ………………………………………………………………………………（198）
铁皮石斛 ……………………………………………………………………………（204）
黄精 …………………………………………………………………………………（209）
三叶青 ………………………………………………………………………………（214）
枳壳 …………………………………………………………………………………（219）
覆盆子 ………………………………………………………………………………（230）

## 第六篇　食用菌

黑木耳 ………………………………………………………………………………（238）
香菇 …………………………………………………………………………………（244）
猴头菇 ………………………………………………………………………………（255）
竹荪 …………………………………………………………………………………（260）

# 第一篇

# 速生丰产用材林

# 杉 木

## 一、概述

杉木（*Cunninghamia lanceolata*）是我国人工造林面积最大的用材树种之一，广泛分布于南方17个省份，具有寿命长、生长快、产量高、材质好、病虫害少等优点，深受杉木产区广大林农的喜爱。据第八次全国森林资源清查结果，杉木人工林面积达895万 $hm^2$，蓄积量达6.25亿 $m^3$，种植面积和蓄积量均居我国人工用材林树种的首位。杉木人工林不仅能够提供大量木材等林产品，而且在森林固碳、净化空气、保持水土、涵养水源、防风固沙、调节气候、保持生物多样性、美化环境等方面都具有十分重要的作用。由于杉木人工林面积大，生长快，单产高，杉木林碳汇功能强大，在我国乃至世界减少温室气体和应对全球气候变暖的问题中都将扮演极其重要的角色。据资料表明，2016年全国林业产业总值达6.4万亿元，其中杉木全产业链总产值1.6万亿元，约占我国林业总产值的25%，杉木在我国林业产业中占有极其重要的地位。提高杉木人工林质量，加快我国杉木产业的健康、持续、快速发展，对于保障我国的木材安全、生态安生及国土安全，促进广大林农的增产增收，实现贫困人口的精准脱贫、生态文明、乡村振兴及美丽中国建设等国家战略目标具有重大意义。

## 二、发展目标

杉木木材黄白色，有时心材带淡红褐色，质较软，细致，有香气，纹理直，易加工，耐腐力强，不受白蚁蛀食，常供建筑、桥梁、造船、矿柱、木桩、电杆、家具及木纤维工业原料等用。新形势下，市场对传统杉木材种的需求发生极大变化，市场急需的杉木大径材和装饰材少，材种供给结构失衡日趋突出。在新时代，杉木人工林发展应因地制宜，以营造或改建杉木中径材、大径材及装饰材速生丰产林为主，构建当今良种背景下的杉木中径材、大径材及装饰材速生丰产林高效培育技术体系。

## 三、品种选择

杉木遗传育种水平走在我国用材林树种的前列。目前，福建、广东、广西、江西、浙江、湖南、贵州等地均已建成第三代杉木种子园并已投入生产，各地造林时均可选择当地或就近的杉木良种进行造林。随着杉木扦插及组培技术日益成熟，福建、广东、广西、浙江、湖南、贵州等地选育出一批优良单株并已进行规模化育苗，各地造林时也可选择当地或就近的无性系进行造林。无性系造林存在一个较大的问题就是幼苗萌芽能力强，在幼林抚育管理时，应适时进行除萌措施，增加幼林抚育成本（图1，图2）。

图 1　杉木苗木　　　　　　　　　图 2　杉木人工林

## 四、育苗技术

### 1. 播种育苗

选择日照较短、水源及交通便利、土层深厚、土壤肥沃、通透性良好的砂质壤土做苗床。作成高床，床高 25cm，床宽 120cm，要求土壤细碎，床面平坦，沟道畅通。每年 2 月中下旬进行播种，采用撒播方式，每亩下种 5kg，种子选用高世代杉木种子园生产的良种。播后覆盖黄心土 1.5~2.0cm 厚。及时除草松土，适当间苗，每周喷 0.5% 波尔多液 1 次，以防病害发生。6 月以前要加强排水，7~8 月要注意灌水抗旱，9 月以后要停止施肥灌水。当年苗高可达 40cm 以上，地径 0.5cm 左右，翌春可出圃造林。

### 2. 扦插育苗

扦插育苗是杉木无性系最重要的繁殖途径。杉木扦插育苗技术主要包含以下几项技术：

（1）圃地整理："三犁三耙"排灌便利、日照较短、排干晾晒后的水稻田，碎土每亩拌施过磷酸钙 150kg，作垅起畦，畦面宽 100~110cm，步道宽 30~40cm，步道深 25~30cm。

（2）穗条采制：从采穗圃中采集顶芽明显、无侧枝、半木质化、着轮生针叶穗条，穗长 5~10cm，即采即插。

（3）扦插：3~4 月扦插。扦插前 1 天，苗床用 0.3% 高锰酸钾溶液消毒，扦插前用清水淋洗。穗条基部浸 1000 倍多菌灵溶液 5~10min，扦插深度为穗条长度的 1/2~3/5，每平方米 80~100 株，插后浇透水。

（4）扦插圃管理：插后在床面上覆盖塑料小拱棚和遮光率为 70% 的遮阳网，拱棚内空气相对湿度保持在 90% 以上。插穗生根成活后，逐步撤去塑料薄膜，转入常规育苗管理。插穗生根后，施复合肥或氮肥，每亩每次用量 4~5kg，配比成浓度 0.3%~0.5% 的溶液浇施。扦插 4~5 个月后除萌定苗，及时抹去或剪去插穗上多余萌芽及萌条，保留 1 苗 1 干。每隔 7 天喷施一次 75% 百菌清可湿性粉剂或甲基托布津可湿性粉剂 500~800 倍液防治病害。苗木出圃按《育苗技术规程》（GB/T 6001）执行。

### 3. 组培育苗

组培育苗是杉木无性系繁育的关键途径之一。杉木组培快繁技术体系建立主要包含以下几个主要技术环节：

（1）外植体取材季节和时间。杉木外植体取材一般在夏秋季节的晴天午后取材为宜，此时杉木生长旺盛外植体所带微生物较少，不易发生污染。

（2）外植体选择。选择当年生健壮无病虫害的杉木顶芽、半木质化茎段和幼嫩叶作为外植体进行初代培养，特别是基部萌蘖条的顶芽、半木质化茎段和幼嫩叶更佳，因为其幼化最彻底，容易脱分化，诱导成功率高。

（3）外植体预处理。将外植体材料拿到室内后，将半木质化茎段剪成0.5~1cm，叶片剪成1cm左右长度，浸泡在5%洗衣粉中5min，用软毛刷将外植体材料刷洗干净，再用流水冲洗90~120min，随后置于超净台备用。

（4）外植体灭菌。根据外植体材料幼嫩程度不同，首先采用75%酒精进行30~60s的灭菌处理，结束后用无菌水润洗2~3遍，接着用0.1%升汞浸润外植体材料5~15min，期间不断摇晃使其与材料充分接触，结束后用无菌水润洗5遍，随后将其接种到初代培养基中进行培养。

（5）愈伤组织诱导。杉木茎尖、顶芽和茎段常用的愈伤诱导基本培养基为1/2 MS，根据培养材料的不同，使用1/2 MS+0.3~1.0mg/L 6-BA+0.5~2.0mg/L 2,4-D+30 g/L 蔗糖+6 g/L 琼脂，pH5.8的培养基配方进行培养能有效诱导愈伤的形成。不同无性系愈伤诱导培养基配方有所差异。

（6）不定芽的诱导。对于进行不定芽诱导培养，常用的基本培养基是1/2 MS或MS，对于不同品系材料单独使用1/2 MS或MS+0.2~0.8mg/L 6-BA即可成功诱导不定芽。

（7）不定芽继代增殖。不定芽继代增殖培养中6-BA常和IBA配合使用，但应注意6-BA:IBA的比值应大于1.5才能更有效诱导不定芽形成。根据品系的差异，常用的激素组合配方为：1/2 MS+0.3~0.9mg/L 6-BA+0.1~0.3mg/L IBA+30 g/L 蔗糖+6 g/L 琼脂，pH5.8，在该培养基配方上能获得满意的效果。不同无性系增殖培养基配方有所差异。

（8）生根培养。一般而言，采用低营养强度的MS培养基配合激素更有利于生根。根据品系的不同，杉木生根常用培养基配方为：1/2 MS或1/4 MS+IBA 0.1~0.3mg/L+NAA 0.075~0.15mg/L+30 g/L 蔗糖+6 g/L 琼脂，pH5.8，在该配方下能获得满意的生根效果。不同无性系生根培养基配方有所差异。

（9）炼苗。当组织瓶内苗木根系长到0.5~1.0cm时，打开培养瓶的盖子，向培养瓶中注水至水面高度超过培养基表面0.5~1.0cm，进行开盖炼苗2~5天，开盖炼苗的温度为20~35℃，光照条件为自然光照。炼苗后的组培苗移植到圃地或营养袋中继续培养至上山造林。

## 五、培育技术

### 1. 造林时间选择

杉木春季造林一般在1~3月的雨后进行，在此期间早栽比晚栽好，最迟不晚于3月底，否则会严重影响造林成活率。1~3月杉木苗木新芽尚未萌动，树液尚未流动，苗木枝叶处于休眠状态，而苗木根系处于活跃状态，此时造林生根快，成活率高，长势好。4月以后，杉木芽苞萌动，此时造林杉木先抽梢后生根，造林成活率低且生长差。杉木造林时应当选择阴天、细雨天进行，在降雨结束后造林会显著提高造林成活率。如果确因非人为原因导致3月未能完成造林任务，应当选择杉木容器苗来代替裸根苗进行造林。

**2. 立地选择**

由于杉木是偏喜肥且不耐水淹的树种。在造林地选择时，应选择土壤肥沃、土层深厚、排水良好的造林地。在营建大径材林分时，应选择16地位指数级及以上的立地。

**3. 整地**

由于炼山会导致水土流失及灰分损失，不利于杉木人工林林地地力维护。因此，应对采伐迹地采伐剩余物采用耙带清理，带宽1m，带间距7m。挖穴大小为40cm×30cm×30cm。对于坡度大于30°的造林地，为保持水土应采用鱼鳞坑整地，穴按"品"字形排列。

**4. 起苗**

造林时间确定后，在造林时前往苗圃地起苗。杉木起苗时应自外向里带土挖出苗木，抖散附土，取出苗木，禁止用手拔苗。注意尽量保持苗木根系完整，不损伤苗木顶芽茎皮。土壤干燥的苗圃地要在起苗前一两天灌溉一次，使土壤湿润，利于起苗。造林前做好起苗分级工作，要求随起苗、随分级、随栽植，按Ⅰ、Ⅱ级苗进行分类和包装。Ⅰ级苗地径≥0.45cm，苗高≥30cm；Ⅱ级苗地径≥0.35cm，苗高≥20cm；Ⅲ级及以下杉木苗为不合格苗木，不能用于造林。同一块林地栽同一级苗木，可保证后期杉木生长一致、林相整齐、郁闭早、成林快。苗木在上山定植前应当对根部进行蘸浆（打浆）处理。泥浆可选择黄心土和钙镁磷肥混合而成，浆根时每1000株苗木可在泥浆中加入1~2kg钙镁磷肥，从而保持苗根湿润，并有利于幼苗扎根快长。打浆时放一些生根粉和保水剂，以提高杉木造林成活率。泥浆液应蘸满苗木根系，使苗木根上的蘸浆不结团、不滴水为宜，蘸浆应高于幼苗出土处1cm左右。浆好的苗根应当注意覆盖保湿，并及时造林，不要让苗根受风吹日晒。

**5. 栽植**

杉木宜深栽，一般苗高在40cm以下的，栽植时要将苗木地上部分的1/3埋入土中；苗高大于40cm的，应深栽至地上部分入土15~20cm。栽植时，要先回填表土至种植穴深度1/2，将苗木端正放置于穴中心，苗梢弯曲方向朝向下坡。填土过程中要注意苗要扶正，在填土到一半时，注意把苗梢向上一提，使根系舒展以防止窝根；扶正苗木后，再轻踩压实，回填泥土，并再次用脚踩实，注意不要碰伤根际皮部；最后再进行培土作业，将种植穴堆成"龟背型"，培土高度要超过地面约10cm。通常杉木的栽植技术归纳为"三埋两踩一提"，做到杉木栽植时苗正、根伸、不反山，适当压实，深浅适度。根据造林地土壤肥力状况，每穴施钙镁磷肥250g，施肥后覆填表土，以保障早期生长养分需求。

"栽深、打紧、培土"是防止杉木产生萌芽条的重要措施。杉苗根颈部位生长着丰富的不定芽，当苗木受损、栽植太浅或歪斜时，苗木主干的生长受到抑制，不定芽就会萌发，形成许多萌芽条，影响杉木生长。因此，栽植时一定要把杉木苗扶正，使根系舒展；同时要分二三层填土踩实，让苗根能充分接触土壤，吸收水分，由此来抑制不定芽萌发和提高造林成活率。在山坡上造林时最好从上往下栽植，以避免泥土、石块滚下压倒已栽好的苗木。

#### 6. 造林密度

造林密度要根据造林作业设计的经营目的、立地条件和经营水平来定，若出现人力不足的特殊情况宜适当密植，一般初植密度每亩167~296株。立地好的宜稀，立地差的宜密，以提高单位面积保存率，同时降低抚育成本。

#### 7. 幼林抚育

及时进行幼林抚育是保证幼林成活及生长的最主要措施。杉木幼林抚育的主要内容为除草、松土、除萌、培土扶正等。抚育时间主要取决于幼林的年生长规律和林地土壤的水分及杂草生长发育状况。根据种植情况，栽植当年一般要进行2次抚育，4~6月间进行块状松土除草及培土扶正，8~9月间进行全面除草松土。第二年开始每年进行1~2次抚育，直至幼树郁闭成林。针对无性系林分，在松土除草及培土扶正时还应加除萌措施，从而保证幼林的正常生长。对于立地条件较差的地方或经济状况较好的单位，在幼林抚育时可适当追肥，追肥可用复合肥，施肥量为200g/株，在4~6月进行。

#### 8. 间伐

杉木林自种植至主伐期间，通常要进行2次抚育间伐。栽植后8~10年间进行第一次透光伐，主要伐除被压木、枯死木及病木，伐后每亩保留110~120株；第13~15年间进行第二次间伐，伐后保留80~100株，间伐要遵循"去小留大，去劣留优，去密留稀"的原则。对于培育杉木大径材的林分，为给保留木留下足够的营养空间，在杉木成熟林期间可进行一次主伐择伐，选择长势好、树干通直、主干无分叉及无病虫害的植株作为保留木，伐除干扰木，伐后林分保留40~60株培养杉木大径材。

#### 9. 主伐

杉木至成熟龄时可进行主伐，中径材杉木主伐年龄一般控制在23~25年生；大径材林分杉木主伐年龄控制在35年以上。为防止水土流失，不建议采用大面积主伐，主伐面积尽量控制在150亩①范围内。

#### 10. 混交

杉木纯林种植会引起地力下降等诸多不良后果。为实现杉木林地的可持续经营，可营建杉阔混交林。木荷、马尾松、火力楠等树种是较理想的混交树种。混交树种的混交比例，应视立地条件及气候条件而异，一般应为20%~50%。条件较好的地块可进行带状混交，个别地区可采用行间或株间混交。

#### 11. 林下植被保护与恢复

杉木人工林常由于造林密度过大，林下植被稀少。为增加杉木人工林的生物多样性，增强林分的稳定性，可对林下天然更新且具有培养前途的其他树种进行保护。除此之外，也可采用林下套种人工促进林下植被更新的方式。林下套种不仅可改善林分结构、增加林

---

① 1亩≈667m²

分生物多样性、改善林地地力，而且还可提高林分的水源涵养能力、林分景观效果及增强林分的稳定性及抗逆能力，从而提高林分的生态效益及实现林地的可持续经营；此外，通过林下套种适生的乔灌木，还可提高林地的复种指数，提高林分的经济效益，从而提高林农收入。目前，杉木人工林林下套种的乔木树种主要有楠木、观光木、火力楠、木荷等，林分郁闭度以 0.4~0.6 为宜，套种密度以 45 株/亩为宜；林下套种的药用植物主要有草珊瑚、三叶青、黄精等。

## 六、对策建议

杉木是我国南方最重要的速生用材树种之一。近年来，由于松材线虫的影响，马尾松种植面积日益萎缩，而杉木的种植面积日益扩大。在杉木人工林经营过程中，采用科学、合理的方式新建高质量的杉木人工林及改造现有的杉木人工林，提高杉木人工林的产量及实现杉木人工林长期生产力维持，减缓杉木人工林地力下降的速度。

（1）大力推广良种。选用高世代杉木良种苗木进行造林的增产效益十分显著，不仅是培育杉木速生丰产林的重要措施，也是培育杉木大径材重要保障。目前福建、广西、湖南、江西、贵州、广东等省份的部分国有林场都培育出大量的高世代杉木良种实生苗及优良无性系，各地种苗公司和育苗大户也生产出较多的高世代杉木实生苗。福建省洋口国有林场还培育了"洋020"、"洋061"等通过国家审定的杉木优良无性系，具有速生、丰产、林相整齐、成活率高等优势，是杉木造林的优良材料。在良种选择上应尽量选用三代杉木实生苗或优良无性系，个别条件不足的地方也可选择二代杉木良种进行造林。

（2）多个无性系配置造林。随着杉木无性繁育技术日益成熟，杉木无性系造林面积越来越大。在杉木无性造林过程中，不建议采用单一无性系造林，而应采用多个无性系配置造林技术，从而避免单个无性系造林基因窄化而引起的诸多环境问题。

（3）大力推广机械作业。随着我国城市发展，大量农村剩余劳动力向城市转移，农村劳动力日趋匮乏，而森林资源培育产业又是一个劳动密集型的产业，工作时间较长，工作强度较大，现在的农村青年劳动力已难以适应这种工作。预计10年后，森林资源培育产业面临的最大问题可能是劳动力不足的问题。因此，在低山丘陵缓坡地带，尽量采用省力化、机械化作业方式，提高作业效率，以效率换时间。

（4）加强产学研联合攻关。目前，杉木产区基本都采用高世代良种造林。与传统的杉木良种相比，现今的杉木良种生长速度更快。近年来杉木高世代良种的大量应用，对林地养分和造林技术需求提高，传统的栽培技术已不能适应这些良种造林要求。因此，非常有必要联合杉木研究优势单位，联合开展杉木高世代良种的种苗繁育技术体系及高效培育技术体系的协同攻关，实现新时代背景下的杉木人工林质量精准提升，在维持杉木人工林地力的前提下进一步提高杉木人工林的经济效益、社会效益及生态效益。

撰 稿 人：曹光球　叶义全　林开敏
咨询专家：林思祖　福建农林大学林学院　教授
联系电话：18559106699
电子邮箱：szlin53@126.com　　微信：szlin53

# 泡 桐

## 一、概述

泡桐（*Paulownia* spp.）是原产我国重要的短周期多用途速生用材树种，栽培和利用历史十分悠久，已列入重点地区速生丰产用材林基地和国家储备林建设工程树种名录。

泡桐在我国的分布达 24 个省份，分布范围为北纬 20°~40°、东经 98°~125°。按照自然地理条件，划分为黄淮海平原区和西北干旱半干旱区、江南温暖湿润区三大栽培区。泡桐现有 11 个种、2 个变种、6 个变型，主要栽培种为兰考泡桐（*P. elongata*）、楸叶泡桐（*P. catalpifolia*）、毛泡桐（*P. tomentosa*）、白花泡桐（*P. fortunei*）、川泡桐（*P. fargesii*）。其叶、花、果、干、根、皮均可入药，叶、花也可作为饲料。其木材材色浅、纹理通直、丝绢光泽、材质轻软、强重比高、隔潮、耐腐、不翘不裂、着火点高、声乐性能优异，广泛用于装饰产品、家具、乐器、工艺品和人造板等制作，是我国重要的民族传统出口创汇木材。

泡桐生长迅速、繁殖容易、树干通直、冠形优美、花大色美，适于速生丰产林、农（林）桐复合经营、园林绿化、四旁植树等多种栽培方式。目前，多地注重泡桐的改良土壤、防风固沙、无污染等优势和较高的经济、生态效益回报，都将泡桐作为优质高效培育的主要造林树种，泡桐的发展亦呈现出从北方向南方、从平原区向低山丘陵区、从单一木材目标经营向多目标经营转变的趋势，且日益受到国际社会的重视。发展泡桐产业将对缓解木材供求矛盾、改善生态环境、促进绿色发展、脱贫扶贫和建设美丽中国发挥重要作用。

## 二、发展目标

完善以桐材加工企业为龙头、资源培育企业为主体、大学和科研院所为支撑的泡桐产业链。制定泡桐产业发展战略，科学评价泡桐产业的经济、社会和生态效益，分区分地施策。研发高附加值主打产品，以市场为导向，拓展利用途径，提升加工利用水平。选育速生丰产优质高抗泡桐优良品种，研发多栽培方式、多目标经营的丰产高效培育配套技术体系，保障科研与生产紧密衔接，加速创新成果转移转化，着力实现乡村振兴战略和美丽中国建设目标。

## 三、品种选择

自 20 世纪 70 年代初以来，针对不同泡桐栽培方式和培育目标，围绕速生、自然接干能力强、抗丛枝病能力强、木材材质优良和综合性状优良等目标，采用选择、杂交、诱变、航天和多倍体等育种手段，先后选育出 50 余个泡桐优良无性系。其中，以优树选择选育的优良无性系 1-58、C125、C161，以天然杂交实生选择选育的优良无性系 01-22、9501、C020，以人工杂交选育的良种/优良无性系中桐 6 号~9 号、9502、豫杂 1 号、毛白

33、苏桐 3 号、陕桐 3 号、陕桐 4 号等，适合在当前生产上推广应用。

## 四、育苗技术

泡桐既可有性繁殖又可无性繁殖。育苗方法主要有播种、埋根、平茬、留根、嫁接、组织培养等。埋根育苗是当前生产上培育高干壮苗的主要方法。主要技术环节如下：

**1. 苗圃地选择**

选择交通便利、地势平缓、肥力中等以上、土层深厚、地下水位 1.5m 以下、不积水、光照充足，排灌良好的壤土或砂壤土立地，避免使用风口地、重茬地和水稻地。

**2. 整地**

在秋冬季节翻耕，于翌春 2~3 月进行浅耕细耙。以腐熟农家肥、或有机肥、或复合肥作基肥；选用硫酸亚铁、代森锌、辛硫磷等杀菌杀虫药剂进行土壤消毒。深耕细整，选用高垄、低床和平床等作床方式。

**3. 种根采集与处理**

选择优良品种、健壮、无病虫害的 1~2 年生苗木，在泡桐落叶后至翌春发芽前的非冰冻时期采根和剪根。种根小头直径 1~3cm、长 10~15cm。晾晒 1~3 天后，可下地育苗或湿沙坑藏。催芽宜用阳畦催芽方法。具体方法为：在埋根前 10~15 天选择背风向阳的地方，挖宽 1.5m、深 30cm、东西方向的阳畦，畦底铺 5cm 厚湿沙，种根大头向上，成捆直立于坑内，种根间填充湿沙，上盖塑料薄膜，10~15 天后幼芽萌发露白即可育苗。

**4. 埋根时间**

北方一般在 3 月上旬至 4 月上旬。南方一般可提前 15~20 天，也可在冬季 11 月下旬至 12 月上旬埋根。在幼苗出土后不受晚霜为害情况下，埋根时间越早越好。

**5. 埋根密度**

应根据苗木培育目标、土壤肥力和管理水平而定。一般行距为 1.0~1.2m，株距为 0.8~1.0m。

**6. 埋根方法**

按株行距定点、打孔。埋根时种根大头向上，顶端与地面平，封小土堆按紧，及时浇水。若覆膜要有充足的底墒，埋根时间可稍早于一般埋根。

**7. 苗期管理**

出苗期与生长初期遇干旱应及时灌水，宜小水侧灌，忌大水漫灌。速生期及时灌水浇透，生长后期一般不必灌水，北方地区在封冻前要浇一次透水，及时排除积水。生长初期和速生期分别追肥 1~2 次，选用尿素、硫酸铵或含氮量较高的复合肥。生长初期施肥每株每次 20~30 g，速生期每株每次 30~50 g，速生期末追一次磷、钾肥或复合肥，每株 20~30 g。根据苗木大小，距苗木 20~40cm 处，两侧穴施。采用地膜覆盖的大田埋根育苗，要在出苗期及时检查出苗情况破膜和封土。苗高 10~20cm 时定苗；及时除草、松土、培土、抹芽和病虫害防治。苗木的出圃要与造林季节结合，一般在苗木生长停止后至翌年萌动前起苗。避免在 0℃ 以下起苗，起苗时根幅应保持 40~50cm。

除苗圃地埋根育苗外，还可采用容器育苗等方法。

## 五、培育技术与模式

### 1. 立地选择

造林地以砂壤土至重壤土为宜,其次为黏土、砂土。地下水位在生长季节应不高于2m,活土层应大于80cm,且土壤肥力较高。在山区,坡度小于30°的缓坡,只要土层深厚,各部位均可造林。坡度在30°以上,应在中坡以下造林。避免在风口造林。

### 2. 整地

宜在秋冬季进行,整地前应清除地上杂草、灌木和伐根。穴状整地的深度一般0.8~1m,方形穴的长、宽和圆形穴的直径一般是0.8~1m。水平带整地适用于水肥条件较好的缓坡,带宽1~2m,带间距离3~7m,深度30~50cm。在农桐复合经营的造林地可全面整地,整地深度30~50cm。后两种整地方式需再挖栽植穴。

### 3. 栽植

造林季节以晚秋、早春为宜。基肥施用可与挖栽植穴和回填土同时进行,将基肥与表土混合均匀填入穴内,一般每株施用腐熟厩肥10~15kg,或有机肥3~5kg,或复合肥0.25~0.4kg。在北方主要采用植苗造林,在南方低山丘陵区常用根桩造林和容器苗造林。苗木宜采用当年生壮苗,地径≥4cm、苗高≥3m。山地造林或长途运输时,可用根桩(地径≥3cm)和容器苗(苗高20~30cm)造林。可根据培育目标、立地条件和泡桐种类确定造林密度(株行距)。以培育大、中径阶材为目标,速生丰产林的株行距以3~6m×3~6m为宜。四旁造林(包括农田防护林)宜三角形配置,株行距4~5m×4~7m;以林为主的桐农复合经营林,株行距3~5m×8~15m。若营造混交林,桐杉和桐竹混交林的泡桐株行距可按6m×6~10m,桐茶混交林的泡桐株行距可按5~7m×5~7m。栽植时一般不宜栽得太深,否则幼树生长不旺,而浅栽需要高培土以防倒伏。一般栽植深度以苗木根颈处低于地表15cm左右为宜。根桩造林根颈处应低于地表5cm左右。放苗时根系要理顺,避免根系卷曲、窝根、架空。苗木放入栽植穴中后,分层填土分层轻轻踏实。有条件的地方,栽后应立即灌一次透水,以保证土壤与根系密接,提高造林成活率。

### 4. 幼林抚育

(1)松土、除草、灌溉、施肥。松土、除草在造林当年直到幼林郁闭期间进行,其次数和时间,依当地条件而定。采用桐农复合经营,以耕代抚效果较好。在黄淮海平原,造林后前2年灌溉尤为重要。春季树液流动前应浇一次萌动水,苗木抽枝时应灌一次抽枝水。生长关键期和降水较少的旱季4~7月为其高效灌溉时期。灌溉时间、次数及灌水量可根据气候和土壤条件决定。若追肥,可在栽植后第二年、第三年进行,每株施腐熟的土杂肥约20kg,或复合肥0.3~0.5kg;在距离树干50~60cm处挖20~30cm环状沟,将肥料均匀撒入沟内,回填平沟。

(2)接干。为培育通直高干,可采用剪梢接干、平头接干、修枝促接干、钩芽接干、平茬接干等多种人工接干方法。其中,平茬接干法、剪梢接干法在生产上应用较为普遍,修枝促接干法是修枝和接干综合应用的新方法。

平茬接干法:此方法常用于改造残次幼龄林。宜在冬季和春季树液开始流动前,对

1~3年生无培育前途的幼树（树干低矮弯曲或因机械损伤、霜冻和病虫危害等而生长不良），全部去除地上部分，促使从近根颈处萌发和生长出更高更健壮的主干。主要技术环节为：茬口高度以离最上层侧根3cm左右为宜，茬口要平滑、防止劈裂、封土成堆，定苗除萌宜在萌芽长到10~20cm时，留强去弱、留下去上、避免风折，加强抹芽、水肥管理和病虫害防治。平茬可使根部积累的大量养分集中供应选定苗木的生长，进而使新长出的主干规格整齐、通直粗壮、生长量大、优良率高。该技术简单易行，效果明显，但对平茬后的生长期管理要求较高，且延缓成林期，适于较好立地条件。在冬春季节，可将1~3年生苗木或幼树的地上部分全部去掉，由根桩萌发出更高更健壮的苗木，当年高度可达4~5m，但对当年生长期管理要求较高，且延缓成林期。

剪梢接干法：此方法宜在春季萌芽前进行。其主要技术环节包括选芽、剪梢、抹芽和控制竞争枝等。选留的芽要健壮、饱满、无机械损伤、无病虫害，应位于主干充实部分的迎风面且夹角较小，以45°角斜剪，芽萌发后保留靠近叶痕的芽、抹去近剪口处的副芽和苗干下部的芽，保留4对或6对芽，采用压枝或拉枝的方法控制竞争枝。由于林木栽植当年处于缓苗期，接干高度较低，需进行2~3次接干。

修枝促接干法：此方法宜在造林后第3年的春季进行。对未自然接干植株修除顶部分权枝和部分下层枝，保留下层2~3轮枝，促进顶权枝基部的潜伏芽萌发和生长进而形成接干，在接干成功后次年全部修除剩余下层枝，做好抹芽、定芽和定干工作。此方法的接干高可达4~6m，对主干材积生长量提高极显著，对径生长影响不显著。用矮壮苗造林并采用该技术可达到提高造林成活率、培育高干并降低成本的目的。

（3）病虫害防治。泡桐的主要病害为丛枝病、炭疽病和根结线虫病，主要虫害为叶甲。泡桐丛枝病可采用选择抗病品系、培育无病壮苗、加强检验检疫、防治媒介昆虫、对病枝进行修除、对发病初期植株髓心注射盐酸四环素等综合措施以降低发病率。泡桐炭疽病在发病期可喷施杀菌剂进行防治，在选择苗圃地时，选择距泡桐林较远、便于排水的地方。泡桐根结线虫病可化学防治，并避免重茬地育苗。泡桐叶甲可在4月中下旬和6月上旬幼虫发生期进行化学防治，同时可通过营建混交林、保护和利用天敌降低虫口密度。

## 5. 间伐、主伐与更新

泡桐定植3~4年后，林分已完全郁闭、林木生长发育尚未受到影响、林木分化还没有表现出来以前，即可进行间伐。间伐要考虑造林密度、间伐材利用和培育目标等因素，可隔行间伐或隔株间伐。根据造林地的立地条件、泡桐生长情况及培育目标，确定主伐年龄。采伐时间以秋冬季为好，有利于清理林地、杀灭病虫害，为留桩或留根来年萌芽更新创造良好的环境。

## 六、对策建议

由于2020年初突发的新冠肺炎疫情，将严重影响泡桐的育苗、造林和抚育管理等工作。结合泡桐的培育特点提出如下对策建议。

### 1. 调整育苗方式

因新冠肺炎疫情影响，容器育苗、大田育苗等已错过最佳时期，出芽时间极大延后，生长期极大缩短，生长量将会降低30%~50%。建议采用大田直插育苗，强化催芽措施，合理开展整地、除草、松土、水肥管理等工作，提高成活率、生长量和成苗率。

### 2. 调整造林方式

2~3月是泡桐造林的适宜季节，受疫情影响，造林期极大延迟，大田苗木将会出现发芽、放叶等情况，成活率和年生长量将会受到严重影响。建议：①将大田苗木截干后，采用根桩造林，强化定芽、抹芽、水肥管理等。虽然该措施延迟了成林时间，但将有利于泡桐高干培育和提高造林成活率。②将造林和育苗结合，按设计行距和1m株距直接埋根，或按设计株行距挖穴并丛状埋根，每穴4~5株。待冬春季节再按设计株距保留和起出苗木，保留的苗木如质量过低可平茬以培育高干，去除的苗木可根据情况采用根桩造林或壮苗造林。

### 3. 采用机械作业提高效率，加强造林和幼林抚育管理

造林和幼林抚育管理宜在冬春季节进行，受疫情影响，幼林抚育、施肥、修枝、间伐和林下经营等各项培育措施都将滞后，直接影响泡桐林的高效培育；加之新冠肺炎疫情使多数地区间的人员流动受到严格管控，幼林抚育管理亦受到严重影响。建议疫情过后采用机械整地、机械挖穴、机械翻耕等作业方式，提高造林和抚育管理的进度和效率。

### 4. 加强相关技术成果推介，为利农惠农服务

保障科研与生产紧密结合，加速科技成果转移转化。及时总结和推介相关技术成果，深入生产一线，培训林农和技术人员，因时因地适当调整育苗、造林和抚育管理有关环节，将疫情损失降到最低水平，为促进泡桐产业健康发展、实现乡村振兴和精准扶贫提供技术支撑。

撰稿人：王保平　乔　杰　冯延芝　赵　阳
咨询专家：乔　杰　国家林业和草原局泡桐研究开发中心　副研究员
联系电话：13333831872　0371-65833625
电子邮箱：qiaoj3715@163.com　微信：13333831872

# 杨　树

## 一、概述

我国处于世界杨树中心分布区，具有丰富的杨树资源。由于杨树具有早期速生、适应性强、品种丰富、易于更新、木材用途广等特点，是我国重要的造林树种，在我国速生丰产林基地建设、三北防护林工程和退耕还林工程建设中占有重要地位。

为了解决木材短缺和生产木材工业用资源材，自20世纪70年代至今，我国在较大范围内开展了杨树丰产栽培，促进了杨树速生丰产用材林建设。目前，我国杨树人工林面积超过了850万hm$^2$，居世界之首，提供的木材产量约占到了全国木材总产量的1/3，为保

障国家木材安全、战略储备和绿色发展发挥了重要作用。

目前，我国用来种植杨树的土地都比较贫瘠干旱，立地条件差，加上经营粗放，使得大多数杨树人工林属于中、低产林，生产力较低，杨木质量较差。因此，合格的立地，加上良种良法，能显著提高杨树产量水平，改变低、中产林占多数的局面，以提高我国杨树速生丰产林的产量和质量，解决我国木材资源短缺现状。

## 二、发展目标

第八次全国森林资源清查结果显示，我国木材对外依赖度达到50%，接近5亿$m^3$。目前，国内市场对木材仍有很大的需求，进口木材的数量和金额不断升高，加之我国目前已经全面停伐天然林，提高国内木材的自给能力已迫在眉睫。大力发展杨树速生丰产林，符合国家《林业草原"十四五"总体发展规划》，是我国解决木材安全问题的重要途径。杨树作为胶合板的最适用材，市场需求量居高不下。干型好、少节疤的木材受市场青睐，是定向培育的目标。

## 三、品种选择

在杨树主要栽培区(LY/T 1895 – 2010)营建杨树速生丰产林，应根据造林地气候和立地条件，选择经国家或者省林木品种审定委员会审(认)定的杨树良种(表1)。

**表1　杨树速生丰产林建设适宜良种**(部分)

| 杨树栽培区域 | 气候类型 | 年均降水量 | 杨树速生丰产林良种(优良品种) |
|---|---|---|---|
| Ⅰ区　松嫩及三江平原栽培区 | 中温带半湿润 | 370~590mm | 小钻杨(昭林6号、哲林3号、哲林4号杨、赤峰杨、白城杨)；小黑杨(白城小黑杨、赤峰小黑杨、黑林1号杨和2号杨)；黑小杨；黑林系列；欧洲黑杨(世纪杨)；山新杨等 |
| Ⅱ区　松辽平原栽培区 | 中温带半湿润至半干旱 | 辽河西部丘陵350~450mm其他地区为500~800mm | 小钻杨(辽育1号、昭林6号、哲林4号杨、赤峰杨、白城杨)；欧美杨(中辽1号、辽育2号、渤丰1号、中绥12、荷兰3930、荷兰3016、健杨、沙兰杨、I–214杨)；美洲黑杨(辽育3号杨、北杨)、欧洲黑杨(世纪杨)；白城2号杨；山新杨等 |
| Ⅲ区　海河平原及渤海沿岸栽培区 | 暖温带半湿润 | 500~900mm | 欧美杨(渤丰1号、渤丰2号、107、108杨)；小钻杨(辽育1号、昭林6号)；欧洲黑杨(世纪杨)；美洲黑杨(北杨、鲁林1、2、3号杨)；窄冠黑白杨系列；中怀1、2号；转基因741杨等 |
| Ⅳ区　黄淮流域栽培区 | 暖温带湿润至半湿润 | 700~1000mm | 欧美杨(107杨、108杨、2012杨、黄淮1号、2号和3号、渤丰1号和2号、鲁黑1号、2号和6号)；美洲黑杨(鲁林1号、9号和16号、中雄1号和2号、黄淮4号、丹红杨、南杨、创新杨、北杨、南林95杨、南林895杨、L323、L324、L35)；窄冠黑白杨系列；毛新杨(毅杨1号、2号、3号)；毛白杨系列(北林雄株1号、2号)；鲁白杨1号和2号、转基因741杨等 |
| Ⅴ区　长江中下游平原栽培区 | 北亚热带 | 1200~1400mm(汉中平原800~1200mm) | 美洲黑杨(南林95杨、南林895杨、丹红杨、南杨、湘林系列等) |

(续)

| 杨树栽培区域 | 气候类型 | 年均降水量 | 杨树速生丰产林良种(优良品种) |
|---|---|---|---|
| Ⅵ区 内蒙古高原区 | 中温带半干旱 | 100~600mm | 小钻杨(昭林6号、哲林3号杨、哲林4号杨、赤峰杨、白城杨);小黑杨(白城小黑杨、赤峰小黑杨、黑林1号杨和2号杨);美洲黑杨(创新杨)等 |
| Ⅶ区 黄土高原栽培区 | 中温带半干旱 | 200~400mm | 陕林系列;小钻杨(昭林6号);毛白杨系列;84K杨等 |
| Ⅷ区 渭河流域栽培区 | 暖温带半湿润 | 580~670mm | 陕林系列;美洲黑杨(创新杨);毛白杨系列;84K杨等 |

## 四、育苗技术

多数杨树树种和无性系极易扦插繁殖,在生产中主要利用扦插育苗,但有些扦插不易成活的树种(如白杨派毛白杨),利用嫩枝(芽)嫁接或根蘖繁殖和埋条的方法进行育苗。另外,胡杨扦插育苗成活率低,在生产中利用播种育苗。杨树速生丰产林的苗木繁育利用扦插育苗,育苗成活率高。

(1)种条采集:在早春种条萌动前、或者秋末冬初落叶后采集种条(春季随剪随插,或者冬藏春插),从良种采穗圃中选1年生、生长健壮、无病虫害、芽眼饱满、木质化程度高的枝条,粗度1.5~2.0cm,插穗长12~18cm。应按种条上、中、下不同部位以及直径大小分级捆扎,分清上下切口,50~100根一捆,用清水浸泡,每捆挂标签注明无性系(品种)、部位、规格(长度、直径)。

(2)扦插时间:冬藏插穗的贮藏温度1~5℃,并注意保水。春季随采随插的插穗扦插宜早,以3月中旬至4月中旬(地温10~12℃)为佳,最迟不超过4月下旬。秋插应在落叶后结冻前进行。

(3)扦插方法:扦插前,将插穗放入清水中浸泡12~24h。扦插时可将插穗下切口向下垂直插入土中。扦插分直插与斜插,斜插时将插穗与床面成45°斜插入土中,侧芽向上。插穗上切口与床面平,为防止插穗失水,插穗上端可浅覆土或扦插后可覆盖地膜。扦插株行距30~40cm×60~80cm,3.1万~5.6万穗/hm$^2$。

(4)苗期管理:在苗圃地扦插完后立即灌水。第1次一定灌足灌透,以后视土壤墒情进行灌溉,保持土壤湿润,5月中下旬幼苗定苗进入速生期后视墒情进行灌溉。灌溉后及时松土保墒,松土与除草相结合,松土应及时、全面,不伤苗、不伤根。每年除草松土3~4次。6月结合降雨或浇水追肥1~2次,每次施氮肥300~450kg/hm$^2$。7~8月施氮、磷、钾复合肥1次,750~1125kg/hm$^2$。待苗高5~10cm、未木质化时,选留一株直立、粗壮、无病虫、长势好的萌条,随时抹除苗干上萌生的侧嫩芽,直至苗高2.0~2.5m时停止。在生长季节进行苗木病虫害调查和防治。

(5)苗木调查和出圃:生长季节结束后,对苗木生长量和质量指标进行调查,主要调查因子包括地径、苗高、成活率、苗干通直度、顶芽发育程度等,进行苗木分级。

## 五、培育技术与模式

**1. 造林地选择**

杨树是喜光、喜水的树种,不宜种在丘陵和坡地上,适于杨树速生丰产林的造林地为湿润的冲积土或自然淤积的河滩地，应选择地势平坦、土层深厚、水源充足、相对集中连片的平原，河流的滩地、阶地、废弃河道或采伐迹地、低产的林地和农田以及退耕还林地均可选用。土壤质地为中壤、轻壤或砂壤土，最适宜的是沿河流域有冲积物的砂壤土，忌选无养分、有卵石、粗沙和土层板结通气不好的地块。土壤的有效土层1m以上，最低限不能低于0.6m；土壤酸碱度适中，pH值为6~8.4，以7~8为最好；总含盐量低于0.3%，有机质含量最好在1%~1.5%。

实际上，大多数杨树速生丰产林的立地条件，与杨树速生丰产林适宜条件之间，存在相当大的差距。在北方地区和中原地区，在土壤的机械组成上，砂粒多，黏粒和粉粒少，有机质含量少，常常不到0.5%~1%，地下水位在3~4m甚至数米以下，有季节性的供水不足，缺水常常是杨树速生丰产林产量降低的主要原因。因此，在选择造林地和营建杨树速生丰产林时，应充分认识此类立地的不足，通过灌溉和农林间作措施予以弥补。

**2. 整地**

造林前一年秋冬季进行全面整地，包括造林地的清理和土壤深翻。在河滩、平原较疏松的土壤上，可全面深垦30~40cm，定植点挖穴，树穴长、宽、深为0.8~1.0m。有黏质间层的造林地，带状深翻，种植带宽1m以上，深0.8~1.0m。土壤较黏重、土层较薄，可用机械开沟，种植带宽1.2~1.3m，深0.8~1.0m。

**3. 造林**

（1）造林密度：造林密度是杨树速生丰产林培育的重要因素，中、小径材用于造纸、制造纤维板，大径材用于制造胶合板。培育大径材，每株杨树至少需要30m²以上的营养面积，采用株行距5m×6m、6m×6m、4m×8m，便于农林间作。培育中径材，株行距为3~4m×5~6m；培育中小径材，株行距为2m×5m、3m×4m。培育小径材株行距一般为2m×3m、3m×3m。杨树为强喜光速生树种，定向培育的轮伐期很短，初始造林密度往往持续整个培育周期而不改变。

（2）造林时间：以春季造林为主，在土壤化冻后到苗木萌芽前的早春时期进行，适于大部分杨树栽培区，但不同杨树栽培区具体造林时间视气温和土壤温度而定。在南方气候比较温暖的地区常秋季造林，即在秋季树木落叶后土壤封冻前进行，秋季农闲期劳力资源比较丰富，便于造林顺利实施。在冬季土壤无冻层或冻土现象不严重的地区，秋季造林更有利于苗木成活。但在北方地区，冬季干旱，气候寒冷，土壤冻层较厚，秋季造林后易形成树干干枯和冻拔，成活率较低，因而在北方较干旱寒冷地区不宜秋季造林。

（3）造林方法：北方地区经常发生春旱，而且早春气温上升比地温快，不利于所栽植杨树的生根和成活，大面积造林成活率不高、不稳定。因此，应根据立地、当时的旱情和土壤湿度以及苗木的水分状况，针对性地选择适宜的造林方法。

植苗造林：常规造林方法，以苗木直接栽植造林，一般提倡"三大一深"（大株行距、大穴和大苗），并要深栽，树穴规格80~100cm×80~100cm×70~80cm。适宜在造林后能及时灌水的条件下采用。如果春旱较重、栽植后不能及时灌水和带状深翻后渗漏加大引起土壤干旱，则不宜采用常规造林方法。

插干造林：即截根苗深栽。用截根的苗干进行造林，适宜在土壤质地比较疏松的沿河滩地和阶地。在地下水位1.5m的北方，可用截根苗干深栽入土中接近地下水位，在湿度高而稳定的深层土壤中生根，从而直接吸收地下水。在带状深翻和挖大穴时，可在沟底或穴底挖小穴或用铁钎打孔至地下水，插入截根苗干。用深栽钻孔机进行钻孔插干造林，效果良好。

插条造林：在缺少苗木、土壤湿度较高、气候又比较干旱的地区，在造林地上按设定的株行距打孔后直接将插条插入土中，然后填土捣实，插条上端与地面平，或稍露出地面3~5cm。插条截自1~2年生苗木，插条长50~80cm，粗度2~3cm以上。栽植深度决定于当地条件，一般以50~80cm深为好。采用本造林方法的基本条件：一是土壤质地疏松，便于打孔，以砂土、砂壤土为宜；二是土壤比较肥沃和湿润。

平茬造林：即截干苗深栽。在旱情严重、常规造林把握不大或常规造林后苗木地上部分忍耐不了干旱和风沙、开始由上而下干枯时，在根系和茎下部丧失水分不多之前，及时平茬或强度截干，根上部保留30cm苗干，将苗根和苗干基部全部埋入土中，能保持水分平衡，成活率高。秋、春两季均可采用此法造林。

埋根造林：将杨树苗根直接埋入土中，选用1~2年生苗根，上部保留40~60cm苗干，挖50~60cm深的穴，将苗根和苗干基部全部埋入穴中，露2~3cm即可。埋根前应适量施基肥，以保证生长旺盛。

**4. 抚育**

（1）灌溉：灌溉是确保杨树速生丰产林优质高产的主要技术措施之一。在我国杨树栽培区，除了长江中下游北亚热带气候区雨量充沛，基本上不需要灌溉外，其他北方地区和中原地区的杨树栽培区都存在干旱的威胁。施肥在许多条件下需要配合灌溉才能发挥效益。在造林定植后，需要立即灌溉一次定植水，定植水要及时、灌透。返青水，3月下旬树木发芽前；促生水，5~6月枝叶扩大期；夏季干旱时浇水，降雨多时可免浇；封冻水，11月灌，促进根系发育。

（2）施肥：我国杨树林地多数肥力偏低；土壤含砂粒多，含黏粒、粉粒少；土壤有机质少，常不及0.5%~1%；氮、磷、钾含量处于低下水平，而且地下水位又常低于3m，季节性供水不足。实际上我国多数杨树林地的立地条件与杨树的适生条件之间存在相当大的差距，肥力不足限制了杨树的生长。杨树连作的林地，土壤水分流失，土壤肥力递减。杨树人工林秋季收集落叶枯枝、采伐后挖出树桩，加快了土壤摄取养分的进程，都需要施肥和培肥林地。

基肥：以农家肥、土杂肥为主。在造林时一次性施入穴中，然后回土造林。施基肥量每株应达到5kg以上，土杂肥每株20~30kg；棉籽饼或菜籽饼每株2.5kg，粉碎后施用；绿肥压青，每株10kg。

追肥：以氮肥、复合肥为主。一个培育周期内施肥2~3次，在造林后第2~3年和第5~6年至少各施肥1次。第2~3年每株每年施氮肥量（以尿素计）150~300g，第5~6年每株每年施氮肥量（以尿素计）250~500g。追肥以根际施肥为主，可以穴施或者沟施。

（3）松土和除草：松土除草一般同时进行，一般从造林后开始，持续数年。随着林分郁闭度的加大，林下光照的减少，以及林木对水分和营养的大量摄取，杂草的生长受到抑制,所以林内除草主要是在造林后、林分郁闭度相对小的前几年,每年1~3次。一般松土深度为5~10cm,加深时可增大到20~30cm,扩穴部分松土深度10~15cm。可采用人工或机械方式进行浅耕松土(20cm左右),但不要伤及树根。

(4)病虫害防治:坚持"预防为主,综合治理",早发现、早管理,采取综合措施,在增强林木的抵抗力和忍耐力、提高树体健康水平的同时,对于已发生病虫害的树木,要加强监测、预报、管理,采取措施及时除治,将病虫害控制在经济允许的水平以下,从而达到速生丰产的目的。

(5)修枝:杨树速生丰产林的修枝是从造林当年开始,一般前3年着重于整形修剪,从第4年起侧重于移除侧枝。整形的目的是剪去影响顶部主梢生长的竞争侧枝,防止出现双杈,保证中央领导枝的压倒优势,保证树干通直无杈,一般1~4年完成。此后,每个生长季节末,都要进行依次整形修剪,及时剪去树冠中下部的力枝,即"霸王枝"或"卡脖枝",这项工作要进行到树木形成8~10m高通直圆满的主干为止。修枝的季节应在秋冬树木休眠之后进行,也可在春季进行。修枝的高度大致如下:造林后第1~3年,少量整形修剪,第4~5年,修枝到树高1/3处,第6年后,可修枝到树高1/2~2/3处(图1)。

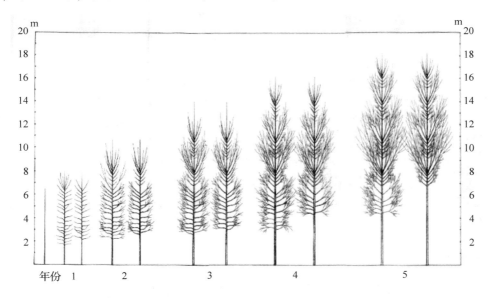

**图1 杨树修枝图**(数字左边为修枝前,右边为修枝后)

注:1. 定植2年生苗;2. 第1年后,修去与领导枝竞争的顶部侧枝及下部少量侧枝;3. 第2~3年后,修去粗大的竞争枝,解放弱枝,修去少数下部侧枝;4、5. 第4~5年以后,反复修枝直到形成8m长光洁主干。

## 六、对策建议

我国是人造板、地板和家具生产和消费大国,2017年我国人造板产量突破2.9亿m³,木材原料需求巨大。随着全球资源能源危机和生态危机的不断加剧,大多数国家开始限制木材出口,我国木材安全已由一般的经济问题上升为资源战略问题。同时,供应我国木材一半以上的桉树、杨树的发展在某些地区受到制约，势必导致木材安全存在隐患。在此背景下，通过应用高产、优质杨树新品种，提高我国杨树人工林产量和质量，对于保障木材资源供应、满足社会生产与人民生活需求、保护我国木材安全等方面有重大现实意义。

撰 稿 人：李金花
咨询专家：卢孟柱 浙江农林科技大学 教授
联系电话：13910689662
电子邮箱：lumz@caf.ac.cn

# 马尾松

## 一、概述

马尾松（*Pinus massoniana*）属松科松属油松派（组），因针叶丛生似马尾而命名，是我国南方的先锋造林树种和主要用材树种，占全国用材林面积的17.6%。其纤维平均长度为3.61mm、长宽比约72∶1、纤维细胞含量高达98.5%，是优质的造纸原料，主要用于生产新闻纸和牛皮纸等。其材质硬度中等，钉着力强，入水后经久不腐，广泛应用于建筑材和水下工程的矿柱和桩木。马尾松还是重要的脂用树种，我国松香年产销量约60万t，其中约70%来自马尾松。松香是国民经济各生产部门一种重要物资，是林化产业的主导产品之一，可用于肥皂、油墨、油漆、合成橡胶、胶粘剂、电子、食品、医药、机械、农药、香料等方面，所涉及行业的产值占我国国民经济总产值1/10。另外，马尾松松花粉有润心肺、益气、祛风止血、强身健体之功效，可提高免疫力、延缓衰老、养颜保健以及有助相关疾病的治疗和康复。马尾松根还可培养茯苓，松针中含有生物活性物质、蛋白质及矿物质元素，可作为饲料添加剂等。

## 二、发展目标

马尾松林是我国松属中分布最广的树种，在人工林面积排第5位，在南方集体林区面积排第2位。目前市场急需的大径材供给结构失衡日趋突出，生产上大径材、脂用林培育关键技术也较缺乏。因此马尾松的发展目标主要为大径材和脂用林或材脂兼用林，以有效保障国家木材安全及造纸与木材深加工、松脂等产业健康发展。

## 三、品种选择

我国共审（认）定以速生丰产优质用材为培育目标的马尾松良种400余个，其中二代无性系种子园良种50多个，材积增益在25%以上。据不完全统计，现南方各省区累计建立了马尾松二代无性系种子园9000余亩，且多通过了良种审（认）定。脂用马尾松良种22个，其中广西9个良种无性系，广东10个良种家系，福建3个良种种子园。各省区主要应以种植本省区经审（认）定的马尾松良种，尤其是高世代良种为主。

### 四、育苗技术

马尾松现主要采用容器育苗方式培育优质苗木。容器育苗具有播种量小、育苗周期短、便于工厂化生产、有效延长造林时间及能显著提高造林成效等优点。此外，扦插和嫁接育苗是马尾松常用的无性繁育方法，常应用于优良新品种（系）之杂种优势的固定和利用。目前，基层生产单位普遍采用轻基质容器育苗，其关键技术主要包括：

**1. 育苗容器和基质配方**

主要采用无纺布网袋容器育苗，容器规格 4.5cm×10cm。基质及配比（按体积比计算）：泥炭 60%~70%、谷壳 30%~40%，每立方米基质均匀混入缓释肥 2.5~3.5kg。基质须严格消毒，基质中锯屑和稻谷等必须经沤制腐熟后使用。基质的 pH 值以 4.5~6.5 为宜。

**2. 整地作床和容器摆放**

苗床要求清除杂草、石块的平整土地，四周开排水沟，地面覆黑色地布。将固定规格、已消毒的轻基质容器排放在专门的塑料托盘上，摆好容器的托盘摆放于铺有黑色地布的地面，摆出 100~120cm 宽的苗床，苗床间留 40cm 宽的步道。

**3. 播种**

选用经审（认）定的种子园和优良家系种子播种。种子消毒、浸种晾干后进行播种。一般春季播种，两广和福建等省区常培育半年生苗或百日苗，一般在 7~8 月播种。直接在容器中点播育苗，播种前一天将容器内基质用水淋透，将经过消毒催芽的种子点播在容器中间，每容器播种 1~2 粒，及时覆盖，覆土厚度以不见种子为度。覆盖后随即喷洒多菌灵、甲基托布津等广谱型杀菌剂水溶液。

**4. 苗期管理**

幼苗出齐一周后，间除过多的幼苗，对缺株容器要及时补苗。补苗和间苗后要随即浇水。早春低温时要有保温设施，期间苗床和基质温度不宜超过30℃。播种后要保持苗床和基质湿润，经常喷洒多菌灵、甲基托布津等广谱型杀菌剂水溶液，第一个月 1 星期 1 次，以后可 10~15 天喷洒 1 次，并交替使用不同杀菌剂。在出苗期和幼苗生长初期要多次适量勤喷水，保持基质湿润；速生期喷水应量多次少，在基质达到一定的干燥程度后再喷水；生长后期要控制喷水。喷水宜在早、晚进行，严禁在中午高温时进行。如遇连续大雨，降水过多时也要注意容器排水。

一般出苗初期和夏季高温期间需对苗木进行适度遮阳，遮阳透光率为全光照的 50%~60%。因基质混有长效缓释肥，可不施肥或少施追肥。苗木生长期若苗木长势较弱，可喷施化肥，配制成 0.2%~0.5% 的水溶液施用。追肥宜在傍晚进行，严禁在午间高温时施肥，追肥后及时用清水冲洗幼苗叶面。

当平均苗高长到 10~12cm、苗木明显分化时，应将苗木分盘与分级，按苗木大小分级放置在相同规格的不同育苗盘中培育。对于规格较小的苗木，需加强追肥等管理。此外，容器内基质下沉，须及时添加基质，防止根部裸露。要掌握"除早、除小、除了"的除草原则，采用人工拔草，做到容器内、床面和步道上无杂草。

### 五、培育技术与模式

**1. 立地选择**

马尾松主根明显,具有外生根菌,适应性强,对土壤要求不严,喜酸性和微酸性(pH值4.5~6.5)土壤,极耐干旱瘠薄,但怕水涝,不耐盐碱,在其分布区石砾土、砂质土、黏土、山脊和阳坡的冲刷薄土上,以及陡峭的石质山岩缝里均能生长。然而,要使马尾松人工林分达到速生丰产,须选择海拔800m以下、土层深厚(60cm以上)、土体疏松,土壤通透性好及养分含量高的立地。培育大径材立地指数应在18及以上。

**2. 造林整地**

栽植前须全面进行林地清理。可根据不同的山地条件,采用全面整地、带状整地或块状整地3种。

(1)全面整地:适用于坡度在15°以下的低山、丘陵或波形起伏不大的荒山、荒地。凡是有机耕条件的地区,应使用拖拉机全面整地。

(2)带状整地:适用于坡度15°~25°的山坡地,或劳力缺乏而目前又无动力机械可使用的低山、平缓丘陵地。带宽与带间距离依土壤条件、地形状况与造林密度而定。如株行距为2m×2m,整地带宽为1m,则整地面积达1/2。

(3)块状整地:适用于坡度在25°以上,水土流失严重或石砾多、土层薄的山地。垦块之间的中心距离与造林的株行距相一致。如株行距为2m×2m,块状大小为1m见方,则造林山场的整地面积为1/4。

**3. 造林密度**

根据培育材种的不同,马尾松速生丰产林可采用以下造林密度:①培育大、中径级用材林,株行距2.0m×2.0m至2.5m×2.5m,即每亩111~167株,通过2~3次疏伐,到主伐时每亩保持60~80株;②培育小径级用材林或纸浆纤维林,株行距为1.5m×1.5m至1.5m×2.0m,初植密度每亩220~293株,到主伐时每亩保持133~147株。

**4. 栽植**

采用1年生马尾松优质轻基质容器苗造林。一般于早春新梢抽出前完成造林。生产上多采用纯林方式造林,也可提倡以混交方式造林,以块状、带状混交方式均可。与杉木、木荷等带状混交可分别采用3:1比例栽植。

**5. 抚育管理**

(1)幼林抚育。马尾松幼林抚育可根据培育目标分别进行。以小径材为培育目标的林分,造林后抚育3年,按2-2-1(次/年)方式结合施肥除草进行抚育;以中径材为培育目标的林分,造林后抚育4年,按2-2-1-1(次/年)方式结合施肥除草进行抚育;以大径材为培育目标的林分,造林后抚育5年,按2-2-1-1-1(次/年)方式结合施肥除草进行抚育。

(2)施肥。除了注意立地条件选择外,应该采取切实的措施对营造的马尾松速生丰产林进行施肥。施肥的途径主要有:一是林地套种能固氮的豆科绿肥;二是接种优良固氮菌剂；三是进行林地施肥。下面主要介绍马尾松速生丰产林的施肥技术。

幼林施肥：马尾松造林时以施磷肥为主，每株施 40~80g 钙镁磷肥或过磷酸钙；也可用磷酸二铵替代，每株施磷酸二铵 15~30g。造林第 2~3 年还可追施 20~40g 磷酸二铵。对于缺钾的砂质土、赤红壤，每株可施氯化钾 20~40g。如果造林时未曾施肥，在幼林阶段可以追肥 1 次，每株施钙镁磷肥或过磷酸钙 100~150g，或磷酸二铵 30~40g；缺钾的土壤则每株追施氯化钾 20~40g。施肥要结合锄草松土进行，避免杂草竞争吸收养分。

成林施肥：从造林后 7~8 年开始，林分进入速生期，绿叶营养面积迅速扩大，容易引起养分缺乏，施肥可以大大加速材积增长，是施肥最有利的时机。这个时期施肥应以氮磷为主，如再配合少量钾肥，则效果更佳。一般每亩可施尿素 15~25kg，钙镁磷肥或过磷酸钙 25~50kg（也可以改施 15~20kg 磷酸二铵替代），钾肥 5~10kg。施肥量可根据土壤有机质含量多少适当增减，土壤有机质含量在 3% 以上，施肥量可按低标准，有机质含量在 3% 以下较为贫瘠的林地，施肥量可按高标准实施。施肥最好与抚育间伐相结合，以改善林分的生长环境，充分发挥肥效。对于脂用林或材脂兼用林，采脂后应及时施肥，以促进脂用林复壮，并降低采脂母树的死亡率。

近熟林施肥：林分接近成熟期，松林的菌根活力下降，容易出现氮素不足，所以近熟林施肥要以氮肥为主。如果林地从未施过肥，或土壤有机质含量低，适当配合施磷肥是必要的。一般施肥量，每亩 25~30kg 尿素，25kg 过磷酸钙或钙镁磷肥。土壤板结则需适当松土，否则施肥效果较差。

(3) 间伐

间伐方式和对象木：一般可采用"去小留大，去弱留强，兼顾保留林木分布均匀"的综合间伐方式。间伐主要对象是被压木、病虫害木、断梢双杈木、严重弯曲木和倒伏木等。稀疏处较差林木也要适当保留，以免出现林间空地；而稠密处一部分中等林木也要伐去，以使林木分布较为均匀。

间伐时间：在速生阶段没有严重干旱和严重病虫害而其粗生长出现明显下降，自然整枝达到树高 1/3 左右，林分平均冠幅和冠长比前一年出现负增长时，即可开始间伐。一般，高度密植的（初植株数为主伐株数的 3 倍以上）马尾松林 5~6 年生开始间伐，而适当密度（初植株数为主伐株数的 2.0~2.5 倍）的马尾松林，一般 7~8 年生开始疏伐。

间伐强度：弱度间伐一般只伐去下层被压木，对林分光照条件改善不明显，在林木速生阶段很少采用。林木过了速生阶段，高、粗和冠幅生长开始减缓，或者较差立地条件下林木生长缓慢，间伐强度相应降低。一般马尾松人工林的造林密度每亩 133~300 株，比如初植密度为 167 株，最后主伐时密度每亩 80 株，其间伐强度可作如下考虑：第一次起始间伐强度 30% 左右；第二、第三次间伐强度 15%~25%，总计间伐强度为 50%~60%。

间伐次数和间隔期：间伐次数视栽植密度、疏伐强度和培育材种而异，一般间伐 1~2 次为好。如培育薪炭材或小规格材，采取高度密植的，可间伐 3 次以上。两次间伐之间的间隔年限，应根据前一次间伐的强度及间伐后郁闭度恢复的快慢而定，一般为 3~5 年或更长些，当郁闭度恢复到 0.9 以上时，即应进行再间伐。

马尾松大径材林培育　　　　　　马尾松材脂兼用林培育

（4）林下间种和复合经营。可结合马尾松大径材培育开展林窗间种珍贵树种，构建马尾松和阔叶树复合林以进行马尾松近自然经营。为提高马尾松人工林的经营效益，也可在马尾松大径材林下开展林菌、林药复合经营。

## 六、对策建议

**1. 加强松材线虫病防治防控，促进马尾松产业的健康发展**

松材线虫病又称为"森林癌症"，蔓延速度快，防治难度大，严重危害着森林生态安全，并给林业带来巨大的经济损失。马尾松是松材线虫病主要危害对象之一，目前松材线虫病严重阻碍马尾松产业的发展。因此，必须加强松材线虫病的防治、防控和抗性品种的选育，马尾松木材和松脂产业才能健康发展。

**2. 对现有马尾松大径材和材脂兼用林培育技术体系进行优化和完善**

尽管已研发了部分大径材和材脂兼用林培育技术，但由于研发时间短、林木周期长，还需继续跟踪调查，对培育技术体系进行优化和完善，满足产业发展的需求。

**3. 加快脂用马尾松新品种的选育进程**

围绕速生丰产优质用材培育目标，已完成了第一代（轮）和第二（轮）遗传改良，完全实现了高世代良种化造林。但围绕脂用培育目标，我国起步较晚，初步构建了马尾松脂用育种技术体系，审定的良种还较少，不能满足生产上对脂用良种的需求。因此，需加快脂用新品种的选育进程，以促进松脂产业的健康发展。

撰　稿　人：周志春　刘青华　楚秀丽
咨询专家：周志春　中国林业科学研究院亚热带林业研究所　研究员
联系电话：13336073316　0571－63310041
电子邮箱：zczhou_risf@163.com

# 桉 树

## 一、概述

桉树是桃金娘科（Myrtaceae）桉属（*Eucalyptus*）、杯果木属（*Angophora*）和伞房属（*Corymbia*）植物的总称，共有 945 个种、亚种和变种。桉树是常绿木本植物，其中大部分是乔木，绝大多数自然分布于澳大利亚，少数几种分布于巴布亚新几内亚、印度尼西亚和菲律宾。

中国最早于 1890 年引种桉树，初期所引进的桉树主要用于庭院和"四旁"绿化。迄今为止，我国引种的桉树已有 300 多种，进行过育苗造林的有 200 多种，引种的范围遍及中国大部分省区，南起海南岛（北纬 18°20′），北至陕西省汉中（北纬 33°），东起浙江普陀（东经 122°19′）及台湾岛（东经 120°~122°），西至四川西昌（东经 102°，北纬 28°），从东南沿海台地到海拔 2000m 的云贵高原广大区域内，均有桉树种植。

桉树已成为我国南方主要造林树种之一。20 世纪 80 年代开始，中国开始大规模种植桉树。全国桉树人工林面积 1986 年为 46.6 万 $hm^2$，2002 年 154 万 $hm^2$，2008 年为 260 万 $hm^2$，2018 年，全国桉树人工林总面积达 546 万 $hm^2$（第九次全国森林资源清查数据）。

桉树种类繁多，这里主要列出我国生产中广泛使用的 12 个树种，分以下五种类型。除柠檬桉和托里桉是伞房属外，其余都是桉属的。

（1）热带南亚热带生产型树种：尾叶桉（*Eucalyptus urophylla*）、巨桉（*Eucalyptus grandis*）、细叶桉（*Eucalyptus tereticornis*）、赤桉（*Eucalyptus camaldulensis*）、粗皮桉（*Eucalyptus pellita*），以及生产上应用最广的尾巨桉无性系。

（2）高海拔地区油材两用型桉树：蓝桉（*Eucalyptus globulus*）、史密斯桉（*Eucalyptus smithii*）。

（3）中亚热带耐寒桉树：邓恩桉（*Eucalyptus dunnii*）、本沁桉（*Eucalyptus benthamii*）。

（4）园林观赏用材桉树：柠檬桉（*Corymbia citrodoral*）、托里桉（*Corymbia torelliana*）。

（5）珍贵实木用材桉树：大花序桉（*Eucalyptus cloeziana*）。

由于桉树各种之间具有很大的相似性，所以这里仅选择我国栽培最多最具代表性的尾叶桉作为典型树种进行详细介绍。

尾叶桉是我国华南地区最主要的速生丰产林造林树种之一，是热带、南亚热带生产型桉树的代表种。20 世纪 80~90 年代在广东和广西营造了较大面积的尾叶桉实生林。尾叶桉在育种中具有重要地位，是常用的母本树种，我国桉树良种栽培面积最大的尾巨桉杂交无性系，如 DH3229 就是以尾叶桉为母本的杂交后代。

## 二、发展目标

目前，我国桉树人工林总面积为 546 万 $hm^2$，占全国人工林总面积的 6.5%，年产木材超过3000万m³，占全国商品材总产量的38.2%（2017年），为保障国家木材安全做出了重大贡献。桉树产业已形成包括种苗、肥料、木材、制浆造纸、人造板、生物质能源和林副产品在内的完整产业链，年产值接近4000亿元，桉树已经成为我国重要的战略树种之一。

根据温度、降水等气候特点，将我国桉树栽培区划为3个栽培区：①主栽培区，主要包括海南、广东、广西中南部、云南、福建南部。最低气温>0℃，年降水>1200mm，为桉树适生区，适合于尾叶桉、粗皮桉等树种及尾巨桉等无性系生长；②特殊气候栽培区，包括高原亚区，以云南高原为主，冬雨型气候，适合于蓝桉、史密斯桉等生长；盆地亚区，包括四川盆地和重庆部分地区，适合于巨桉等生长；③耐寒桉树栽培区，包括广东、广西和福建北部、湖南、江西、贵州南部，最低气温达到-6~-8℃，适合于邓恩桉、本沁桉等耐寒桉树生长。桉树人工林的培育目标主要是胶合板材和纸浆材，最新的培育方向是实木用材。在云贵高原地区，桉树培育目标主要为油材两用林，即前期以采叶提取桉油为主，后期收获木材。

## 三、良种简介

我国自1976年开始引种尾叶桉，1982—1989年，广西东门林场从澳大利亚和印度尼西亚等地共引进尾叶桉不同地理种源16个，大多数是通过赴印度尼西亚采种获得，也有少量来自南非和巴西等地，对尾叶桉进行了初步的种源试验、家系试验及丰产栽培技术试验，建立了尾叶桉母树林30hm²，种子园15hm²。

尾叶桉引进初期，有少量直接用种子育苗造林的情况，主要用于绿化达标和退耕还林工程造林。20世纪90年代后期，随着"中澳技术合作东门桉树示范林项目"杂交桉树的成功推广，生产上基本都采用尾巨桉和巨尾桉优良无性系造林。这里重点介绍生产上应用最多的几个无性系。

**1. 优良无性系 DH3229**

为东门林场选育尾巨桉杂交品系，是以尾叶桉为母本，以巨桉为父本的杂交一代无性系，该优良无性系（DH3229）1年生平均高达6~8m，年生长量达到48m³/hm²，木材密度大，造纸性能良，适应性强，耐寒性比尾叶桉稍强。

主要作为纸浆原料和人造板原料。其大径材亦可作锯材。

适生范围：热带、南亚热带地区，已在广东、广西、海南、福建、江西南部等地区大量造林，已造林面积在50万hm²以上。

**2. 广林9号（GL9）**

为广西林科院选育巨尾桉杂交品系，是以巨桉为母本，尾叶桉为父本的杂交一代无性系，枝冠浓绿，比大多数尾叶桉和尾细桉的枝冠要大且多，呈塔形分布。树皮棕褐色。在二类立地上，1年生平均树高6~7m，平均胸径5.0~6.5cm，2年生平均树高13~13.5m，胸径7.0~8.5cm，年均生长量达39m³/hm²。

适生范围：抗性方面具有巨桉特征，能抗9级大风，冬季能耐-1℃，霜冻期不超过5天。推广范围为广西、广东、福建南部，沿海台风地区少量种植，种植面积在50万hm²以上。

### 3. 尾叶桉优良无性系 U6

湛江市林业局选育的尾叶桉 U6 无性系，可能是尾叶桉和细叶桉的天然杂交种，2000年前后成为我国南方尤其华南沿海地区最重要的速生无性系之一。生长较快，年生长量达 $42m^3/hm^2$；木材密度大，造纸性能好；适应性强，耐瘠薄，极少病虫害，是一种优良的工业原料林树种。

主要作为纸浆原料和纤维板原料。其大径材亦可作锯材。

适生于热带、南亚热带及部分中亚热带地区，已在广东、广西、海南、福建、江西南部等地区大量造林。由于 U6 干形扭曲，生长量不及上述优良无性系，现在很少造林。

在华南沿海地区，由于经常有台风危害，造林时也选用尾叶桉和细叶桉的杂交无性系。

## 四、苗木培育

### （一）实生苗培育

（1）播种前的准备。所有的种子必须采自规范的种子园或母树林，并经试验证明其子代各方面性状表现优良。一般来说，桉树种子不需进行消毒处理，但为保险起见，可用农用链霉素以温水稀释成 $1000\sim2000mg/kg$ 浸种 4h，或用高锰酸钾 1:200 溶液浸种 2h 进行消毒。

尾叶桉种粒极小，每克种子 $300\sim600$ 粒，对播种前整地的要求高，播种床除草深翻松土后再细致碎土平整，床面铺 $2.5\sim3.0cm$ 厚的播种基质。

（2）播种。播种季节由造林季节、苗木规格和苗木生长速度而定。华南地区在每年10月至翌年1月播种，$6\sim9$ 天开始发芽出土，经 $30\sim45$ 天，小苗可以移植至容器，再过 $30\sim45$ 天苗木可达 $15\sim20cm$，可以出圃造林。从播种到出圃需时 $100\sim120$ 天。

播种方式分点播和撒播两种。点播是直接将种子点放在容器基质上，一般每个容器放种子 $3\sim4$ 粒，待种子发芽成苗稳定时，将多余的小苗间出移至发芽失败的容器或新容器中，一个容器中只留下一株健壮的小苗。撒播是将种子均匀撒播于规整的苗床上，育成 $3\sim5cm$ 的小苗，移植至容器内再进行培育。撒播比点播节省用工，节约种子，提高苗木出圃率，管理方便。

尾叶桉播种密度以每平方米育成 $2000\sim3000$ 株可供移栽的小苗较好。

（3）播种苗的管理

播种苗的管理是影响苗木质量的重要环节，具体包括以下几个方面：

水分管理：发芽后保持土壤湿润是水分管理的关键，干燥易使幼苗失水，过湿易出现烂苗。一般通过淋水量及淋水次数控制水分。桉树种子小，出土不久的幼苗比较纤弱，淋水时应使用喷灌设备、喷雾器或细水花洒，以防冲走种子或损伤幼苗。

温度调节：通常采用塑料薄膜和遮阴网的方法调节温度。加盖塑料薄膜的时间主要在温度较低的晚上或阴雨天，若长期阴雨则要注意定时通风。阳光强烈则要加盖遮阴网。种子在萌芽后长出第一对真叶，表现稳定后可揭去薄膜。

病虫害防治：在播种后 5~6 天内，要经常巡视苗床，发现蚂蚁、地老虎及其它害虫进入播种床内应及时清除。应定期（一般 7~10 天）喷洒杀菌剂，预防病害发生。

### (二)扦插苗培育

扦插育苗是桉树无性系育苗的主要方法，简便易行、效果好、成本低、适宜大规模繁殖，20 世纪 80 年代到 21 世纪初在生产中广泛应用。

**1. 采穗圃的营建**

采穗圃是长期供应穗条的圃地，要选择地势平坦、土壤肥沃、疏松、排灌良好且交通方便的地方。一般来说以肥沃湿润的砂壤土、壤土或轻黏土为好，同时圃地应靠近清洁水源，切忌低洼积水，否则易发生病害。整地时全面深耕，均匀碎土，清除草根、石块，床地平整。采穗圃要施基肥，基肥以有机肥料（充分沤熟后并消毒的人畜粪、火土灰、油麸肥等）为主，施肥数量视土壤肥力而定，一般应占全年总施肥量的 70%~80%。施基肥要做到分层施放、分布均匀。

采穗圃栽植形式有大田池栽、室内池栽和盆栽等形式。综合比较以大田池栽形式最好，土地利用率高（每平方米可栽植 20 株母株），设施简单，技术操作方便，出穗率高，易于集约经营，利于推广应用。大田池栽采穗圃，是用红砖砌成长方形栽植池，宽 100cm，长度不限，高度 25cm 的池。将采穗母株按株行距 20cm×25cm 栽植在池内，安装喷水装置，每株每年产枝条 40 条，每平方米可采枝条 800 条，如水肥充足，管理得当，每亩一年可采穗条 30 万条。

**2. 采穗圃的管理**

（1）母株截顶促萌。一般母株定植 2~3 个月开始截顶促萌，截干采用斜砍，距地面 10~20cm，要避免撕破母株树皮。一种新的截顶方法是用枝剪切去枝条距地面 15cm 处截面的 1/2~3/5，从切口处将枝条折下，注意不可折断，这样既可使截后树干保持光合作用和水分蒸腾，保持截后母株的生长活力，又可顺利萌发新枝。待折断处萌出芽条后即可完全剪去折下部分。

（2）水肥管理。截顶后当萌芽条生长到 1~2cm 时应及时追肥，一般氮、磷、钾的比例为 50%、30%、20% 较好。母株进入采穗期，施肥与采穗条应相隔 4 天以上，一般采穗前一周内不要施肥，否则影响穗条生根率。肥料以复合肥或有机肥为主，不可单施氮肥，否则会引起穗条含氮过高、徒长，扦插后枝条易腐烂。此外，采穗圃还应及时松土、除草、灌溉及排水。

（3）病虫害防治。在栽植母株前必须进行土壤消毒，栽植前 5 天用 40% 的福尔马林溶液 2.5~3.0kg 加清水 500~1200kg 喷洒在土床上，随即用草袋覆盖以提高药性，于栽植前 2 天揭去草袋。酸性土壤可用生石灰结合翻耕整地时均匀施入，每平方米 250~300g。在采穗圃的管理中要及时防治病虫害，一般可每周喷洒一次 800 倍托布津或多菌灵或敌克松等杀菌剂，并用 1:1000 的 80% 敌敌畏乳剂适时杀虫。

（4）无性系档案管理。绘制出不同无性系的种植位置平面图，并在圃地挂上标签，建立各个无性系完整的技术档案，包括无性系的来源、生长习性、优良性状、栽植日期、修剪过程、采穗时间、水肥管理等。

### 3. 扦插技术

(1) 采收穗条。母株上的穗条生长至 15~20cm、茎干呈半木质化时即可采穗条进行扦插。采收穗条前 5~7 天应对母株喷洒杀菌剂,减少扦插过程中的感病。采穗时间宜在早上(5:00~8:00)或傍晚(17:00~19:00),穗条以越靠近主干基部越好。同时同一母株不可采穗过多,适当留下几枝穗条,有利于采穗母株的恢复和生长。

(2) 穗条修剪。先将穗条基部较老化的部分剪去,剩下半木质化的枝条及顶芽。接着修剪成带有一对或两对叶子的枝条,长度 7~10cm。注意切口平整,至少要留一对叶片,然后用剪刀将穗条的叶片剪去 3/5。带顶芽部分的枝条可作嫩枝扦插,长度为 7~10cm,该枝条上部叶片可不作修剪,与前面所剪的硬枝插条分开放置。

(3) 激素处理及消毒。需要用植物生长激素处理插条,促进生根。常用的生长激素有 2,4-D、吲哚乙酸(IAA)、吲哚丁酸(IBA)、萘乙酸(NAA)等,不同浓度的激素对生根率有不同的影响,用 500~1000ppm(1ppm=1mg/L)吲哚丁酸处理尾叶桉、尾巨桉、巨尾桉等无性系的插条,生根成活率均可超过 80%。扦插前要对插条进行消毒处理,常用药剂有多菌灵(1:400),百菌清(1:400),杀毒矾(1:400),托布津(1:800),高锰酸钾(1:1000)等。育苗床等扦插设备和基质的消毒则用波尔多液(硫酸铜:生石灰:水=1:1:98)及高锰酸钾(1:500)喷淋。

(4) 扦插。扦插在扦插温室或大棚内进行,插条消毒 15~20min 后即可进行扦插,一般采用直插法,即将插条竖直插入容器基质中。扦插时基质要湿润,深度为 1.5~2.0cm,不要超过 2cm,用手或工具压紧,使插条基部与基质紧密接触。扦插后立即用雾化喷淋法淋透。

### 4. 扦插苗的管理

(1) 扦插生根阶段。一般情况下,温室内扦插后第 8~10 天即开始生根,再过 15~20 天,生根率可达 85%。生根阶段必须保证适宜的温度和湿度,最好采用不透水、可调光的温室或大棚内再套小棚的方法管理,保持插条和叶片有充足的水分是生根的关键。叶片失水时间过长将脱落,插条就难以生根甚至死亡。此时喷水的原则是次数多而数量少,扦插环境小气候的相对湿度保持在 85%~95%。

(2) 扦插长芽阶段。扦插生根之后转入长芽阶段,这时主要是增加光照强度。当扦插苗长出 2~3 对新叶后,将密封小棚全部打开,在透光率 50%~60% 的大棚内培养 7~10 天,清除未生根的插条,按不同萌芽程度分级管理,定期消毒杀菌。这个阶段大约需要 15~20 天。

(3) 炼苗阶段。插条已经生根萌芽,可以稳定生长了,于是将扦插苗移至室外,在炼苗区内进行全光照培养。在扦插苗培养过程中适当施肥,利于扦插苗的生长发育。插条生根后 5~10 天,入土部分变白膨大,叶片舒展,开始雾喷叶面肥(如叶面宝、丰叶宝或 0.2%尿素或 0.2%磷酸二氢钾),每周一次,连续 2~3 周。待扦插苗抽出新芽或根系伸到容器底部时,则淋施 0.3%~0.7% 的复合肥,5 天一次,淋肥后用清水洗苗。

(4) 苗木生长控制。统一规格(高度、径级等)的苗木出圃有利于提高造林成活率,且便于集约经营。当扦插苗成苗时间与造林时间不相符时,便有必要在育苗过程中对扦插苗进行生长控制,使苗木顺利地在造林时出圃。方法有控制淋水和施肥、利用空气切根和应用化学药剂和激素（如矮壮素）对苗木生长进行控制。

(5) 病虫害防治。最常见的桉树扦插苗病害有灰霉病及茎腐病两种。表现为在高温高湿的环境下，基质或插条带菌使插条切口腐烂。除注意对患病苗木进行必要的防治外，做好扦插基质和插条的消毒工作。基质消毒可利用日光，将基质平铺10cm厚，用透明塑料薄膜覆盖其上，利用阳光暴晒7~10天。亦可用福尔马林进行熏蒸消毒。对插条可用80%退菌特800倍溶液浸泡15min等方法消毒。对采穗圃的穗条，可用50%多菌灵300~400倍液，或60%~70%代森锌500~1000倍液，或灭菌威500倍液进行喷洒。

### (三) 组培苗培育

自20世纪90年代开始，桉树组培技术获得巨大成功，陆续在生产上推广应用。2000年以后，桉树育苗开始转向组培苗为主，现在华南地区桉树苗造林90%以上都是组培苗。

组培苗是在温度适宜且具有一定光照条件与湿度的环境下培育的，并一直生长在富有营养成分与激素的培养基上。当它移出培养容器后，首先遇到的是环境条件发生了急剧变化，同时，组培苗也由异养转为自养。为此，在移栽过程中，就必须创造一定的环境条件，使它逐渐过渡，以利于根系的发育和苗木生长。

**1. 移栽前准备**

(1) 移栽基质准备。要求移栽基质疏松，常用基质配方为50%炭化稻壳+30%国产泥炭+20%椰糠。稻壳经焖烧炭化与其它材料混合均匀后，用机器灌装成为内径3.8cm肠状基质段，切成10cm长小段，插入81孔穴盘，清水浇透备用。

由于组培苗实行无菌培养，所有的移栽基质都必须进行消毒。生产上常用0.5%高锰酸钾溶液消毒一天，移栽组培苗前用清水清洗一遍。

(2) 炼苗。组培苗在移栽前要进行炼苗，即将培育容器口上的塞子或瓶盖逐步打开，并从培养室拿到温室常温下放置几天。但注意如果遇上气温高湿度大，当封口打开后，该容器就由原来的无菌状态转为有菌状态，要防止杂菌污染组培苗。

(3) 遮阴和保温措施。桉树组培苗一般在9月后开始移栽，在最初的几天里要注意温度与日照不能有急剧的变化，温度最好与原培养室内的温度接近，光照应避免直射，因植株的根系还未得到重新发育，夏天温度过高会造成植株萎蔫，冬天温度太低也会导致嫩苗死亡。因此夏天要有遮阴的措施和其他的降温措施，冬天则要有保温的措施。

**2. 移栽技术**

组培生根瓶苗经过炼苗后，将小苗从瓶子中轻轻倒出，用清水洗净培养基，小苗在0.1%多菌灵溶液中消毒2秒，移栽入基质。清洗时一定要将粘附的琼脂培养基漂洗干净，培养基含有多种营养成分，是最适宜微生物生长的场所，如不去净，容易导致微生物滋生，从而影响植株的生长，甚至导致烂根死亡。

移栽前，先在基质中开一小穴，然后将植株种植下去，最好让根舒展。种植不能过深过浅，应适中。

待出圃的轻型基质苗（南方种苗基地）　　　　根系发育好的轻型基质苗（南方种苗基地）

### 3. 移栽后养护管理

移出后的养护管理也是一个关键。组培苗移栽入基质后，马上淋定根水，盖上薄膜保温，盖上遮阴网，空气湿度大时可只盖遮阴网。移栽3天后喷一次杀菌药（甲基托布津0.1%），一个星期内注意保持叶面水分，一般10天后可揭开薄膜两端，或全部揭掉。遮阴网则在20天后才逐步揭掉。苗木生长稳定后大概30天可用0.1%磷酸二氢钾溶液进行叶面追肥。管理中要注意以下几个方面：

（1）基质要保持疏松透气，这样有利于根系的发育。

（2）水分控制要得当，移栽后第一次浇水一定要浇透，这样三天内可不浇水。第一次浇水方式以渗水为好，即将刚移栽的盆放在盛有水的面盆中，让水由盆底慢慢地渗透上来，待水在盆面出现时再收盆搬出。平时浇水保持基质湿润，夏天喷与浇相结合。

（3）湿度要适当保持大一些。在试管苗刚移栽的几天里，最好用塑料薄膜遮盖，这样有利于保持湿度，但要适当注意透气，尤其在高温时，否则会引起幼苗发霉而导致死亡。

（4）温度要适宜，组培苗夏天移栽时要放在阴凉的地方，冬天要先在温室里过渡一段时间，以免由于温度太高或太低引起植株死亡。

（5）光强度不能过大，新移栽的组培苗切勿在阳光下直射，夏天更要注意，一般应先在遮阴棚下过渡，然后再逐渐增加日照强度和日照时间。

（6）注意风雨的影响，组培苗应移栽在无风的地方，同时在移栽初期不能受大雨的袭击。

## 五、林木培育技术

桉树基本的造林作业操作程序为：清山→整地→挖穴→施基肥→苗木运输→栽植和浇水→GPS测量→补植和浇水→追肥→除草和抚育。

林地清理、细致整地、适时定植、抚育施肥是造林的关键技术环节。

### （一）清山

清山方式分为全面清理、带状清理、块状清理三种，可根据造林地自然植被状况、采伐剩余物数量和散布情况、造林方式及经济条件的不同，选择其一。

### 1. 全面清理

（1）劈青：将造林地上所有的杂灌木、竹、杂草、大芒、稀疏幼林或其他经济作物等劈下砍倒，清理采伐剩余物，要求杂灌木、竹、杂草的留存高度低于15cm以下。一般在秋冬季节或旱季进行。

（2）防火线开辟及炼山：原则上不采用炼山，但若病虫害严重地区及杂灌浓密地区，经有关部门核准后方可采用。为保证炼山过程的安全，应于炼山前开辟防火线。

（3）清理林地及除杂：炼山后，将未烧净的杂草、灌木、树皮等砍除至离地面15cm以下，并再集中重新焚烧干净。

### 2. 带状清理

以种植行为中心清除其两侧植被，或将采伐剩余物清理堆放成条状的清理方式。在植被较稀疏矮小的情况下可采用。清理方法与全面清理相同。

### 3. 块状清理

以种植穴为中心，清除其四周植被或将采伐剩余物归拢成堆的清理方式。该方法在实际操作中较少应用。

## （二）整地

（1）坡度<10°的林地采用机械整地。使用D8型或更大的推土机，要求在推土机后装置不超过150cm的犁土器，有效犁沟深度最少达到90cm。犁耙应配有25~60cm的犁翼。机耕深度不低于60cm，带宽间隔4m(±20cm)。机耕时要注意沿等高线进行，以防止水土流失。

（2）坡度在10°~15°的林地可根据实际情况选择人工整地或机械整地。在机耕时应设置防止水土流失的梯级截流，或沿犁沟线每隔4~5m构筑土墙，墙高最少20cm，宽最少40cm。同时，犁耙应每隔8~10m提升50~100cm来隔断犁沟线，以防止水沿犁沟线向下流失。特殊情况下可使用挖机或特定机械整地，每个坑洼的长、宽分别为1m，向下松土0.6m以上。

（3）人工整地。坡度>15°或不能以机械整地的林地，使用人工整地。种植穴要沿水平

裂土深耕带状整地

单刀深耕机械

等高线成行排列，行距间隔4m。

(4)挖穴。挖穴前用石灰或木棍进行定标。机耕地挖穴或挖机挖穴的规格：穴深＝60cm；穴面面积＝100cm×100cm。人工整地挖穴穴深40cm；穴面50cm×50cm；穴底30cm×30cm。

### (三)造林密度

根据栽培目的、树种生物学特性、造林条件、造林措施以及经营水平等多方面因素确定，建议在沿海平缓地带桉树种植密度为：1667 株/$hm^2$（株行距2m×3m），1500 株/$hm^2$（株行距1.67m×4m）；其它地区种植密度为：1245 株/$hm^2$（株行距2m×4m）。

### (四)定植时间

在气候适宜的情况下，种植桉树不受季节的限制。但干旱季节定植必须进行浇水灌溉。在栽植过程中可以使用保水剂来延长栽植时间和提高种苗存活率。

### (五)抚育管理

(1)清杂及除草。一般在栽植后6~8周时进行首次除草，清除桉树苗周边50cm内的杂草；雨季后期再进行一次抚育，可以带状或块状抚育。造林后的第二和第三年根据林地具体情况决定抚育1次或2次。

(2)施肥。桉树基肥主要为复合肥，少量为农家肥加化肥。基肥所用N、P、K复合肥中P含量较高，用量为500g/株左右。追肥随每次抚育一起进行，复合肥中N和K含量相对较高，用量为200~400g/株，根据树木大小和土壤条件具体而定。

萌芽林在采伐后3~6个月进行抚育和定株，每个树蔸留1~2个健壮萌芽条，并进行施肥。以后再根据生长和抚育安排施肥1~2次。萌芽林施肥增产效果低于新造林。

广西七坡林场桉树高产林

### (六)萌芽更新技术

萌芽更新一年四季都可进行，但以冬春为好。冬春砍伐的树木需要70~90天萌芽，夏秋雨季砍伐的树桩40~50天即可。萌芽更新方式以块状皆伐为好。伐桩高度以平伐萌芽率较高，其伐桩高度以稍高出地面5~10cm为宜。斧砍比锯伐萌芽好，但要注意保护伐桩不破裂，以利于萌芽条生长。萌芽林在采伐后3~6个月萌芽条高达1~2m时进行抚育和定株，每个树蔸留1~2个健壮萌芽条，并进行施肥。以后再根据生长和抚育安排施肥1~2次。萌芽林施肥增产效果低于新造林。

桉树萌芽更新（广西鹿寨）

## 六、主要有害生物防治

**1. 桉树焦枯病**

桉树重要病害之一，病原菌为粪壳菌纲肉座菌目丛赤壳科丽赤壳属真菌。一般在4月下旬或5月初开始发病，7~8月为发病高峰期。发病初期，叶片出现水渍状斑点，后斑点连接并扩大呈不规则状坏死区域，典型的烂叶症状；潮湿情况下，病枝及病叶上有白色透明霉状物；高温高湿条件下病变组织可覆盖整个叶片，后期病叶卷曲脆裂易脱落。病害自下向上传播，病斑扩展迅速，严重时能导致寄主生长活力降低、大量叶片脱落。可通过种植抗病桉树无性系，对幼林修枝，或剪去出现病症的枝叶到林外烧毁等。在发病始盛期，可对叶片喷施达科宁或甲霜灵锰锌等化学药剂防治。

**2. 桉树青枯病**

桉树上的一类土传病害，防治难度大。病原菌为β变形菌纲伯克氏菌目伯克氏菌科劳尔氏菌属细菌。主要对桉树幼苗和3年生以下幼树的危害较大，林间感染幼树症状可分两种：第一种为急性型，感病植株叶片萎蔫、失绿、不脱落。病株砍倒后木质部呈黑褐色，可观察到乳白色至淡黄褐色菌脓溢出，从表面症状到全株枯死一般仅需7~20天。第二种为慢性型，症状表现为感病植株发育不良，较矮小，这种类型从表面症状到全株死亡需3~6个月。6~8月为发病高峰期，9~10月为病树枯死期，高温多湿的环境，特别是台风暴雨过后，该病害会在土壤中迅速繁殖和传播，极易从根表或伤口部位侵入植物。在华南地区一年四季均可发病。可通过种植抗病无性系、造林树种及无性系多样化、使用不带病菌的良种壮苗造林等综合防控。少量植株发病时，及时挖除，在病穴及其周围土壤撒上生石灰进行土壤消毒。青枯病发生严重的林地，桉树宜与其他人工林树种轮作。

**3. 油桐尺蠖**

杂食性害虫，常间歇性猖獗发生成灾，主要以幼虫啃食叶片，能将整株叶片啃光，仅剩秃枝。防控技术提倡种植混交林。在3月上旬后，利用成虫陆续羽化出土和具有趋光性的特点，于晚上用黑光灯诱杀。在害虫还在低龄幼虫阶段时，喷洒化学药剂杀灭幼虫。

**4. 桉树枝瘿姬小蜂**

主要危害桉树嫩枝和叶，导致桉树新叶的叶脉、叶柄和嫩枝产生典型的肿块状虫瘿，枝叶生长扭曲、畸形，新梢、新叶变小，树冠丛枝，生长缓慢。受害林木生长变形，严重影响林木质量。防治措施包括推广使用抗虫无性系造林，提倡不同无性系镶嵌式种植。对1~2年生严重受害的桉树林分应全部销毁，对3年生以上受害桉树林分要全部实施皆伐，就地销毁带虫枝、叶、树皮，对桉树伐根进行抑制萌芽处理。也可以通过喷洒化学药剂杀灭害虫。

**5. 桉扁蛾**

蛀干害虫，受害桉树多在主干基部出现一个或多个"虫粪木屑包"，蛀道口树皮愈合组织增生肿粗，幼虫在髓心蛀道内向根基部蛀害，严重影响寄主树生长，并导致风折或枯死。防治措施包括避免大面积种植单一感虫无性系，提倡不同无性系镶嵌式种植。清除虫源树，秋冬季节或早春砍伐受害严重的林木，及时处理树干内的越冬幼虫和成虫，消灭虫源。涂白，秋冬季至成虫产卵前，涂化学药剂于树干基部，防止成虫产卵及幼虫上树。对已进入木质部的大龄幼虫，可把化学药剂注入蛀道后用黄泥封口杀死幼虫，或者用铁丝等硬物插入蛀道内捅死幼虫。

**6. 白蚁**

危害桉树的主要白蚁种类包括黑翅土白蚁、家白蚁、土垅大白蚁等。其中黑翅土白蚁为土栖性白蚁，是桉树白蚁的优势种，工蚁取食桉树根部、根颈部及树干等。防治措施包括选择无病虫壮苗，这样的苗木栽植后，不仅生长旺盛，而且可以增强对白蚁的抗、耐害能力，避开造林后2~3个月白蚁危害的关键时期。布置诱杀坑，在白蚁活动处挖诱集坑，然后把松木片、甘蔗渣、桉树皮等捆成束埋入诱集坑作为诱饵。再在诱集物上撒上适量洗米水或糖水，坑面上加盖松土，过2~4周后若发现诱集到大量白蚁时，喷洒化学药剂杀死白蚁。灯光诱杀，每年4~7月是多数白蚁的有翅成虫的分飞期。有翅白蚁具有很强的趋光性，在其分飞期每晚可用黑光灯或其他灯光诱杀之。

## 七、木材用途

桉树是世界上利用价值极高的硬木资源之一，其部分木材产品以沉重、坚硬和耐久而著称。我国桉木可作为制浆造纸的主要原料。桉树是优良的纤维板、胶合板原料。同时，桉树还具有化工用途（如提取桉叶油和多酚等生化原料）、园林绿化（如作为行道树和庭院绿化）和生态防护作用。

（1）制浆造纸。桉木是重要的制浆造纸原料。巴西、南非等国利用桉树为原料，生产大量的木浆。中国已经建造了多个以桉树为原料的大型木浆厂。2005年金光集团亚洲浆纸公司（APP）在海南洋浦的金海木浆厂建成投产，年产木浆100万t；2012年晨鸣纸业湛江木浆厂建成投产，年产量100万t；APP钦州木浆厂，第一期年产量60万t，2011年建成投产；还有，广东广宁的鼎丰纸业年产木浆20万t，芬兰斯道拉恩索广西公司在北海正在建设的纸板厂，再加上一些地方的小型木浆厂如广西柳江造纸厂等。这些木浆厂都是以桉树为原料，桉树人工林支撑了我国制浆造纸产业的半壁江山。

（2）人造板。桉树木材以其密度大、强度高、价格较低的优势，在人造板市场最受青睐。随着我国无卡抽单板旋切技术的突破，使得桉树中小径材（直径8cm以上）制造胶合板变得可行，促进了桉树胶合板加工产业的飞速发展。以广西为例，2013年，全区以桉树木材为主要原料的木材加工企业1.6万家，其中人造板企业1200多家，人造板总产量达2860万$m^3$，木材加工总产值达956亿元。据不完全统计，广西全区有桉木单板旋切机2万多台，年产单板近2000万$m^3$。

桉树旋切单板（广西鹿寨）

托里桉实木家具（福建漳州）

（3）实木利用。巴西和南非，也有一定比例的桉树木材实木利用。我国在实木利用方面才刚刚起步，过去桉树人工林生产的都是中小径材，今后，我们要培育相当比例的大径材，目标产品就是实木锯材。

## 八、对策建议

（1）编制桉树科学发展规划。建议各地尽快编制桉树人工林科学种植土地利用规划，出台桉树人工林规范化种植法规办法，提出重点区划商品林区、水源林区、农用地、风景名胜区的土地利用方式。对于商品林区，应以桉树速生丰产林生产技术规程为指导，充分发挥桉树人工林的速生丰产优势，以木材生长量最大化为培育目标，定向培育木材资源，满足社会经济发展对木材的需求。

（2）转变经营模式，促进桉树人工林可持续发展。桉树人工林种植新模式关键在于转变经营方式，调整林分结构。在适地适树原则指导下，依据桉树短周期人工林培育技术规程和桉树中大径材培育技术规程，将短周期的桉树与长周期的树种相结合，实现"长短结合、以短养长"的林业经济目标，既保证了短期的经济效益，也保护了生态环境。建议编制桉树人工混交林建设技术规程，在不同的气候条件和立地条件下，选择不同的桉树品系进行多种方式混交种植，具体混交模式可采用行状混交、块状镶嵌混交和团丛状混交，种植时间可分为同龄混交和异龄混交。此外，开展林下经济作物种植，也可以调整林分结构，如林-药、林-草等发展林下经济种植模式，既能使生态系统稳定性增强，又能提高经济效益，达到双赢局面。

（3）完善桉树技术标准，强化经营管理。建立健全桉树技术标准体系，是一项非常重要的工作。华南是桉树人工林种植的主要地区，建议在桉树人工用材林管理规范规程和桉树速生丰产林施肥技术规程指导下，充分考虑物质循环和营养元素配比，适当适量施用基肥和追肥，同时配合施用有机肥和微量元素，保持土壤肥力，保证桉树快速生长所需养分。采伐时，不宜全树利用，应该归还剩余物，减少养分损失。整地不宜炼山，全面清理，应采用人工扩坎方式，以减少对生物多样性的破坏。

总之，只要我们科学规划，适地适树，密度合理，科学整地、施肥和抚育，按照可持续经营规律来发展桉树，就可以在创造经济效益的同时保护好生态环境，造福人类社会！

作　　者：谢耀坚　陈帅飞
咨询专家：谢耀坚　国家林业和草原局桉树研究开发中心　研究员
联系电话：13922080120　0759-3389180
电子邮箱：cercxieyj@163.com

# 落叶松

## 一、概述

落叶松（*Larix* spp.）为松科落叶松属落叶针叶乔木，主要分布在温带山区、寒温带平原及高山气候区。具有喜光、耐寒、速生、抗逆强等特性，其树干通直、木材坚实耐用、抗腐蚀性强，可作为建筑、装饰及纸浆用材，是我国北方及西南亚高山地区的主要用材和生态树种。

落叶松在黑龙江、吉林、辽宁、内蒙古、河北、山西、山东、河南、甘肃、西藏、新疆等省区均有分布或商品性栽培。人工栽培代表种有兴安落叶松、长白落叶松、华北落叶松和日本落叶松，年均造林面积达1.12万$hm^2$，年采伐量约192.81万$m^3$，年产值达13.98亿元。

## 二、发展目标

在当前我国木材需求连年增长、对外依存度高，国内疫情防控常态化、国际疫情多发及贸易形势日趋严峻的复杂形势下，以高世代育种和高效培育关键技术为支撑，以定向培育速生、优质、高产纸浆材和结构材等为定向培育目标，致力于建立造林良种化、繁育设施化、培育精准化的高效落叶松人工林产业体系，对于解决我国人工林生产力低下、培育模式单一等问题，精准提升落叶松人工林产量和质量，满足增加林农经济收益、缓解木材供需矛盾、保障木材安全具有重要意义。

## 三、品种选择

根据气候和树种资源，我国划分了4个落叶松生态产区，确立了与各区相适应的良种化途径，建立以落叶松为主的国家林木良种基地29个，目前通过国家（省级）审（认）定良种超过80个（林草种苗网 www.lczmcn.com），可为落叶松造林提供大批优质种苗。目前应用于造林的主要良种还是以各基地种子园生产的落叶松种子为主，此外还在材质育种的基础上选育了适合不同生态区推广的家系和无性系良种。寒温带生态区（主要包括黑龙江、内蒙古东北部及吉林北部）适宜栽植兴安落叶松、长白落叶松及其杂种，良种有"青山1号"（国 S-SF-LK-003-2014）等；温带生态区（主要包括吉林、辽宁山区、河北、山西等地区）适宜栽植长白落叶松、日本落叶松、华北落叶松及其杂种等，良种有"大孤家27"（国 S-SF-LK-011-2015）、大孤家81、1061、303、35等；暖温带生态区（包括河南、甘肃等中山区）适宜栽植日本落叶松，良种有"洛阳1号"（豫 S-SV-LL-025-2011）等；北亚热带气候区（湖北、湖南、重庆等亚高山地区）适宜栽植日本落叶松，良种有"长岭岗340"、"长岭岗224"、"长岭岗家系"、"建始3号"等。

## 四、育苗技术

（1）播种育苗。播种育苗分为大田播种育苗和温室容器播种育苗两种方式。优先选用经国家（省）审（认）定的良种种子，种子质量应达到 GB 7908 规定的 I、II 级标准，种子检验按 GB 2772 规定执行。播种前浸种催芽或采用雪藏种子。育苗容器推荐使用透水、透气和透根性强的网袋容器，基质可根据育苗区实际情况就地取材，选择经济、易于加工、便于操作、环境友好的轻型基质，结合落叶松专用控释肥，培育高质量容器苗木。育苗技术参照林业行业标准《落叶松温室容器育苗技术规程》（LY/T 2291-2014）执行。

（2）扦插育苗。分为春插和夏插，以夏插为主，包括采穗圃营建、采穗母株树体管理、育苗设施与插壤、插穗制备、扦插时间和方法、插床苗期管理及扦插苗越冬与移栽等关键技术。春插为硬枝扦插，在4月中上旬至5月初。夏插为嫩枝扦插，在6月下旬至7月中旬，又分为裸根插床扦插和容器扦插。为保证移栽成活率和苗木质量，推荐容器扦插。扦插育苗技术参照林业行业标准《落叶松扦插育苗技术规程》（LY/T 1892-2010）执行。

通过营建生产性采穗圃，以扦插方式规模化繁育已通过国家（省）林木良种审（认）定的速生性强、稳定性高、一致性好的优良无性系，对于缓解落叶松良种苗木短缺具有积极的作用。

（3）嫁接育苗。可通过嫁接育苗方法固定和保存优良性状、增强适应性、促进开花结实及培育新品种。树液恢复流动前，采集生长旺盛优树顶部的粗壮、完整的穗条，冷藏保存。在春分至清明期间，采用髓心形成层对接法嫁接到2年生落叶松优质砧木上（砧木与接穗直径尽量匹配，最好是同种），建议砧木选择容器苗。嫁接技术要领为"快、平、准、严"。"快"是指嫁接刀要快（锋利），动作快，以减少接穗削面和砧木接口的晾晒时间；"平"是指接穗和砧木的削面要平滑；"准"是指插入接口时，砧木与接穗二者形成层贴对准确；"严"是指是接口包扎绑缚严紧。

嫁接苗木培育 1~2 年后，可用于营建基因保存圃、育种园、采穗圃、种子园，较少直接用于生产造林。

## 五、培育技术与模式

### 1. 生长特性

日本落叶松具有适应性强、速生丰产、材质好、用途广的优点，在我国温带（吉林、辽宁、内蒙古、河北、山东等）、暖温带（山西省南部、河南、陕西、甘肃等）及中北亚热带（湖北、湖南、重庆、四川等）亚高山区广泛引种，对海拔适应范围较广，100~2800m 均能生长，北方寒冷地区宜低海拔造林，随着种植区域的南移造林地海拔逐渐升高，当海拔超过 2800m，生长速度明显降低。华北落叶松耐寒性、抗干旱、保持水土及抵御风沙能力强，可在≥0℃的积温 1500~2200℃之间、年温差达 29~36℃、昼夜温差达 14~16℃的环境下正常生长，是我国华北和西北高海拔地区重要的用材和生态树种。长白落叶松耐寒，喜光，适应性强，适生年均温 2~4℃、年降水 600~900mm、湿润度 0.6 以上的低山丘陵及缓坡山地，主要种植在长白山林区，兴安落叶松广泛种植在大、小兴安岭林区。落叶松对土壤的适应性较广，棕壤、暗棕壤、暗棕壤性白浆土、草甸土、褐土、黄土、黄棕壤、黄褐土、山地棕壤等都适合其生长。造林地一般选择土层厚度 40cm 以上、腐殖质层厚度 8cm 以上的立地。对于降水量少的北方造林地以阴坡、半阴或半阳坡为宜，坡度一般小于 30°，阳坡造林成活率较低；对于降水量较多的南方对坡向的要求不高。依照不同品系和不同培育目标的精细化要求来选择造林地，如中等及以下立地（立地指数 12、14、16）通常应以培育制浆造纸等小径材为主，中上立地（16 立地指数以上）则以培育大径材为目标。

### 2. 整地

采用穴状和带状清林整地方式。为防止水土流失和减少整地费用，一般采用穴状整地。穴状整地一般为圆形，穴径为 40~60cm，深 30cm。挖穴时清除穴内残根、石块，将草皮打碎翻入穴内，表土回穴。当坡度大于 20°时，可采用鱼鳞坑整地。在坡度平缓可以实施机械作业的造林地上可采用带状整地，带宽 40~60cm。整地最好在造林前一年的秋季，林地清理后进行；采伐迹地或立地条件较好的造林地也可以采用春季现整现造的方式。

### 3. 栽植

（1）造林方法：采用植苗造林，实生苗或无性系苗应达到 GB6000-1999 Ⅰ级或Ⅱ级苗标准。裸根苗造林采用 2 年生移植苗，栽前对苗木进行蘸浆或 ABT 生根粉溶液处理。栽植方法一般采用穴植，栽植深度比苗根原土印深 1~2cm，覆土时将苗轻轻上提，以免窝根。一般为春季造林，待土壤解冻 25cm、苗木地上部分尚未萌动时进行，即顶浆造林，避免"窝根"，挤紧踩实。容器苗造林前几天给容器苗浇水 1 次，搬运时不易破碎。网袋容器栽植时可随苗木一起栽植，塑料容器栽植前先脱去容器。栽植深度随容器的高度而定，在营养土团上覆土 2~3cm 踩实。容器苗造林不受季节影响，在春季干旱的北方可采取雨季造林，或用于造林失败地块的补植，第一次透雨后造林，提高造林成活率。

（2）造林密度：需根据培育目标、品种特性、立地条件和经济条件等因素确定，通常为1600株/hm²(2.5m×2.5m)、2500株/hm²(2m×2m)，3300株/hm²(2m×1.5m)或4400株/hm²(1.5m×1.5m)。培育大径材(结构材)，初植密度可适当小些以保证径向生长；培育中、小径材(纸浆材)可适当密植。立地条件好适宜稀植，立地条件较差可适当密植。不同品系生长、分枝和冠幅也各不相同，应采取不同的初植密度。交通方便、劳力充足、小径材有销路的地方，造林密度可适当大些。

### 4. 抚育

(1) 幼林抚育：在造林后3~5年内，主要包括除草割灌、扩穴松土和施肥。一般采用2-2-1或2-2-2的抚育方式，造林后连续两年割灌除草和松土2次，第三年割灌除草和松土1次或2次。采用全面或扩穴割灌除草抚育方式。幼林一般不需施肥，但土壤过于贫瘠、短轮伐期林地，可适当施肥。

(2) 间伐：间伐起始年龄因立地条件、初植密度、品种特性不同，一般为造林后8~14年。落叶松纯林间伐常采用株数和蓄积百分比法来作为强度指标，混交林中常采用蓄积百分比和郁闭度法。间伐强度一般为株数强度20%~30%、材积强度10%~15%，造林密度大、速生期、立地好则强度大，反之则小。间隔期一般为4~6年。幼、中龄林生长快，间隔期小，反之则大；间伐强度大，间隔年限要长；立地差间隔年限也可长些。间伐次数因培育目标而异，培育大径材需进行3~5次间伐，小径材则可不间伐或1次间伐。一般采用下层间伐方式，间伐木选择一般根据"留优去劣，留大去小"的原则，伐除林冠中下层过密植株及病虫危害、干形不良、机械损伤的林木。采用目标树经营技术，选择间伐木主要考虑空间的配置和释放，从空间结构优化方面确定采伐木，从而形成冠形合理，干形通直的保留林分，增强林分的活力和稳定性。保留株数：培育大径材每公顷保留400~600株，中径材每公顷保留600~900株，小径材每公顷保留1500~2200株。

(3) 修枝：修枝是大径材培育中提高木材质量、提升出材率的有效方法，一般在造林后8~10年适时进行人工修枝。根据需要进行1~2次修枝，时间为秋季落叶后至早春树液流动前的非生长季，强度为树高的20%~40%，间隔期为前一次修枝后出现两轮死枝时进行再次修枝。修枝切口平滑、不破皮和不带皮，不留枝桩。

### 5. 主伐

主伐年龄确定以工艺成熟为基础、考虑经济成熟、兼顾数量成熟，使得培育木材品质达到目的材种的最佳要求，同时获得最大出材量和最高经济收益。培育大径级主伐年龄为40年以上，民用建筑材约为36~40年，小径材约为15~26年。生产上采用小面积皆伐的主伐方式，立地条件好、更新造林较容易的林地和混交林也可采取择伐方式。

### 6. 纸浆林培育技术

参照中国林业行业标准《日本落叶松纸浆林定向培育技术规程》(LY/T 3047-2018)执行。

### 7. 大径级结构材培育技术

我国优质结构材原料主要依赖进口。日本落叶松抗压、抗弯强度居针叶材前列，可作结构材定向培育。选择中等及以上立地(立地指数≥18)，采用良种一级苗木造林，初植密度1600株/hm²、2500株/hm²或3300株/hm²。起始间伐时间为9~15年，经3~5次间伐，最终保留密度为400~500株/hm²，主伐年龄为38~48年，原木直径24cm以上，出材率达

70%以上,木材符合结构材的性能要求。

## 六、对策及建议

我国原木和木浆进口量持续增长,至2018年木材、木制品和木浆进口量已超过钢铁和橡胶,进口金额在行业排名中跃至第14、15位,尤其是木浆进口额增长迅速,针叶木浆国际市场价格涨幅显著,新冠疫情下各国将会出台越发严格的进出口政策。因此,作为我国北方最主要的针叶用材树种,大力发展落叶松人工林、缓解木材缺口迫在眉睫。

良种壮苗对生产力的贡献远高于其它经营措施,建议出台更为严格的政策。一方面提高落叶松造林的良种使用率,另一方面以此为契机,大力推广容器育苗技术。容器苗不受造林季节的限制,为春季造林赢得时间,可有效避免苗木根系在起苗、运输、定植时受到损伤,苗木质量好、根系发达、抗逆性强,同时提高造林成活率。造林后没有缓苗期、生长快、缩短成林时间,对抗击疫情支撑林业生产具有重要意义。

撰 稿 人:孙晓梅　谢允慧
咨询专家:谢允慧　中国林业科学研究院林业研究所　助理研究员
联系电话:13581511065　　　010-62888686
电子邮箱:xieyunhui33@163.com　　　微信:xieyunhui2014

# 毛 竹

## 一、概述

毛竹是我国分布最广、蓄积量最大、用途最为广泛的经济竹种。毛竹的地下茎为单轴散生,秆高可逾20m,胸径可达20cm。毛竹的竹材、竹笋,甚至枝、叶、笋箨、竹鞭和竹根皆可利用,是南方竹区农民重要的收入来源。毛竹丰产林每度可产鲜笋0.75~1.50t/亩、竹材1.0~2.0t/亩,甚至更高。竹材、竹笋及其它产品原料通过加工,可增值几倍至十几倍。农户不仅直接从经营竹林中获取收益,还可参与笋竹加工生产,开展竹旅融合等服务业,获取多种来源的经济收益。因此,竹子不仅为社会提供大量的各种产品,而且对山区经济发展和农村劳动力就地转移消化发挥着重要作用。对毛竹林的培育利用要科学处理经济效益与生态效益、笋竹生产与多功能利用等关系,实现经济、生态和社会效益协调发展。

## 二、发展目标

**1. 实施竹林分类经营,统筹管理优化生产投入**

依照竹林的主导功能和经营目标对毛竹林地进行分类。主要包括:①生态主导类。以获取最大化生态效益为目标的竹林经营类型。②集约高效类。以获取最大经济效益为目标的竹林经营类型。根据划定的类型采取相应的社会、经济和技术手段实施经营管理。

**2. 实施竹林定向培育，最大化发挥竹林经营效益**

当前，随着劳动力成本的持续上升，技术、农资投入的机会成本降低，"竹笋价格高多挖笋、竹材值钱多留笋成竹"的经营思路和生产策略具有一定的局限性，已不符合当前实施毛竹林定向培育并获取最大经济效益的实际。根据区域毛竹林资源和市场需求等实际状况，确定竹笋和竹材经营主目标，制定技术、农资和劳动力投入，是实现毛竹定向培育的关键所在。

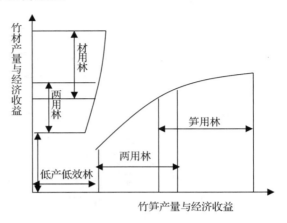

图1 毛竹林定向培育类型目标产品产量和经济收益

根据确定的经营目标和主导产品，采用先进适用的培育技术，生产培育笋竹产品（图1）。一是按照竹林主导产品的结构确定经营型，如主导产品为竹笋的笋用林、笋材兼营的笋材两用林和以竹材主导的材用林。二是根据目标市场对笋竹产品的功能定位确定经营模式，如笋用林可以分为早冬笋、晚冬笋，早春笋、晚春笋，以及秋鞭笋等实施开发利用；材用林则根据市场需求和林地条件，可以进行大径竹材定向培育。通过实施笋竹定向培育，优化产品结构、提升产品质量，实施竹林产品供给侧结构性调整，形成竹林特色经营，发挥竹林最大化的经营效益。

**3. 多目标多形式开发，加快推进融合发展**

毛竹林下空阔，林地具有一定郁闭度，小气候特征独特。利用竹林环境可以开展"林下栽植""林下养殖"，发挥林下经济优势，增加林地经营效益。

## 三、培育技术与模式

**1. 毛竹林结构管理技术**

（1）林分组成。毛竹材用林的林分宜为混交林或纯林，混生乔木比例应小，一般不宜超过30%；毛竹笋用林一般应为纯林，或少有混交阔叶树；水源涵养和水土保持等生态竹林的林分组成应为竹木混交状态，且乔木混生比例宜大，可达50%。

（2）立竹结构管理。立竹结构管理要点为：以经营类型定密度、以市场需求定大小、以经营水平定年龄。

以经营类型定密度：根据确定的经营类型定立竹密度，以平均胸径为10cm的毛竹林为例，毛竹笋用林经营立竹密度一般为150株/亩左右，材用林为200株/亩左右。

以市场需求定大小：笋竹大小是竹株协调生长的结果，即竹子有多大，竹笋就有多大，地下鞭就有多粗。对留笋成竹和竹材采伐形成竹株的大小（竹林平均胸径），要根据市场对笋竹质量的需求来决定。如春笋型笋用林，当标准春笋要求1.75kg/颗，则竹林平均胸径为9cm左右最适宜；冬笋型笋用林，冬笋大小为250～400g/颗，则平均胸径为10cm左右。在以竹材产量最大化为目标的材用林，则综合考虑竹林所处的立地条件并结合立地因子确定生产级，以毛竹生长级大小为适宜胸径。

以经营水平定年龄：以经营水平定年龄结构，以水肥管理采用测土推荐施肥为例，实施初期（第1~2年），年龄结构可为1度:2度:3度:4度＝3:3:3:1，随着经营水平提升（实施3~4年），可调整为1度:2度:3度＝1:1:1。对集约经营管理的笋竹林，可为1度:2度:3度＝2:2:1。

（3）地下鞭结构管理。毛竹笋用林的地下鞭结构宜为多鞭系结构，具有相对较短的鞭段，以促进笋芽萌发生长而多出笋。材用竹林的地下鞭为单鞭系结构，保留相对较长的鞭段，有效控制笋芽萌发。一般结合林地垦覆、施肥、挖笋、断鞭、埋鞭、清除老鞭和覆土等措施，进行地下鞭管理，诱导地下鞭在土壤中合理分布，优化地下鞭年龄结构。

**2. 毛竹林分区测土推荐施肥技术**

毛竹林分区测土推荐施肥，就是根据竹林长期施肥、采笋和伐竹等经营干扰，使土壤养分空间变异趋于一致的规律，通过面向乡村农户的竹林测土和经营模式评估，对毛竹经营区地块进行分区，按照分区(类型)的土壤养分特征和毛竹林经营目标，提出肥料组成和施肥方案，分类型、分梯度对竹林施肥进行指导。

（1）毛竹林土壤养分的二级分区。毛竹林地土壤可以按照二级分区法进行分区施策（图2）。

毛竹林土壤类型分区（一级分区）：对于较大的区域来说，先按土壤类型的大类来进行分区。

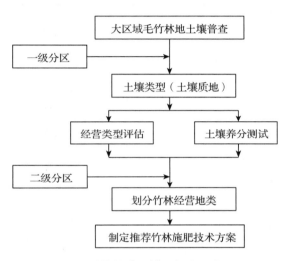

图2　毛竹林地土壤二级分区法

毛竹林经营地类分区（二级分区）：在相同的土壤类型下，由于毛竹林的经营受自然因素的影响存在一致性，导致竹林土壤养分的差异、竹林产量的差异等主要是由于人为的施肥习惯、经营目标和经营类型差异导致。因此，在二级分区中可以按照毛竹林生产管理的分异特征，结合土壤养分测试结果进行分区。生产经营状况评估主要项目为：近3年竹林经营管理情况，包括施肥时间、施肥种类、施肥量，竹林的立竹结构状况、竹笋产量、竹材度采伐量等。根据毛竹林实施经营类型的具体情况，结合土壤类型情况，一般将区域性（乡镇—村）毛竹林土壤养分二级分区划分为6个类型左右即可。

（2）毛竹林测土推荐施肥。根据毛竹林二级分区确定经营地类，以土壤养分测试为基础，根据毛竹林的需肥规律、土壤供肥性能和肥料效应，将以养分平衡为基础的底肥推荐和以土壤快速测试为手段的追肥推荐有机结合，确定推荐肥料的养分组成和施肥用量。测土推荐施肥原则为：调控施用氮肥，监控施用磷钾肥，配合施用有机肥。

毛竹林土壤肥力指标：一般对土壤测试分析的主要指标包括：有机质、全氮、全钾等土壤养分储量指标、有效磷、速效钾等养分有效状态指标。由于受长期施肥习惯的影响，目前各竹产区毛竹林土壤施肥以氮素的投入为主，氮素含量的高低和丰缺是影响竹林土壤养分状况的主要指标。在毛竹林土壤养分的分区中，可以以氮素为分区主要指标来考虑。

底肥推荐量：在土壤养分中庸的条件下（表1），根据毛竹林竹笋竹材目标产量，通过养分平衡计算确定底肥推荐配方，见表2。

表1 毛竹林土壤养分（大量元素）指标

| 等级 | 有机质（g/kg） | 全氮（g/kg） | 碱解氮（mg/kg） | 有效磷（mg/kg） | 速效钾（mg/kg） |
|---|---|---|---|---|---|
| 中庸 | >28.60 | >1.12 | >150 | >12 | >80 |
| 轻度贫瘠 | 28.60~18.00 | 1.12~0.80 | 150~100 | 12~8 | 80~50 |
| 贫瘠 | <18.00 | <0.80 | <100 | <8 | <50 |

表2 毛竹笋材两用林定向培育配方模式

| 大小年 | 4~6月 | 8~10月 |
|---|---|---|
|  | 发鞭长竹肥 | 笋芽分化肥 |
| 春笋小年 | N:P:K = 5:2:3<br>沟施、蔸施 | N:P:K = 2:1:1 |

注：用肥量按 N:P:K=5:2:3，30%有效量计算，毛竹林度施肥量为60~75kg/亩。

追肥推荐量：综合土壤肥力的维持和提高，将土壤速测应用于追肥推荐，适应不同肥力土壤、不同气候条件下的竹林反应。参照《毛竹林土壤养分指标》，土壤养分实测结果为轻度贫瘠的，应在底肥基础上增施15%的用量；对于土壤贫瘠的竹林，在底肥基础上增施30%的用量。对施氮量较大的地区，可降低氮肥用量，减少污染。其中，推荐磷、钾，应采取以下原则：第一，对磷、钾元素增产效应较高的竹林，通过施用化肥来保证土壤养分的收支平衡或略有盈余。第二，对磷、钾元素尚未显效的土壤，强调适当增加有机肥料的施用，减少养分的亏缺。

优化耕作方式：将改进施肥技术与挖掘竹林高效利用养分的生物学途径相结合。在实际操作上，按照便捷操作、分级管理，将施肥配方分为三个层次，一为"基础配方肥"，即可以直接购买使用，适宜土壤肥力中庸，但需要改进施肥时间、方式、方法等的配方肥；二为"通用配方肥"，在基础配方基础上，根据经营类型、测土结果进行限制养分配给的配方肥；三为"专用配方肥"，也就是根据农户要求，对竹林土壤单独取样分析、配方制肥、指导施用的个性化配方肥。

### 3. 毛竹林竹笋采收技术

（1）竹笋类型。毛竹林竹笋分为冬笋、春笋和鞭笋。其中，地下鞭芽在秋冬季膨大，当单个重量超过三两（150g）时即可采挖，为冬笋；立春后出土的竹笋为春笋；地下鞭的鞭梢肥壮、幼嫩部分，则称为鞭笋。竹笋含有充足的水分、丰富的植物蛋白以及钙、磷、铁等人体必需的营养成分和微量元素，膳食纤维含量适宜。竹笋味道清香鲜嫩，营养丰富，被誉为"天下第一素食"。

（2）"三适"采收优化竹笋产出

适时采收竹笋：地下鞭上的笋芽从长为冬笋至成为春笋，经历了今冬明春的时间跨度，同样，鞭笋遵循"慢—快—慢"的生长节律。而且竹鞭的养分传输作用使相邻竹笋之间表现为生长竞争，即当一个竹笋被挖走后，与之相连的竹笋就减少了竞争对象而获得更快生长。因此，适时采收就是分辨冬笋、春笋和鞭笋的商品性，并根据留笋养竹的要求，适时进行竹笋多次采挖，采挖的竹笋质量好、让笋越挖越多。

适量采收竹笋：竹笋采挖和竹笋留养是形成竹林结构的重要技术措施。适量采收春冬笋，就是根据竹林经营类型，在不同笋期适量采挖或留养竹笋，既考虑采收带来的经济效益，也保证后期竹林的形成，以利维持竹林结构始终在高生产力水平。同样适量采收鞭笋，不仅增加经济收入，还应促进竹林地下鞭根系统的形成。一般在地下鞭梢生长早期少挖，中期强挖，生长后期则可以全挖。这样不仅有利于促发当年或来年鞭笋的生长，还可培育更多有效鞭段。

适当采收竹笋：采挖竹笋应注意不伤笋，保持笋型完整，以利于笋产品保存和销售；挖笋不伤鞭伤芽，采挖笋穴要覆土回填，以利于竹鞭生长和鞭芽发笋，同时保持其养分传输的作用。

**4. 毛竹林竹材采伐技术**

竹林采伐既是择伐竹材利用，也是竹林的抚育措施。通过留笋成竹和竹材采伐，调整竹林密度、立竹大小、年龄结构和立竹在林地的空间分布，形成合理的竹林群体结构，为竹林丰产提供基础。

(1) 竹材的采伐时间。一般在春笋大年的新竹完全长成后至次年的清明前进行。其中，春笋大年的6~7月（俗称：砍杨梅红）为调整采伐期。对密度过大的竹林，通过杨梅红伐竹，对过密处进行择伐，腾出林地空间以利新竹的生长。10月至次年4月初（俗称：砍秋后春前）为竹材主要采伐期。

毛竹材用林竹材可以周年采伐，除春笋大年的出笋期至新竹完全发枝展叶外，其它季节均可伐竹。其中，行鞭期（小年的4~8月）和笋芽分化期（小年的9~10月）则尽量不伐竹。实施毛竹周年采伐，可以按照市场对竹材的需求调整采伐时间，提高竹材价格和经济效益。

毛竹笋用林春笋小年的清明后至次年新竹完全长成前，则严禁竹材采伐。

(2) 采伐目标竹确定。应根据毛竹林定向培育的要求，确定采伐数量和伐竹年龄。一般，度伐竹数量不应超过新竹数量，并伐除林内的风倒竹、病虫竹、畸形竹和弱小竹。伐竹后尽量用打通或砍破伐蔸（竹隔），加快伐蔸的腐烂。

(3) 伐竹方式。平茬采伐和带半蔸采伐。平茬采伐，即齐地伐倒立竹。带半蔸采伐，在坡度25°以上的毛竹林，挖开采伐立竹基部沿坡上部的土壤，用斧劈裂近一半竹蔸，后沿下坡位方向推倒竹子，近竹蔸处锯断竹子，竹蔸位用土覆盖。伐竹后竹梢头放置毛竹林内一周左右，竹叶干枯自然脱落后再移出林外。

## 四、对策建议

毛竹林培育技术在一个区域内是否适宜，包含两个方面。一是当地的资源、经济和社会条件等是否达到实施该项技术的要求，即技术实施的条件；二是对技术产出效益，特别是经济效益是否达到当地林地经营者期望的程度。在生产实际中，应通过调查分析影响竹林培育生产发展的因素，以原有技术为基础并与外部先进技术嫁接融合，综合运用社会、经济手段有效推进毛竹林的经营管理。

(1) 生产经营条件。竹林道、灌溉设施等基础设施条件是制约竹林经营的限制因素。毛竹一般分布在山区，竹山交通条件差，导致"笋竹产品下山难，肥料农资上山难"。改善生产条件，如交通条件、灌溉条件等，将有助于推进新技术的吸收利用。

(2) 农村劳动力状况。毛竹林的培育管理是一种劳动力密集型的生产经营活动。表3列出了毛竹培育类型实际劳动力使用状况(浙江遂昌)。

表3　毛竹定向培育类型实际劳动力需求量　　　　　工/(亩·度)

| 定向培育类型 | | 劳动力投入 | 按生产季分配 | | | |
| --- | --- | --- | --- | --- | --- | --- |
| | | | 11月至翌年4月（笋期） | 4~6月（土壤管理） | 8~9月（土壤管理） | 10月至翌年4月（竹材采伐） |
| 笋用林 | 冬笋型 | 21~27 | 15~20 | 2 | 1 | 3~4(小年) |
| | 鞭笋型 | 25~27 | 10~12 | 12 | | 3 |
| 笋材林 | 较高型 | 14~19 | 8~12 | 2 | 1 | 3~4(小年) |
| | 一般型 | 13~16 | 8~10 | | 0 | |
| 材用林 | 高效型 | 9~14 | 4~6 | 2 | 0 | 5~6(小年) |
| | 一般型 | 8~11 | | 1 | 0 | 3~4(小年) |

可以看出，劳动力使用主要集中在4~6月(春笋小年)和10月至次年4月。目前农村劳动力逐渐紧缺，劳动力机会成本上升。根据当地劳动力数量和劳动力成本状况，合理确定定向培育类型和经营规模是现实和必要的。

(3) 笋竹产品结构。根据区域笋竹产品的价格特点，进行产品结构调整。在取得相对产量基础上，实现效益最大化。以福建和浙江两地为例，当地笋竹产品及市场情况见表4。

表4　福建省＊＊市和浙江省＊＊县竹笋产品产量与价格分析

| 产品 | 冬笋 | | | 春笋 | | |
| --- | --- | --- | --- | --- | --- | --- |
| | 10月底至12月 | 12月至翌年1月 | 春节 | 3月中旬前 | 3月中旬至4月上旬 | 4月上旬以后 |
| 福建省＊＊市 | 冬笋产量较低，但价格高 | 冬笋采收量逐渐加大，但价格开始走低 | 产量大，受春节市场影响，价格走高 | 产量高，价格高 | 产量高，价格平稳 | 春笋进入末期，价格持续走低 |
| 浙江省＊＊县 | 没有冬笋采收 | 冬笋开始部分采收，价格上扬 | 产量大，受春节市场影响，价格走高 | 产量低，价格高 | 产量高，价格较高平稳 | 春笋进入末期，价格走低 |

可以看出，福建省＊＊市的竹笋产量、价格与浙江＊＊县相比，在早冬笋(10月底至12月)和早春笋(3月15日前)上有明显优势。而在浙江处于大量冬笋期和春笋期时，福建竹笋在价格上处于劣势。因此，将市场作为主导因素，根据两地产品产量结构特点，福建＊＊市可以将"早冬笋、早春笋；晚冬笋、晚春笋"作为笋竹产品定向培育目标，在取得相对丰产时可以实现经济效益最大化。

(4) 区域经济发展与产业结构特点。各地根据资源禀赋和社会经济状况发展笋竹加工产业，逐渐形成地方区域特色。如竹板材及家具、竹炭竹醋液、竹席竹筷竹制品等等。这些区域性特色产业对笋竹原材料产品的要求是不同的。如，用于毛竹展平板生产要求原竹胸径大、尖削度小；烧制竹炭的与原竹大小无关、竹龄一般需 6 年以上；部分特用竹需求，如渔用竹，则要求竹竿达到一定高度等等。受区域笋竹加工业发展对原材料需求的不同，区域间各种原材料产品价格相差较大。根据市场需求，确定定向培育类型和区域生产格局，资源培育有效链接笋竹加工是提高竹林经营效益的有效手段。

撰　稿　人：金爱武
咨询专家：金爱武　丽水市农林科学研究院　教授
联系电话：13606695111
电子邮箱：kinaw@zafu.edu.cn　　微信：13606695111

# 第二篇
## 珍贵用材林

# 降香黄檀

## 一、概述

降香黄檀（*Dalbergia odorifera*），又名海南黄花梨、花梨母、香红木等，系蝶形花科（Papilionaceae）黄檀属的一种半落叶高大乔木，天然分布于我国海南全岛，目前已在广东、广西、福建、云南、贵州、四川、浙江等地成功引种。降香黄檀喜光、喜温、喜水肥，耐干旱瘠薄，适生性强，但不耐低温和霜冻，早期生长速度快，成林后生长减缓。木材强度大，心材极耐湿耐腐，而且有淡淡的降香味。在名贵家具制作、高档工艺品雕刻、中医药等行业有广泛应用。此外，降香黄檀还是优良的生态公益林树种，在房前屋后种植生长良好，具有较高的经济和生态价值。

经过多年的引种和栽培试验研究，现已掌握降香黄檀的适生种植范围，绘制了栽培区划图。降香黄檀幼苗对水肥的响应较为敏感，不同生长阶段对养分的需求量不同。刚萌发幼苗的适宜需氮量范围为 200~300mg/株，适宜需磷量范围为 60~100mg/株，而半年生苗木适宜需氮量达 800~1200mg/株，磷的需求量则基本不变，但磷过量时会降低对钙的吸收。施用赤霉素有利于营养生长，而施用多效唑有利于生殖生长；树干注入乙烯利和干旱胁迫均有利于降香黄檀形成心材。

## 二、发展目标

降香黄檀的经济价值主要取决于心材的数量和质量，因而其主要的发展目标为干形良好、心材比例高，质量优良的木材。早期应加大水肥（尤其是氮肥）的供应，或叶面喷施赤霉素等生长调节剂，促进木材和枝条等营养生长，同时修除多余的侧枝，保留顶端优势，以培育良好的干形。林分郁闭后宜保持立地干旱，有利于加速心材的形成。

## 三、立地与品种配置技术

市场上与降香黄檀外观上比较相近的物种主要是海南黄檀（*D. hainanensis*），又名花梨公，这两者在叶片的外观形态上非常相似，最主要的区别在于降香黄檀叶片为近革质，而海南黄檀的叶片为纸质，此外，两者花冠的颜色也有较大差别，降香黄檀花冠为乳白色至淡黄色，而海南黄檀的花冠为粉红色。两者的经济价值也相差悬殊，降香黄檀心材宽大，美观，呈棕褐色，光滑油润，耐腐耐磨，是我国名贵的红木树种，在我国《红木》标准中归属为香枝木类，而海南黄檀的木材为淡黄色，无心材，材质疏松，且气味淡，非红木树种，经济价值较低（表1）。

降香黄檀对立地的要求不算特别严格，为了达到更好的种植效果，宜根据种植地的温度条件选择最适宜的种苗，即尽量在相同种植区域内引种，避免跨区域引种。比如种植在稍寒的低积温地区，宜优先采用低积温地区的优树种子育苗，反之，在热带沟谷或石灰岩等高温地区种植，宜选用高积温区的种子育苗，增加种苗与立地的生态匹配度，提升种植效益。

表1　降香黄檀和海南黄檀的主要区别特征

| 降香黄檀(D. odorifera) | 海南黄檀(D. hainanensis) |
| --- | --- |
| 小叶4~5对，长4~7cm，宽2~3.5cm，复叶顶端的1枚小叶通常最大，往下渐小； | 小叶4~5对，长3~5.5cm，宽2~2.5cm，小叶柄被褐色短柔毛； |
| 近革质； | 纸质； |
| 花冠乳白色或淡黄色； | 花冠粉红色； |
| 雄蕊9枚，单体雄蕊 | 雄蕊10枚，二体雄蕊 |

## 四、良种壮苗

降香黄檀经营周期长，目前还没有审定或认定的良种，但可以根据早期的生长表现，结合干形、心材比例和心材质量等指标进行初步判断，或是采用优势木法确定优树，再采集优树的种子或枝条培育壮苗。

实生壮苗培育：采集优良母树的果实，阴干，然后去掉果翅后用80℃清水浸泡6h后置于消毒过的沙床播种，待幼苗长至2~3片真叶时(约需1个月)移栽至营养袋内进行容器苗培育。育苗基质以黄心土辅以0.5%磷肥为宜，也可使用轻基质育苗，参照林业行业标准(LY/T 2635-2016)执行。

嫁接壮苗培育：选取优良母树树冠外围中上部长势良好的当年生枝条作为接穗，接穗应充分成熟、健壮、芽眼饱满。用枝剪将接穗取下后及时剪去叶片，再用湿毛巾或草纸小心包裹好以保持一定的湿度待接。砧木宜选择1年生降香黄檀实生苗。嫁接时间宜在秋末以后，初春以前开展嫁接。嫁接方法采用双芽"互"形接法嫁接，即先将接穗枝条分段，然后在接穗芽眼下部削出约45°的斜口，再在斜口的上部背面反斜刀少许形成小的反斜口，然后顺着反斜口轴向劈开表皮，再在斜口下方削去部分表皮；砧木采用同样的方法反向处理，将处理好的接穗和砧木的形成层紧密贴合对接，形成"互"形，最后用嫁接农膜条自下而上逐圈缠绕，包扎紧接合处，再包裹好接穗。嫁接约7天后用地面浇灌的方法进行补水，雨季应加盖薄膜进行防水处理，约15天后可适当补充尿素等氮肥；嫁接成活后须及时放芽和适时除萌，确保新芽自由生长，避免与实生芽竞争养分和水分。

组培壮苗培育：采集生长表现优良母树的枝条，先嫁接到降香黄檀砧木上，待接穗成活后再采集接穗的萌芽条作外植体进行消毒，然后将消毒成功的外植体切成含有1~2个腋芽的茎段，接种到丛芽诱导培养基进行诱导，培养基的激素配方为0.05mg/L TDZ与1.0mg/L 6BA。继代增殖培养的培养室温度为24~26℃，光照强度为2000~3000 lx，光照时间为每天10~12h。培养基中的激素配方为：0.03mg/L TDZ +0.5mg/L 6BA。每间隔30天将培养材料转接至新鲜培养基。将健康的增殖芽苗切分为单个芽接入生根诱导培养基(培养基配方为：1/2 MS +2mg/L NAA)，当生根率>50%时，将生根苗转入炼苗室进行炼苗。炼苗完成后将瓶苗移植到营养袋内，移植基质配方为黄心土:泥炭土体积比2:1；移栽初期应用薄膜覆盖保湿，并适时喷雾或淋水，保持湿度80%~95%。移植初期将遮阴度控制为85%~90%，7~8天后遮阴度调整为75%~80%，8~20天后按常规育苗方法进行遮阴及水肥管理即可。

## 五、培育技术要点

立地选择：选择土层厚、肥力中等以上，排水良好且无霜冻，极端低温在-2℃以上的立地。

林地清理：根据造林地的坡度、坡位、土壤特征、采伐剩余物数量和散布情况、造林前的植被状况以及经营水平等因素，可选用带状清理、块状清理或全面清理的方式。杂灌较多的荒山要先进行砍杂，砍杂桩高要低于20cm，山地造林宜免炼山，提倡带状清理全面喷施除草剂的方法。水源附近、农田附近及山谷地带宜保留>15m的原有植被作为水土滞留带，坡面较长较陡的地段在山中部和山脚同样需保留>15m水土滞留带。

整地方式：坡度<25°的林地，沿等高线作业带垦整地，带宽120~150cm，垦深20~30cm，严禁在坡地顺坡带垦作业；坡度较大和复杂或小块林地，采用人工或机械穴垦，穴规格大于50cm×50cm×40cm；坡度<8°的林地可利用机械进行全垦整地，垦深30~50cm，小穴种植。

造林方法：降香黄檀造林宜使用1~2年生以上壮苗造林，造林前每穴施用腐熟过的有机肥或复混肥料，无机肥用量为500~750g/穴，有机肥用量大于3kg。种完后及时回表土至穴深2/3时将肥料稍作混合，后继续回填表土至穴满。沟谷地和平缓地穴面回成面包形，低丘和台地穴面可与林地持平。

造林时间：结合各地的气候条件，一般在3~5月春季的雨季造林，有条件可浇水的地方夏秋也可造林。海南中部和东北部以春夏造林为主，西南部相对较晚，在8~9月雨后为宜。

造林密度：纯林株行距2~2.5m×3m或3m×3m或3m×4m，即833~1667株/hm²为宜。较差立地，相对密植。混交林的密度按混交树种、混交比例或年龄搭配而定。

抚育管理：造林后及时除草，前5年2~3次/年，而后1~2次/年。采用人工拔除、铲除、劈除，或使用除草剂等方法均可。造林第二年松土或扩穴一次，人工松土以主干为中心半径60~70cm。松土深度5~10cm，里浅外深，扩穴部分松土深度10~15cm。造林后前5年，每年追肥1~2次，造林当年第一次追施尿素50g/株，而后施复合肥100~200g/（株·次），在初春或夏末，施肥配合除草和松土进行，使用穴施或沟施覆土法，施于树冠投影下。第3~5年追施复合肥200~300g/（株·次）。大树移栽造林模式的抚育用肥量稍大。此外，造林当年成活后即开始固杆支撑，用1~2cm宽度的布条或薄膜将优势顶端枝条适度捆绑，使之直立向上生长。当年可用小竹木支撑，后期须更换成3根竹竿，持续时间4年以上。

修枝整形：造林后前4年要及时适度修枝整形，每年1~3次，于初春、初夏或初秋，促使顶端生长优势明显。初期使用折断侧枝的办法，抑制侧枝生长，后随幼树长高，逐步向上整形。当枝下高超过3.0m以上时，让其自然生长。

移栽间伐：种植后约第4~5年开始第一次移植间苗，10年后再第二次移植间苗，每次移植强度为30%~50%，最终保留密度280~450株/hm²。移植的时间因种植地而异，一般宜在根系全面萌动之前完成移栽。间苗前先将大的侧枝进行适当修剪，然后用锄头将树干周围 30cm 范围外的土壤挖松，深度约 50cm，同时砍断侧根，将带土团的树头提出地面，最后用有弹性的塑料绳子（带）将带土团的树头捆绑结实，土团直径大小和深度均为 50~60cm，用手锯截掉树梢，保留主干长度 3.0~4.0m，装车后运输至水肥条件良好的缓坡地，以继续培育成大树。

主伐年龄：建议主伐年龄 30 年以上。

### 六、对策建议

降香黄檀喜大水大肥条件，早期要频繁应用除草、施肥、修枝、防病虫害等抚育措施促进干形发育和林分快速生长，到中龄林后仍须开展必要的修枝和追肥等抚育管理，整个经营过程均需消耗大量劳务用工，而且经营周期长达 30 年以上。因此，从长远来看，降香黄檀不适宜在山区大规模发展种植，适合在水肥条件良好的平缓地段开展小范围种植，面积不宜过大（100 亩左右），可采用果园式经营管理。因降香黄檀大树移栽成活率较高，也可灵活发展为庭园种植和房前屋后种植等模式。

此外，在降香黄檀林下发展耐荫经济作物如春砂仁、羊肚菌等，树干套种铁皮石斛等林下种植模式，既能促进林木生长，又能增加短期经济收入，实现"以短养长"，将是今后降香黄檀人工林的重要发展方向之一。

撰 稿 人：刘小金
咨询专家：刘小金　中国林业科学研究院热带林业研究所　副研究员
联系电话：13828447581　　020-87031637
电子邮箱：xjliu@caf.ac.cn

# 楠 木

### 一、概述

楠木涉及的树种范围有广、中、狭 3 种。广义楠木包含樟科楠属和润楠属所有可出产长直大径材的树种。中义楠木仅包含楠属可出产长直大径材的树种，国标（GB16734-1997）列出了 8 种，行标（LY2119-2013）则只涉及闽楠（*P. bournei*）和楠木（*P. zhennan*）2 种。狭义楠木则仅有楠木 1 种。哪种意义的楠木都必须是可出产长直大径材的树种；其木材大可作为栋梁，小可作佛珠，可满足人们的住、行、商、闲、教、文等多种需要。

楠，古称柟、枏，早在先秦时代就有文字出现，明清时代对其分布、材性、物候和栽培有粗略的认识。19 世纪国外植物分类学家率先对樟科润楠属和楠属的树种进行分类学的描述，20 世纪 20~40 年代开始有国内树木学家对其进行分类修订和补充，如今国内楠属和润楠属所有树种基本可以对照植物描述鉴定出来。

楠木作观赏树种培育可见于唐宋时代，而作为用材树种培育则始于20世纪30~40年代，20世纪70~80年代楠木培育技术研究开始走上发展之路。21世纪初期楠木培育技术研究进入高潮，全国多个高校、科研院所和单位以高效、速生、丰产为目标开展培育技术、良种选育和遗传学研究，审定或认定了良种，编制了楠木培育的林业行业标准和地方标准。

## 二、发展目标

楠木木材是制作建筑、舟船、家具、牌匾、棺材和佛珠的优良材料，是优化木材供给的选项。21世纪以来，楠木被国家林业和草原局列入国家储备林树种目录，18个国家储备林建设基地中有8个适合楠木发展，福建、湖南和江西等省份曾定下了百万亩楠木林的发展目标，至今发展的楠木林约有百万亩左右。与数千万亩规模的杉木、杨树相比，楠木林规模还不够，作者认为楠木林面积发展目标应达到500万亩，才能支撑楠木产业的可持续发展。

## 三、立地与品种配置技术

楠木良种选育工作21世纪初才开始开展，目前已有多个高校、科研院所和生产单位通过田间培育试验筛选出苗期或（和）幼年生长表现优良的品系、母树林种子、种源、家系和无性系，部分品系、种源、家系也已申报良种行政管理部门审定或认定，但生产上还没形成公认的品种或良种。就树种而言，目前培育的楠木类树种有楠木（桢楠）、细叶楠、闽楠、细叶桢楠、紫楠、浙江楠、润楠、宜昌楠、滇楠、红楠、柳叶楠等，这些树种主要在其天然分布省市培育，也有部分树种引种到其天然分布区以外的省市培育，且生长表现较好。

**1. 楠木（*Phoebe zhennan*）**

原产于四川、贵州、湖南和湖北，现广泛引种于海南、广东、广西、福建、浙江、江西、安徽、云南。

**2. 山楠（*Phoebe chinensis*）**

2011年李朗等人将其划分润楠属，改名山润楠，学名*Machilus montana*。原产于湖北、甘肃南部、陕西南部、贵州、四川、云南、西藏，适宜海拔1400~1600m山坡或山谷。

**3. 红毛山楠（*Phoebe hungmaoensis*）**

原产于海南、广西南部及西南部，越南也有分布。现引种于广东中部。喜潮湿环境，对土壤要求不严，但在土层深厚、疏松的酸性砂壤土上生长较好。

**4. 普文楠（*Phoebe puwenensis*）**

原产于云南南部、东南部及西南部。现引种于广东中部。对土壤适应性较广，在土层深厚、水湿条件较好的沟谷及缓坡上生长良好。

**5. 浙江楠（*Phoebe chekiangensis*）**

原产于浙江西北部及东北部、福建北部、江西东部。现引种于广东中部。

**6. 细叶桢楠（*Phoebe hui*）**

原产于陕西南部、四川、云南东北部。适宜海拔1500m以下的平原。

**7. 闽楠（*Phoebe bournei*）**

原产于江西、福建、浙江南部、广东、广西北部及东北部、湖南、湖北、贵州东部。

喜温暖、湿润气候，适宜土壤深厚肥沃、排水良好、中性或微酸性壤土，以山谷、山洼、阴坡下部及河边台地生长更好。

**8. 紫楠**（*Phoebe sheareri*）

原产于江苏、浙江、安徽、江西、福建、湖南、湖北、广东、广西。喜阴湿环境，适生于气候温暖、湿润，土壤肥沃的地方，特别是山谷、山洼、阴坡下部、河边台地，土壤深厚疏松、排水良好，微酸性壤质土壤上生长最佳。

不同树种其分布区都是其适培区，但不同区域之间还可以树种生长的差异而划分不同产区。以闽楠而言，其中心产区以福建西北部、浙江南部和江西东北部组成的区域，与此区域相邻的福建东部、东南部、江西北部、浙江北部、广东、广西西北部、贵州西南部为一般产区，而河南东南部和安徽南部属于边缘产区。楠木的中心产区为四川中南部、重庆南部、湖南中南部、湖北西南部，一般产区为四川东北部、重庆东部、湖北西部、贵州西北部和湖南。

## 四、良种壮苗

楠木迄今还没有经过林木良种审定委员会审定或认定的公认良种，但根据苗期或（和）中幼龄种源家系试验林生长表现筛选出的优良种源和家系还是比较多。以闽楠为例，福建永安、尤溪、政和和江西的崇义、上犹、分宜等种源在广东乐昌生长表现良好；湖南龙山、桑植和金洞种源在湖南桃源生长表现良好；福建明溪、永安、浦城与江西上饶等种源在福建明溪县生长表现良好，广西富川和资源县种源在广西融水县生长表现良好；江西龙南、福建王台和西芹等种源在吉安和南昌生长表现良好；福建永安、明溪沙溪、福建尤溪、江西泰和及宜丰等种源在永安生长表现良好。对桢楠来说，四川都江堰、宜宾市长宁县、泸州市等种源在四川泸县生长表现良好。根据种源-家系联合选择，这些种源当中又筛选出生长表现优良的家系。目前闽楠种子采集还是根据交通便利度、母株壮实度和果实高度采集，没有根据遗传测试结果确定采种母树。

楠木壮苗的标准与其种类和培育方式有关。以闽楠为例，扎地苗、普通容器苗和轻基质容器苗的合格苗指标逐渐降低，苗高下限依次为30cm、25cm和20cm，地径下限依次为0.35cm、0.25cm和0.25cm。楠木壮苗生长指标略低于闽楠，扎地苗合格苗生长指标下限分别为苗高20cm、地径0.20cm。

## 五、培育技术要点

**1. 采种**

采种实际采摘的是果实，应采集成熟的果实。10~12月可采集闽楠、楠木、紫楠和浙江楠果实，6~7月可采集刨花楠果实。采种母树应选择树干通直且胸径25cm以上的结实母树。可利用高枝剪或登高工具直接采集树上的果实，也可树下铺设塑料薄膜收集掉落的果实。果实可直接或加沙或草灰搓擦分离出种子，采用水选法获得种子。种子不需催芽可直接播种，如需保存一段时间，可与细沙、椰糠或其它保湿材料混合贮藏，放置于阴凉低温处并适时供水。

### 2. 苗木培育

苗木培育可采用扎地育苗也可采用容器育苗。扎地育苗可进行畦作。采用条播，条距10cm，条内种子相距10cm。播后可覆盖遮阴网，以降低或避免鸟兽、雨水破坏和杂草数量；适时供水，保持播种床湿润。发芽后撤除遮阴网，搭建棚架并因地制宜铺设遮阴网或其它材料遮阴；日常适时浇水、除草和间密留疏补疏。春、夏、秋可按月、按季适当追施氮肥，秋末可追施钾肥，如有营养缺乏症状可追施相应缺乏肥料。冬季进行断根，促进须根发育。1年后如需留畦继续培育，其管理与上述基本相同，但需间苗降低苗木密度，给保留苗以充足生长空间。

容器育苗要求容器规格为直径10cm、高度15cm，播种床湿润，整个管理基本参照林业行业标准《容器育苗技术规程》执行，但有两处不同。一是不采用点播，而采用两阶育苗法。第1阶段是播种至出芽阶段，即将种子散播于播种床，播后管理至长成4~6cm的芽苗；第2阶段是芽苗移植至容器培育至出圃阶段，将播种床的芽苗拔起，将主根末梢剪断，然后植入容器中，管理至出圃为止。二是需要断根，目前断根方法有多种，建议通过搬动方式给容器苗断根。

### 3. 造林

造林技术因林地类型、培育模式和培育目标而异。目前造林地有无林地、有林地和四旁地，培育模式有纯林和混交林，培育目标有大径材或中径材的用材林、生态林、风景林。无林地纯林可以根据按照纯林培育目标设计初植密度、整地方式、种植点排列方式并实施，培育中径材的楠木人工林可选株行距为2~4m×2~4m，而大径材的楠木人工林株行距为7~9m×7~9m，为提早郁闭造林密度可以1.5m×1.5m，但在8~10年生时进行间伐或移植。有林地和四旁地的初植密度、整地方式、种植点排列方式需要根据已有林木的格局进行相应设计并实施。

### 4. 幼林抚育

对于采伐迹地上营造的楠木纯林，需要加强幼林抚育，一般造林后要持续抚育5~7年，每年1~2次。抚育内容有清除杂灌、松土和追肥，杂灌清除方式以物理方法为主，即直接用刀具或机械将楠木幼树周边的杂灌清除；也可以用化学方法清除，即喷洒除草剂，但要避免除草剂喷洒到楠木幼树上。松土和追肥因地而异，下坡可只松土，而中上坡的楠木松土与追肥同时进行；肥料种类上半年抚育以氮肥为主，下半年抚育以钾肥为主；每株施肥量200~500g。

楠木混交林则需要根据混交的树种采用相应的幼林抚育措施。而郁闭林下间种的楠木也无须进行杂灌清除。四旁地楠木的抚育与平常的环境管理可以相结合进行。

### 5. 间伐

对于大乔木类楠木的纯林或混交林，初植株行距小于3m×3m的，在造林后8~10年生时可进行第1次间伐；培育大径材的，在20年生时可进行第2次间伐，最终保留密度为7~9m×7~9m。

### 6. 主伐

根据林业管理和可持续经营要求，楠木主伐应采用单株或块状择伐方式，不宜采用皆伐。楠木主伐年龄因种而异，闽楠和楠木中径材主伐年龄可能在30~40年，大径材主伐年龄可能在 50~60 年。

### 7. 有害生物防治

楠木培育过程要注意以下生物的危害：一是啮齿动物，如老鼠或野兔会咬断栽植的苗木，如有发现苗木在离地20cm完全断折的现象，可以在林地放置捕鼠设备或老鼠药。二是微生物，微生物的危害主要体现在病害，目前发现的病害有立枯病、根腐病、叶枯病、炭疽病、煤烟病、枯梢病，其中立枯病和枯枝病可以导致闽楠和浙江楠的树木死亡，至今尚未有特效防治方法，但防治思路仍以化学防治为主、营林措施为辅。三是昆虫，有害昆虫有危害根部的小地老虎、危害梢部和主干的蛀梢象甲，危害根、茎、叶的鳞毛叶甲（灰毛金花虫），防治昆虫危害的方法以化学防治为主，营林措施为辅。

## 六、对策建议

广义楠木包含多个树种，不同树种的生态特性不完全一致，其分布区和栽培区不完全相同，其用途和市场空间也不完全重叠。目前狭义楠木仅1种，笔者认为以我国古代对树种的认识方法和水平，不会精准到只使用1个树种，而应是同类树种的混合使用。因此建议林业系统沿用20世纪40年代使用的"桢楠"作为狭义"楠木（$Phoebe\ zhennan$）"的中文正名。楠木还是以中、广义楠木为佳，可以增加造林树种的多样性，满足不同群体、不同地域的消费习惯和需要，扩大资源量，满足产业发展的原料供给。最关键的是恢复楠木的消费文化，推广生态文明理念，树立木材可再生、可分解和无毒的观念。此外，政策要明确人工培育的楠木按一般林木进行采伐审批，避免易种难收，损害种楠人的感情和利益。

撰 稿 人：李荣生
咨询专家：李荣生　中国林业科学研究院热带林业研究所　副研究员
联系电话：13640823235　　020 - 87032612
电子邮箱：fjlrs@ caf. ac. cn　　微信：forlrs

# 柚 木

## 一、概述

柚木（$Tectona\ grandis$）是马鞭草科（Verbenaceae）柚木属（$Tectona$）高大乔木，也是世界著名珍贵硬木用材树种。柚木相对速生，树高达50m，胸径达2~3m，干型通直，树叶宽大，生长迅速。柚木作为热带树种，要求较高的温度，垂直分布多见于海拔700~800m以下的低山丘陵和平原。天然林分布于印度、缅甸、老挝及泰国北部地区，面积约2900万 $hm^2$。人工林被引种至东南亚、非洲和拉丁美洲等70多个热带国家和地区，为热带五大硬木造林树种之一，面积约为435万~689万 $hm^2$。柚木在我国云南、台湾、海南、广东、广西、福建、四川、贵州等地均有种植，面积约3.5万 $hm^2$，多为幼中龄林，加强高效栽培管理措施，可大大缓解将来国内市场柚木木材供给缺口。

中国林业科学研究院热带林业研究所自20世纪60年代开始搜集国内外柚木种质资源，开展引种造林技术研究；70年代系统开展了柚木遗传改良研究。经过近50年来国家项目的持续支持，目前已经在柚木采种、育苗、造林和遗传改良等方面取得了全面进展。通过多层次多目标的良种选育，以传统繁殖技术与现代生物技术相结合，开展无性系组培快繁与壮苗培育、采穗圃营建与嫩枝扦插等无性繁殖为核心的、种子园营建与实生苗定向培育等有性繁育为辅的高效繁殖技术研究，突破良种组培与快繁的关键技术，实现了良种壮苗培育的工厂化育苗。随着"十三五"国家重点研发计划"柚木高效培育技术研究"、"柚木等珍贵树种定向培育技术集成与示范"等课题的开展，选育出了生长快、抗性强、材质好国家审定良种"热林7029"，以良种壮苗配合立地选择、水肥管理、修枝间伐、林下经济等进行多种关键培育技术集成、示范，构建了符合市场需求的柚木大径级无节材定向培育技术体系。

## 二、发展目标

柚木木材具有花纹美丽、颜色柔和、触感温润、材质优良、坚硬耐腐、不翘不裂、易于加工、用途广泛等诸多优点，是军舰和海轮等军需与航海的重要用材，用于码头、桥梁、建筑、车厢、高档家具、地板、雕刻、木器、贴面板及镶贴板等，在国内外市场上广受欢迎，是世界上最贵重的用材之一。因此，速生、抗逆性强，且树干通直圆满，无节或少节疤，心材比例高的柚木大径材是柚木人工林培育的最终目标。

## 三、立地与品种配置技术

### 1. 立地选择

适地适树是森林培育的最重要原则之一。柚木适生于温暖、湿润、多雨的热带、南亚热带季风气候，年降水量1250~1750mm之间，每年3~4个月的旱季有利于高质量心材形成。年平均温度22~27℃之间，极端低温必须在-1.0℃以上，无霜或短暂轻霜。小地形应为海拔500m以下避风、开阔、向阳的平地、坡地（坡度<30°）及河谷盆地。沿海台风多发地带不宜大面积种植纯林，可搭配抗风树种营造混交林。在适宜的生态气候区域，土壤pH值最适范围为6.5~7.5，盐基饱和度>30%，钙、磷、钾、镁和有机质含量较高的土壤。以土层深厚（>80cm）的土壤或排水性好的冲积土最好，砂质土、重黏土、土层薄（<50cm）和排水不良的土壤则生长不良。如土壤pH值在4.0~5.0间，则应通过施碱性肥料、改土适树或选择耐酸性的柚木无性系。

### 2. 品种配置

具有抗性强、生长快、材性优等特点的国家审定林木良种"热林7029"（图1），是由云南景谷、海南定安、广东揭东和雷州等地无性系测定林选出的、生长均居前三位，且材性优良的无性系，适合上述地区或类似地区推广种植。云南热区、贵州干热河谷地区宜选择较耐寒来自缅甸种源的7514、7544及7549等无性系，海南、广东、广西沿海地区宜选择较抗风来自印度种源的7114、7024等无性系。

## 四、良种壮苗

苗木宜选用Ⅰ级和Ⅱ级的容器苗、截干苗和小棒槌苗造林：容器苗高约14~36cm、截干苗地径1.5~3.5cm、小棒槌苗的棒槌度（主根段膨大处直径与地径之比值）1.57以上。

### 1. 实生苗培育

柚木种实采收后及时催芽处理，常用方法有石灰浆浸沤法、冷热干湿交替法、激素处理法等。宜选疏松、肥沃和排水良好的砂壤土作为育苗地，当苗高3~5cm出现1对真叶后，按不同造林需求培育不同类型的苗木。

（1）截干苗培育。按发芽先后移植小苗至床宽1m、高25~35cm种植床，移植后最好适当遮阴，直至小苗恢复生长。移植株行距为20~25cm×25~

图1 6.5年生"热林7029"（云南景谷）

30cm，每公顷产苗9万~12万株。加强水肥管理，10~12个月后可出圃，出圃苗地径1.5~3.5cm，离地面2~3cm截干，地下留主根长15~20cm，修剪侧根和须根后可上山造林。在疫情期间，苗木顶芽未萌发前，进行起苗，采用截干苗或小棒槌苗贮藏技术，贮藏苗木1~2个月。根据整地、回穴施肥与天气情况，出苗造林，可提高造林成活率。

（2）小棒槌苗培育。即当播种床的种子发芽率达50%后，在床内间密补稀，控制密度为250~400株/m²，每公顷产苗170万~280万株。培育过程中注意控制水肥，勿使茎叶徒长；抑强扶弱，防止超级苗产生。通过这种密度控制方式培育出的苗木，地径大小适中，其主根成"小棒槌"状。出圃时按上述截干苗要求制备苗木。小棒槌苗适宜高效集中育苗，苗木便于贮藏、长途运输与分散造林。在疫情期间，与截干苗采用同样技术和方法贮藏小棒槌苗，视造林施工进度和天气情况，出苗造林。

（3）营养袋苗培育。营养袋大小采用7cm×6cm×14cm的规格，每公顷可产苗150万~160万株。营养土基质用60%~70%新表土、30%~40%火烧土，外加3%~5%钙镁磷肥混合配制而成。当芽苗长出一对真叶时，可移苗入袋。移植后10天，用复合肥（N:P:K=15:15:15）与尿素按4:1混合，配制成0.3%~0.5%的水溶液淋施，施后即用清水淋洗，此后每周施肥一次。可适当追施0.5%~1%钙肥和磷肥。苗高20~30cm时可出圃。在疫情期间，营养袋苗采取断根移动处理，控制苗木穿根；控制水分，耐旱炼苗，以提高营养袋苗造林成活率。

### 2. 无性系苗培育

因国内柚木种子园面积小，产种量低，柚木实生苗大规模造林采用良种比较困难。目前，柚木组培快繁已达规模化生产，随着今后柚木无性系良种的审定，采用优良无性系组培苗或扦插苗造林，将成为柚木人工林发展的趋势。

（1）无性系材料选择。选择的无性系材料是经区试测定的优良无性系或选育的优树。

(2) 组培繁殖与移植前制备。采取成年优树中上部侧枝顶芽，用75%酒精处理30S+0.5%升汞处理45s，然后切除顶芽周边组织后，用MS培养基附加2.0mg/L 6BA培养25天，继代增值的6BA与盐浓度比控制在1/3900~1/3600间，加入适量IBA和0.25g/L的GA3制成TM培养基。经过继代培养的无根瓶苗，经炼苗10~15天后取出，剪去其下部的愈伤组织和近切口处小叶，以备扦插。

(3) 采穗圃营建与插穗剪取。选择土壤肥沃、疏松，水源充足，排灌良好，且交通便捷的地方作采穗圃。以0.5~1年生无性系组培苗建立采穗圃，按床宽100cm，株行距40cm×30cm，每床4行种植，步道宽50cm。3~4月定植母株，6~7月施150g/m² $P_2O_5$和100g/m² $K_2O$，翌年3月截干，留干高15cm。4月中下旬当侧芽长至7~10cm剪取扦插，间隔7~10天剪取一次。每根穗条留顶芽及2~3对叶，顶叶小则全留，大则剪去1/2，其余叶片剪去2/3~3/4。每年采条时间为4~8月，每月可采2~3次。每次采条后喷施1%的复合肥（N：P：K=15：15：15）和加喷100 mg/kg的6BA，以提高采穗量。

(4) 扦插苗管理。无根组培苗和采穗圃嫩枝的扦插与培育必须在具自动喷雾系统设施的荫棚中进行。制备好的组培小苗和插穗蘸粉状或糊状生根剂（1kg滑石粉+0.05mg吲哚乙酸调配），移植至消毒基质（黄心土：泥炭=1：2或黄心土：河沙=1：1或泥炭：黄心土：椰糠：蛭石=5：2：2：1）的容器（8cm×12cm的塑料薄膜袋或轻基质无纺布网袋或50孔深11cm的聚苯乙烯林木穴盘）。扦插后塑料薄膜全密封覆盖保湿，强光照下，薄膜上加盖一层遮阴网。喷雾次数以保持叶片坚挺新鲜为度，晴天次数增加，阴雨天适当减少，20~30天后揭开薄膜两端。30~45天后揭开薄膜，早晚各淋水一次。生根前，每星期喷一次0.3%复合肥（N：P：K=15：15：15）或0.2%~0.3%磷酸二氢钾的水溶液。生根后，将复合肥（N：P：K=15：15：15）与尿素按4：1混合，配制成0.1%~0.2%浓度的水溶液，5天喷施一次，随幼苗生长逐渐加大浓度（不得超过0.6%）。施肥后立即薄淋清水一次。棚内或床内温度宜保持在25~30℃范围内。温度过高时，在薄膜上喷水降温。扦插后1个月，揭去棚四周的遮阴网；2个月后揭开顶部的遮阴网。插后每隔2~3天，交替喷800倍的多菌灵、甲基托布津和0.1%的高锰酸钾溶液各一次，之后每隔5天交替喷施。发现腐烂插条，及时清除。

不同无性系扦插生根率不一，组培苗扦插生根率85%~95%，采穗圃嫩枝扦插生根率为70%~90%，一般出圃率为60%~90%；出圃规格为苗高25~35cm，苗木健壮，根系发育良好，无病虫害；采穗圃嫩枝扦插要求新出叶2~4对。

## 五、培育技术要点

结合前期成果和"十三五"国家重点研发计划课题取得的最新成果，提出柚木人工林疫情期间和疫情后技术要点。

### 1. 优良无性系容器苗保证造林成活率

柚木造林多使用实生苗，优良无性系容器苗需增加使用比重。一般造林时间为春季或各地雨季来临。如受疫情影响严重地区可推迟至6月，正常复产复工地区在保证安全，无大量人员聚集情况下，要抓紧雨季来临的有利时机，及时开展备苗备耕工作。中国林科院热林所"十三五"期间选育的柚木"热林7029"获国家审定林木良种。"热林7029"无性系容器苗具有根系完整、健壮均一，便于长距离运输的特性。采用"热林7029"容器苗，选择雨后造林，成活率可达98%以上，保存率95%以上。后期生长快、抗性强、材质好。

根据不同地形、坡度选用适合的整地方式：坡度在25°以上山地、水蚀严重地带，宜采用穴状整地；坡度15°~25°的山地，宜带状整地，挖平台，宽1m；地势较平坦、便于机械作业的台地可机耕全垦。

植穴规格须根据整地方式而定。采用穴状整地宜60cm×60cm×50cm；带状整地和全面整地宜50cm×50cm×45cm。如施基肥量大，则要求植穴更大些。一般要求在雨季或春季前完成整地为好，植穴和挖出的土壤经过1个月的风化。

**2. 采用苗木贮藏后的截干苗（小棒槌苗）造林**

通过截干苗贮藏，既能有效地解决疫情影响整地施肥工作，造成推迟造林，从而影响成活率的问题，又能解决推迟造林后，因苗木过大，起苗困难问题，且苗木过了休眠期，又影响苗木成活率的问题；如推迟造林，经贮藏后的截干苗，比容器苗的全苗造林成活率高。如当年无法造林，可贮藏到第二年造林。技术要点：

（1）在地下水位低、排水良好、遮风、遮阳和挡雨的简易棚内修建若干个长5m、宽2.5m、深1.3~1.5m的水泥池。

（2）苗木休眠期起苗，茎留2~3cm，主根留15~20cm，剪去全部须根，剪短侧根。清洗制备好的苗木，浸入0.5%的苯来特或多菌灵溶液中消毒30min后，取出摊开、晾干至表皮无水渍，按苗木分级标准，每100株捆扎。

（3）池底铺5~10cm厚的干净河沙（含水量<0.8%），中间立2个直径10cm竹编通气管。苗捆直立入池，间距3~5cm，每层苗填充5~6cm厚的河沙，最上层盖20cm厚的河沙，其上覆盖一层麻袋，留出通气管口。每池可贮35000~45000株。

（4）通气管内垂吊一温度计。如温度高于35℃，则取出苗木；如沙子受潮，则调换干燥的河沙或取出河沙晾干，处理后重新入池。

（5）贮藏15个月，造林成活率为90%~100%；19个月为75%~90%。造林时按需出池，随出随种。长途运输须保持苗木干爽，到达目的地后尽快造林。

**3. 不误农时套种经济作物**

在条件好的立地下，推荐采用2.5~3.0m×5~6m株行距造林。一是便于机械化抚育与施肥，减少人工成本；二是林下可套种经济作物，增加农民短期收入。宜采用①林农模式：套种大豆、花生、玉米、甘蔗等农作物；②林果模式：套种桑葚、菠萝等果树；③林药模式：套种益智、姜黄、甘草、阳春砂、草珊瑚、艾纳香等中药材物种。套种作物与柚木行间隔至少1m。

**4. 加强幼林抚育促生长**

造林后每年抚育两次至第5年。每年追肥1~2次，每次NPK复合肥0.25kg/株、农家肥2.0 kg/株。冬季受冻害的幼苗和幼树，在春季，进行地面截干，促使重新萌生。幼林郁闭后及时修枝，高度不超过树高的1/3，切口平整光滑，与树干平行，切忌损伤树皮。青枯病高发时，及时清除发病严重幼苗，连根烧毁，并用石灰对穴土消毒。柚木弄蛾危害苗圃或幼林时，可喷洒0.1%浓度的杀虫剂，夜间进行灯光诱杀。及时抚育，破坏成虫栖息环境。针对中龄林或郁闭林分，喷洒0.1%浓度白僵菌或青虫菌。

## 六、发展建议

根据树种特性和普遍造林立地条件，柚木与生态兼容性强的固氮树种营造混交林，与高价值经济作物构建林下经济复合系统是未来人工林发展的重要方向。提倡混交造林，以增大林地覆盖度，改善土壤结构与营养状况，且能提早郁闭，减少抚育投入，提高林地生产力和林分稳定性等。混交或间种的树种宜采用豆科或非豆科固氮树种，如台湾相思、大叶相思、厚荚相思或木豆、花梨、印度黄檀、银合欢、木荚豆等乔木固氮树种，或套种花生、大豆等矮秆作物或山毛豆、柱花草等豆科固氮植物；林下可种植如砂仁、益智等南药，从而增加短期收入，形成以短养长、长短兼顾的可持续经营。必要时对乔木混交树种进行修枝，减少对柚木生长的影响。柚木与混交树种混交比例可以1∶1或2∶1，行距以柚木间和柚木与混交树种间等距为宜。

撰 稿 人：王西洋　梁坤南
咨询专家：梁坤南　中国林业科学研究院热带林业研究所　研究员
联系电话：13925161689　　020-87032929
电子邮箱：chinateak@163.net

# 楸 树

## 一、概述

楸树在传统概念上是指梓属（*Catalpa*）的楸树（*Catalpa bungei*）、灰楸（*Catalpa fargesii*）和滇楸（*Catalpa fargesii* f. *duclouxii*）3个树种。它们是我国重要的乡土珍贵用材和园林观赏树种，已有2600多年的栽培历史，深受人民群众喜爱，自古素有"木王"之称。楸树分布范围广，树姿挺拔、高大，枝繁叶茂，根系发达，适应性强，具有良好的防尘降噪能力。楸树花色丰富、花期长，是优良的园林绿化树种、生态防护及水土保持树种。同时，楸树木材耐腐蚀，不易翘裂，虫蛀，纹理通直，花纹美观；加工性能良好，刨、锯、镟切容易、涂饰性能良好。木材用途广泛，可做家具、乐器、贴面板、造船，以及特种用材等。截至目前，楸树相关研究主要集中在种质资源收集评价、良种选育、规模化繁育、高效培育等方面，并取得了突破性成果。在河南、山东、湖北和甘肃等地分别建设了楸树种质资源库；采用选择、杂交等育种技术，分别针对不同生态区选育良种31个；构建了以嫁接、埋根、嫩枝扦插和组织培养为核心的良种无性规模化繁育技术体系；提出了以良种壮苗、密度控制、精准施肥和修枝抚育为核心的人工林高效培育技术体系。取得的这些研发成果，为楸树人工林的高效培育，实现质量精准提升，促进农民增收，提供了坚实的技术保障。

## 二、发展目标

依据城市园林绿化工程、平原绿化造林工程和国家储备林工程建设等需求，结合楸树资源存量和树种生物学特性，楸树产业的发展主要在珍贵用材林、生态防护林和景观绿化方面。其中，用材林以培育中、大径材为目标，生态防护林主要以农田林网防风为目标，景观绿化以提升冠型和花色等观赏价值为培育目标。

## 三、立地与品种配置技术

楸树主要分布于中国的华中和华北地区，生长速度中等，抗旱性和抗寒性中等；灰楸主要分布于中国的华中和西北地区，分布范围与楸树具有一定的重叠，生长速度最慢，但抗旱性和抗寒性较强；滇楸主要分布于中国的西南地区，生长速度最快，但抗旱性和抗寒性较差。

品种配置：针对黄河流域、淮河流域、黄土高原半干旱区、江汉平原、云贵低山丘陵区，适宜的良种分别为'洛楸'系列和'中林'系列、'宛楸'系列、'天楸'系列、'楸丰'系列、'中滇'系列。

立地选择：要求土层深厚（50~60cm 以上）、湿润、肥沃、疏松的中性土、微酸性土和土层深厚的钙质土；不宜选择干燥瘠薄的砾质土、结构不良的死黏土以及含盐量超过 0.10% 的土壤；不宜选择干旱、水涝的土壤。

## 四、良种壮苗

目前，通过国家级和省级审（认）定的良种均为无性系，主要采用嫁接和扦插的方式繁殖，具体如下：

**1. 嫁接育苗**

一般采用梓树为砧木，从南至北 3 月至 4 月嫁接。应选择交通方便、易于灌溉、排水良好、坡度小于 5°的缓坡地或平地作为苗圃地，进行嫁接苗的培育。圃地应在育苗前一年秋（冬）季深翻整地。嫁接前 20~30 天定植砧木，株行距 30cm×40cm。接穗应在冬季停止生长封顶 1 个月后，至翌年初春树液流动前，在采穗圃中采集无病虫害枝条。当春季砧木芽体膨大、树液开始流动，且接穗芽膨大前嫁接。木质部贴芽接，即在接穗芽基以下 1~1.5cm 处削成带木质部的芽片，在上部横切一刀，接芽片长 3~5cm。在砧木离地面 3~5cm 处选取光滑部位，由上向下下刀、垂直切削成接口，随即将芽片贴于砧木嫁接口上，注意接芽片与砧木切口两者形成层对齐，勿使错位。用厚 0.08cm、宽 1.5cm 左右，长 20~25cm 的塑料条严紧绑缚嫁接部位。嫁接后 5~7 天接芽上部砧木剪去，剪口在接芽上部 1cm 左右，并稍有倾斜，剪砧后立即抹接蜡。嫁接后至停止生长前，及时抹除砧木和接穗上的萌芽及萌条。

**2. 扦插育苗**

一般中部、南方及西北地区分别在 3 月上旬、2 月下旬和 3 月中下旬进行扦插。秋季落叶后或春季萌动前，采集 1 年生苗干或树干基部的萌条，截成长度为 50cm 左右的插穗。在温室或温棚中，设置催芽床宽度为1.0~1.5m。将根段或苗干整齐排列，间距为3~5cm埋入河砂中，埋藏深度为3~4cm，覆砂厚度达到2cm即可。催芽床温度保持在12~25℃，室温或棚温保持在15~30℃；相对湿度保持在75%~80%。当嫩枝高度达到8~12cm，4~6片叶，呈半木质化状态时，用手从基部将嫩枝掰下，将掰下的嫩枝调制成长度为8~10cm的插穗，并在浓度为100mg/L的ABT1号生根粉溶液中浸泡0.5h，或浓度为500mg/L的萘乙酸溶液中速蘸3s后扦插。在整好的插床上，用削尖的竹签打孔，深度为4~6cm。将用激素处理后的插穗垂直插入插孔内，扦插深度为插穗长度的1/2~2/3。插后用手轻轻捏压基部周围河砂，使插穗与河砂紧密接触，防止插穗歪斜等，株行距5cm×8cm，每平方米控制在250株以内。扦插后实行严格的水分控制，采用喷雾方式浇水，插穗生根15天后可以开始炼苗，炼苗时间一般为15天。之后，将扦插苗进行大田移栽，移栽时分品种进行栽植，株行距一般为30cm×40cm。

## 五、培育技术要点

中国林业科学研究院林业研究所制定了《珍贵用材林栽培技术规程——楸树》（LY/T 2125–2013）。按照行业标准进行楸树栽培的立地条件选择、树种和品种使用原则、苗木培育、楸农间作模式、抚育间伐、主伐利用等技术要求，培育楸树人工林。

栽培立地条件在平原地区要求土壤质粒为砂壤土、壤土和土层中有黏土层的土壤，地下水位1.5m以上；山地要求低山山坡下部、河流的两侧、沟谷地带；黄土高原地区要求塬面、沟坡下部、川道。

采用植苗造林，使用1年生Ⅰ级苗、Ⅱ级苗（地径大于2.0cm，苗高大于2.5m）。平原地区非基本农田提倡楸农间作，行距为30~50m，株距4~5m，每公顷60~90株，以培养大径材为主，可兼做农田防护林。在丘陵山地的梯田或条田楸农间作，行距与梯田或条田的宽度相等，株距可采取4~5m，以栽植田埂外沿为主。在村旁、路旁、水旁、宅旁等地进行栽植，根据"四旁"的立地条件和周围环境确定单株栽植或群植，要求栽植胸径大于6cm以上的大苗。平原地区设计间伐的株距为2~3m，行距为4m，待胸径达到20cm左右时进行间伐；设计不间伐的株行距宜为4m×5m。

林分抚育至关重要。在平原区为防止干热风危害和促进苗木主干生长，提倡平茬造林。平茬后，待需要保留的生长最健壮的萌生枝高度达到10~15cm时，及时抹掉其他的萌生枝育干；每年在树木进入生长旺季时，及时抹除主干上萌生的所有侧芽，以保证主干的生长。造林翌年发芽前，在幼树主梢上部10~20cm处的芽眼以上1~2cm进行短截。当顶部萌芽生长高度5~10cm时定主芽，抹去其它萌芽，促进顶芽生长，以形成高大主干。造林第三年应开始修枝，前10年修枝强度枝下高应为树高的2/3，以后修枝使枝下高为6~8m。

## 六、对策建议

随着我国经济社会转型发展和人民生活水平不断提高，人们对环境质量的要求也在不断提升，对木材需求的质和量也在日益提高。楸树作为我国的乡土珍贵树种，兼具用材、观赏和净化空气等多种功能，契合复合型经济和生态文明建设的需求，有着广阔的市场发展潜力和空间。具体发展建议为以下几个方面：

（1）坚持适地适树，适地适品种原则。即首先要避免将楸树与滇楸、灰楸相混淆，做到适地适树；其次是依据良种的适宜栽培区域选择楸树品种，做到适地适品种。

（2）适度规模发展，避免盲目跟风。严谨市场调研，在需求基础上适度规模发展，防止供大于求的现象发生。

（3）绿化大苗与用材林培育相结合，以短养长。采用苗林相结合的模式，初期以大密度培育为主，定期或不定期间苗，用于绿化，形成"以短养长、长短结合"的良性发展模式。

（4）结合乡村振兴战略的实施，大力发展"四旁"栽培，促进人居环境改善和增收。整理整合乡村"四旁"闲置土地，发展围村林、通道绿化、景观廊道，避免与粮争地现象发生。

（5）积极利用国家投资、银行贴息、社会融资等资金，在我国中部和北部大力发展以楸树为主的珍贵用材林，加快区域国家贮备林基地建设。

撰 稿 人：王军辉　麻文俊　赵　鲲　马建伟　何　茜　翟文继
咨询专家：王军辉　中国林业科学研究院　研究员
联系电话：13671255827　　010-62888968
电子邮箱：wangjh808@sina.com　　微信：13671255827

# 西南桦

## 一、概述

西南桦（*Betula alnoides*）别名西桦、蒙自桦木、桦桃树，为桦木科桦木属西桦组高大落叶乔木，天然分布于我国华南和西南地区，包括云南东南部、南部、西南部、西部和西北部怒江峡谷地区，广西西南部、西部和西北部，贵州红水河沿岸地区，以及西藏墨脱雅鲁藏布江大峡谷地区。西南桦属于速生珍贵树种，采用中轮伐期经营（20~30年）生产中高档木材；其木材和木制品（木地板、家具、单板贴面以及高级装饰材料等）贴近日常生活，且价格中等，普通大众有能力消费。其树皮属民间传统药材，用于治疗消化不良、痛风、关节炎、微骨折等病症。

我国西南桦驯化栽培研究始于20世纪70年代末，一些地区开展了小规模试种。90年代中期以来，西南桦培育研究相继被纳入国家攻关、科技支撑和重点研发计划。基于大规模种质资源收集、评价和应用，筛选出一批优良种质（种源/家系/无性系）；较系统解决了良种繁育与壮苗培育、立地质量评价与管理、林分结构控制（混交、密度、林下植被管理）、干形与无节材培育等技术。多年来采取边研究边推广方式，西南桦种植业得到迅猛发展，人工林面积从90年代中期数百公顷增至当前逾20万$hm^2$。

## 二、发展目标

西南桦生长迅速、适应性较强,且木材具纹理美观、结构细致、密度中等、不翘不裂、易于加工等优良特性,是培育大径材的理想树种。采用目标树经营,主伐材用于刨切或旋切单板、高档家具制作;间伐的中小径材用于木地板、细木工板以及生活小件品制作。采伐或加工剩余物树皮用于传统药材或精油提取。

## 三、立地与品种配置技术

西南桦和光皮桦(*Betula luminifera*)在分布区上有重叠,生产上很容易将两者相混淆,常出现因错误用种导致造林失败。其主要区别在于:①西南桦树皮多粗糙,而光皮桦树皮光滑;②西南桦木材偏红色,而光皮桦为黄白色;③西南桦果序2~5条排成总状,而光皮桦果序多为单序,即使一些植株中亦出现多序现象,而整个植株仍以单序为主;④光皮桦果实5~7月成熟,而西南桦为2~3月。采种时注意从上述几个方面加以综合鉴别。

自2000年以来,我国开展了系统的西南桦种源、家系、无性系选育,并初步开展了杂交育种,为主要栽培区筛选出一批优良的种源、家系和无性系。中国林业科学研究院目前基于云南、广西和福建等省区的多点种源/家系联合选择试验,筛选出5个干形通直、速生、抗性强、材质优的优良种源。广西凭祥大青山种源适宜在云南西部、广西大部、广东、福建南部等地种植;云南腾冲种源适宜在云南西部、广东中东部、福建南部等地种植;云南双江种源适宜在云南南部、广东中东部、福建南部等地种植;云南瑞丽种源适宜在云南西部和南部等地种植;广西右江种源适宜在云南南部和东部、广西南部和西部等地种植。"西南桦广西凭祥大青山种源"、"西南桦云南腾冲种源"目前已获批国家审定良种。中国林业科学研究院选育的"西南桦青山1号"(桂S-SC-BA-001-2017)、"西南桦青山2号"(桂S-SC-BA-002-2017)、"西南桦青山5号"(桂S-SC-BA-003-2017)和"西南桦青山6号"(桂S-SC-BA-004-2017)4个无性系获批广西区审定良种,适宜在广西西南部和西北部种植。目前通过华南、西南各省区多点无性系测定,已初步筛选出一批优良无性系,可供生产上推广应用。

## 四、良种壮苗

宜选用上述推荐的优良种源和无性系培育容器苗造林。对于种源良种,于2~3月采集其优良母树林的成熟种子培育实生苗;对于无性系良种,培育组培苗,或者利用组培苗建立采穗圃进而培育扦插苗。

(1)实生苗培育:一般造林前4~6个月开始育苗,采用移植容器苗培育方式,即生产上俗称的"两段式"育苗法。首先采用木箱、菜篮或塑料盆等,亦可于圃地筑苗床,集中培育小苗;采用疏松、肥沃、透气壤土掺入0.5%复合肥作为基质,播种前宜用0.3%~0.5%的高锰酸钾溶液或3%多菌灵对基质及周边环境消毒;播种量为$2\sim4g/m^2$,覆土以刚好不见种子为宜。发芽齐整后,每隔一周至10天喷施复合肥,浓度由0.05%逐渐增至0.3%;喷洒多菌灵或甲基托布津等预防病害发生,农药浓度0.1%~0.3%。此阶段水分管理要求精细，基质过湿易烂苗，过干则苗木萎蔫。播种后2~3个月小苗长至4~5cm高即可移苗进入第二阶段，采用常规方法培育。容器规格宜采用8cm×12cm（直径×高）育苗袋，育苗基质采用松树皮+壤土（体积比1∶3）半轻基质，培育西南桦苗木效果好，掺入部分西南桦林下表土接种菌根菌，或者掺入0.5%竹炭，可显著促进苗木生长，提升苗木质量并缩短育苗期近1个月。

（2）扦插苗培育：采用优良无性系营建采穗圃，定植时让苗木倾斜45°可显著提高穗条产量。以采穗圃母株上半木质化枝条作为插穗，壤土+珍珠岩（体积比1∶1）为扦插基质，1500mg/L IBA+NAA（IBA与NAA为9∶1）为生根促进剂，生根率达85%以上。

（3）苗木生长调控：由于全球气候变暖导致降水事件难以预测，或者新冠疫情等突发公共事件，往往导致造林工作延迟，而西南桦苗木仍生长旺盛，苗高和根系指标容易超出合格苗规格。通过根施多效唑控制苗木旺长，保障苗木质量，出圃前于苗木顶芽喷施赤霉素解除生长抑制，有助于灵活匹配造林时间，保障西南桦造林成效。具体而言，针对已经或即将达到出圃规格的西南桦容器苗（高20cm以上），按10~20mg/株的剂量均匀浇施50~100mg/株的多效唑溶液于苗木根部基质；出圃前配置2000~4000mg/株赤霉素溶液，按2~4mg/株的剂量喷施苗木顶芽生长点。应用此技术可控制苗高生长和主根发育，促进须根发育和苗木木质化，提高苗木抗逆性，从而提升苗木质量。4个月内西南桦苗高增量降低80%以上，根茎比提高80%以上，苗木不穿根。

（4）苗木出圃：宜提前至少半个月炼苗，控水控肥，提高苗木的木质化程度，进而提升其抗逆性，进行苗木分级。苗高不宜超过35cm，宜20~30cm，地径2.0mm以上，苗干直，无病虫害和明显机械损伤，即为合格苗可出圃造林。

## 五、培育技术要点

广西、广东、福建等省区以春季造林为主，亦可雨季造林。云南、贵州南部、西南部以雨季造林为主。若因新冠疫情等突发公共事件或因春季干旱导致造林工作推迟至雨季，只要苗木质量有保障，造林措施到位，对于造林成活影响不大。

（1）立地选择：西南桦喜温凉气候，宜选择阴坡或半阴坡，海拔相对较高的立地；适宜海拔在云南为800~1800m，两广、福建南部为300~800m。在疏松、透气、肥沃的深厚壤土上生长表现上佳。在西南桦适生区，一般杉木生长好的立地，西南桦生长表现亦好。

（2）林地清理与整地：从环保角度考虑，一般不宜炼山；建议采用砍杂归堆清理方式，割除林地杂草和灌木，将采伐剩余物每隔2~3m（视造林株行距而定）成带堆放，带间清理出1m宽裸土面开展带状整地和挖穴，视土壤情况确定穴规格：50cm×50cm×40cm（易板结黏土）或40cm×40cm×35cm（疏松壤土）。结合回土，每穴可施500g钙镁磷或过磷酸钙做基肥。

（3）混交与初植密度：拟木蠹蛾等钻蛀类昆虫为害是目前制约西南桦发展的最关键问题之一，因此宜遵循长短结合、阴阳搭配、合理配置和适当比例的原则发展混交林。目前较为成熟的混交模式有：西南桦与红锥（偏阴）行状混交（2行∶2行），采用2m×3m或3m×3m株行距造林；西南桦与杉木（中性偏阴）丛植混交（西南桦每丛2~4株，每亩8~

10丛），采用2m×2m株行距造林。与较短轮伐期的黑木相思、大花序桉等喜光树种混交，可采取块状混交模式，并通过间伐、修枝和施肥等措施协调种间关系。

（4）幼林抚育与植被管理：对于尚未长出草面的幼苗，实施穴抚，穴宽50~80cm；施肥以雨后穴周围撒施为主，尽管杂草亦吸收部分养分，短期内降低肥料对于目的树种具有效性，长期而言，杂草亦将成为生态系统养分循环之环节，通过枯落物分解回归土壤而为目的树种吸收。幼苗幼树长出草面后，建议以"懒"抚育为主。具体而言，保留良性杂灌，全面清理恶性杂灌，包括缠绕幼苗幼树的藤本植物以及五节芒、白茅、棕叶芦等。实施"懒"抚育，可增加林分生物多样性，提升其抗病虫害能力，增强林分稳定性，此亦为中国林业科学研究院实施西南桦林下植被管理试验所证实。由于未成林阶段及幼林期西南桦树皮薄，枝条和主干脆而易折断，应禁止放牧，避免牛羊等牲畜取食枝叶，因践踏致植株断干或瘙痒破坏树皮，影响植株生长及干形培育；西南桦枝叶易燃，特别在旱季，应加强火灾预防。

（5）修枝与间伐：修枝可以显著降低西南桦修枝段拟木蠹蛾为害，提升修枝段木材质量，因此造林后约3年树高达4m以上时开始修枝，此后每隔2~3年修枝1次，一般修枝到8~10m。西南桦修枝宜在9~10月，此时雨季刚结束，而且天气渐趋凉爽，西南桦生长迅速，有利于修枝伤口的愈合。修枝强度以修枝高度占整个树高的1/3逐渐升至1/2乃至2/3为宜。对于造林株行距2m×3m或3m×3m的林分，一般造林后6~8年实施第一次间伐，强度为25%~40%，伐除干形差、病虫害严重、长势弱的林木；12~14年第二次间伐，伐除被压、冠形差、树干弯曲分叉严重的林木，培育大径材。

亦可采取西南桦目标树经营。具体而言，林龄约为5~7年时选择长势旺盛，主干通直圆满，分枝均匀不偏冠，目标高度（一般为9m）以下分枝直径小于4cm，且无机械损伤及病虫为害的优势木作为候选目标树，每亩初选12~16株；10~15年确定目标树，每亩6~8株。每隔5年伐除干扰树，适当保留一般木。对目标树实施修枝、树干基部涂白、施肥等措施"开小灶"，加快其生长，缩短大径材的培育周期。

（6）主伐与更新：西南桦的主伐年龄主要取决于经营目的、工艺成熟、市场状况等，15年生以上的西南桦木材力学性质区域稳定，作为木地板、细木工板之类用途，主伐年龄可短至15年；培育西南桦大径材用于高档家具、刨切或旋切单板，主伐年龄宜25~30年。宜采取小块状皆伐或择伐。西南桦萌芽更新能力弱，宜采取重新整地、植苗更新。对于小块状皆伐，可考虑每亩保留若干优树天然下种，实施采伐迹地天然更新。

## 六、发展建议

从发展思路上，结合退耕还林还草工程、天然林保护工程、国家储备林建设和珍贵用材林基地建设等国家重点林业工程发展西南桦人工林；鉴于西南桦的独特季相变化以及较高生态价值，亦可将西南桦应用于风景林、碳汇林、水源林等生态公益林建设。

从培育模式和技术上，为了控制拟木蠹蛾等钻蛀类昆虫为害和提升林地经营收益，建议各地采用当地长周期珍贵树种或短周期速生树种开展混交试验，或采用林药间作模式，应用目标树经营技术培育西南桦大径材。

目前生产上大多营建纯林且种植密度大，形成大量低产低效林分，建议通过强度间伐及林下套种予以改造；而国家现行抚育间伐标准所规定的间伐强度过低，难以满足南方地区生产需要，建议制订或修订相应规程。

撰稿人：曾　杰
咨询专家：曾　杰　中国林业科学研究院热带林业研究所　研究员
联系电话：13902335439　　020－87030271
电子邮箱：zengjie69@163.com　　微信：zj13902335439

# 黑木相思（澳洲黑檀）

## 一、树种概述

黑木相思原产昆士兰至塔斯马尼亚的澳大利亚东部及东南部，即南纬16°~43°之间，垂直分布从海平面至海拔1500m。原产地降水量为700~1500mm。我国福建中南部、广东、广西、海南等地为适生栽培区，江西南部、四川盆地、云南南部、贵州西南部可局部试种。

黑木相思具有丰富的根瘤，固氮能力强，枯枝落叶多，改土性能好，是生态友好型树种。据测定，中龄林每年每公顷回归土壤的氮素相当于400~600kg尿素，能有效提高林地肥力。因具根瘤固氮，2年生后即可不追氮肥或少施氮肥，而氮肥溶解度大，容易随径流污染河流、水库等水源。因此，种植黑木相思可显著减少人工林施肥对水体的污染，是一个生态友好型树种（图1、图2）。

黑木相思材质好，心材气干密度高达0.65~0.75g/cm³，弦向收缩仅1.5%。心材呈棕

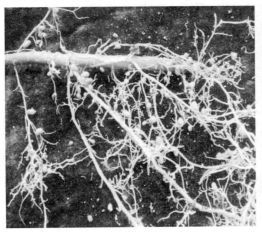 

图1~2　黑木相思的根瘤形态

色至黑棕色，间有鸟眼、雨点、斑点等美丽图案，是高档的家具材和贴面板材，且声学性能优异，常用于制作小提琴等乐器。因此，黑木相思木材价值高昂，是珍贵树种。

黑木相思生长快，木材产量高。优良无性系林1年生即可郁闭；3年生平均胸径可达11.0cm，平均树高10.5m；12~15年生即可达主伐胸径30cm左右的中大径材。黑木相思心材形成时间早，心材比例高。1年生即可形成心材，6年生时心材比例达到45%，13年生时心材比例即高达75%。因此，黑木相思的经营周期短，是中短经营周期的珍贵树种。

黑木相思树冠苍翠宽大，观赏价值较高，对氟化氢、二氧化硫、氯气的抗性强，也是优良的绿化树种。

## 二、发展目标

随着我国经济的持续高速发展，今后的家具消费将以中高档家具为主，黑木相思正是中高档的家具材和贴面板材，木材市场前景大，栽培前景也大。但适宜栽培范围却仅限于福建南部、广东、广西、贵州西南部、云南南部以及四川和云南的干热河谷，每个区域还有一定的适宜海拔范围，必须在适宜的区域和适宜的地段种植，不能因为市场前景大而盲目发展。

目前，广东、广西两省区一共发展了约10万亩黑木相思商品林，仍然具有巨大的发展空间，低效林改造时尤其适合改种成黑木相思林。福建、贵州和云南等省区的黑木相思种植才刚起步，三省总共不超过1万亩，种植前景更加巨大。

## 三、良种选育和栽培技术研究现状

### 1. 良种选育

中国林科院热带林业研究研发了一套成熟的黑木相思组培快繁技术，包括外植体采集技术、外植体消毒技术、外植体丛芽诱导技术、增殖培养基技术、生根诱导技术和组培苗田间移植技术。外植体消毒成功率达15%，外植体丛芽诱导率大于5%，增殖系数达2.5倍，无玻璃化现象，生根率可达90%，田间移植成活率可达90%。

中国林科院热带林业研究所针对黑木相思粗大分枝多、干形不良等问题，重点突出粗大分枝数和通直度等指标的评价，制订了一套黑木相思优树的选育标准与程序。优良单株的评选采用五株优势木法，以候选树15m范围的5株优势木作参照。最终按1/1000~1/3000的选择强度，在始兴县深渡水、梅州市西阳镇、台山县古兜山林场等地选出优树53株，共繁殖与保存无性系49个。通过4个点和6年的无性系测试评价，获得了干形通直的速生无性系SR13、SR14、SR17、SR18、SR21、SR24、SR53，通直的耐寒无性系SR3，超直干型无性系SR25（图3、图4）。优良无性系的胸径生长提高21.2%~57.7%，树高生长提高8.7%~41.1%，粗大分枝数量减少为0.2~1.7条/株，对照则多达2.4条/株。优良无性系的生长具有巨大提高，粗大分枝和干形也有巨大的改善，因此优良无性系的推广前景巨大，2017—2019年的短短三年内，即推广了约10万亩。

### 2. 栽培技术研究

我国黑木相思栽培技术的研究历史相对较短，早期研究主要是适宜的种植纬度研究，

图3~4 优良无性系通直的干形

如今已开展了适宜纬度、适宜海拔、适宜土壤、适宜气候、基肥的NPK配比、追肥的NPK配比、微量元素添加、白腐病等虫害防治等栽培技术研究，尤其在适宜海拔、基肥和追肥配方、微量元素补充、干形培育等方面取得了重要的突破，使黑木相思生长量得以显著提高，干形品质也得以显著改善。

## 四、立地、品种配置技术

黑木相思已选育出无性系新品种，分为速生无性系新品种、抗寒无性系新品种和超通直无性系新品种三类。速生无性系有SR13、SR14、SR17、SR18、SR21、SR24、SR25，抗寒无性系为SR3，超通直无性系为SR25。超通直无性系SR25的粗大分枝少，无需干形修枝即有通直干形，但生长略慢。

常规速生无性系的嫩梢能够耐受-4.0℃的短时低温，适宜于北纬21°~25°的地区种植。抗寒无性系的嫩梢能够耐受-4.5℃的短时低温，适宜于北纬24.5°~25.5°的地区种植。纬度较低而海拔较高也应选择抗寒无性系。黑木相思属于热带亚热带相思，相对不耐高温湿热，因此除海拔较高的局部地段外，雷州半岛和海南岛多不适宜种植。黑木相思适地适树的关键之一是选择适宜的海拔，每个纬度带都具有一个适宜的海拔高度范围。福

表1 黑木相思不同纬度适宜海拔高度

| 种植纬度 | 海拔高度 |
| --- | --- |
| 北纬22° | 200~700m |
| 北纬22.5° | 200~600m |
| 北纬23° | 150~500m |
| 北纬24° | 100~450m |
| 北纬24.5° | <300m |
| 北纬25° | <250m |

建、广东、广西等东部省区可参照下表选择适宜的海拔。云南南部的适宜海拔500~1700m，云南北部、四川南部和贵州西南部的干热河谷的适宜海拔为1200m以下（表1）。

在纬度较大的地区种植时，应选择南坡、西南坡和东南坡，以免极端寒潮造成冻害。

在纬度较小的地区种植时，应选择海拔较高且相对开阔的山坡种植。应避免在纬度低、海拔也低且不通风的山谷山沟种植，高温季节往往生长不良，且遇到台风拉伤后，树干伤口容易发生白腐病。

黑木相思较耐干旱，对降水量要求不严。我国华南地区降水量1000mm以上的地区均可种植，云南北部、四川南部和贵州西南部等降水量少的干热河谷也可种植，但降水量高的地区，生长较为迅速。部分无性系对降水量有一定的交互作用，SR24和SR53比较适宜于降水量较高的福建南部、广东和广西中东部种植，在降水较少的广西西部则生长量下降较大。SR20等无性系则在降水量略少的百色地区表现良好，在降水量较高的广东尽管早期生长也较快，但一旦台风拉伤树干后，就容易产生白腐病病斑，生长量下降明显。SR14、SR17和SR18等无性系则对降水量无交互作用，在降水量不同的地区均表现稳定和良好。

对母岩要求不严，页岩、沙页岩、花岗岩、砂岩等母岩发育的土壤均比较适宜，但在石灰岩发育的土壤上则生长不良。适宜的土壤pH在4.0~7.0之间，碱性土壤通常生长不良。土层厚度应50cm以上，否则难以培育成制作家具的中大径材。土壤黑土层较厚，有机质含量较高，有利于黑木相思形成根瘤和通过固氮作用吸收空气中的氮，生长迅速，产量较高。有机质含量少、土壤瘠薄时，基肥应补充有机肥或农家肥，同时应注意补充微量元素硼，基肥约10~15g硼砂/株，每次追肥约10g硼砂/株。

## 五、良种壮苗

### 1. 播种育苗

（1）适宜种源。黑木相思分布区的纬度跨度大，从南纬16°的澳大利亚热带地区，一直分布至南纬纬度43°的塔斯马尼亚岛，因此选择适宜的种源是引种栽培成功的关键之一。根据种源试验结果，昆士兰南部和新南威尔士北部的种源才适宜于我国华南地区栽培。然而，我国引种栽培的黑木相思，虽然能很好地开花和形成幼果，但却很少形成具有种子的成熟果实。因此，播种育苗必须从澳大利亚引进种子。在原产地澳大利亚，黑木相思的开花结实也不稳定，不同年份的结实量差异很大。

（2）种植处理。黑木相思种子千粒重约15.6g，发芽率可达75%。黑木相思种子外层被蜡质，不易吸水膨胀和发芽。一般用95%的浓硫酸浸泡几分钟，且边浸泡边搅拌，然后将硫酸冲洗干净，再用清水浸种12h后播种。也可用沸水处理，即以5~10倍于种子体积的沸水浸泡种子，自然冷却后更换清水2~3次，再浸泡12~24h后播种。

（3）播种。一般采用撒播法播种。在平整的苗床上均匀撒播种子后，用过筛的火烧土均匀撒盖，以不见种子露出土面为度。若无火烧土，也可用表土拌些磷肥代替。另外，还应搭棚覆盖薄膜，以提高苗床温度，促进种子发芽。适宜的播种时间为10~11月，次年4~5月可出圃造林。

（4）育苗基质和移苗。育苗的营养土配方可为林地表土60%、黄心土30%、火烧土10%，再加入0.2%钙镁磷肥。林地表土最好是豆科植物林下的，因其含根瘤菌，有利于苗木形成根瘤和生长。也可采用各种轻型基质培育黑木相思苗木。

当幼苗高度达 4~6cm 和展开 1 对羽叶时即可移苗。移苗最好选在阴天进行，若是晴天则应在上午 10:00 以前或下午 4:00 以后进行。

（5）苗期管理。因育苗期是干燥的秋冬季节，应注意浇水和保持育苗基质湿润。另外，秋冬季节的气温偏低，还应注意保温和预防霜冻。当气温低于 5℃ 时要盖薄膜保温。幼苗移植 1 个月后，可每旬施肥 1 次，采用 0.1% 的尿素 +0.1% 的磷酸二氢钾混合肥液淋施。

（6）苗木出圃。造林的最适苗木高度为 35~40cm。出圃前 5~7 天，应将达到高度的苗木搬动炼苗，促使其停止生长和适应缺水的状态，以提高造林成活率。搬动炼苗时，对于穿根苗木应作截根处理。炼苗后，苗木生长停止，叶片略呈现淡黄色。

**2. 组培育苗**

（1）外植体采集与消毒。将优树或无性系早期分株伐倒，或采集其枝条嫁接到本种砧木上，再采集生长旺盛、半木质化、无病虫的树桩萌芽条或接穗萌条做外植体。

剪去外植体枝条的叶片，保留叶柄，用洗衣粉液浸泡 20min，刷洗后流水冲洗 10~15min。在超净工作台内，将外植体修剪成带 1~2 个腋芽的茎段进行表面消毒，先用 75% 酒精浸泡 30s，后以 0.1% 升汞浸泡消毒 10~13min，再用无菌水漂洗 3~5 次，每次 2min，后接种到丛芽诱导培养基上诱导腋芽萌发。

（2）增殖培养。增殖培养基为改良的 MS + BA 0.4mg/L + IBA 0.2mg/L。不同无性系适宜的丛芽诱导和增殖培养基略有不同，主要调整基本培养基的硝酸铵含量、氨态氮与硝态氮的比例，以及根据增殖芽的数量和大小调整激素含量与配比。增殖培养的条件为：光照强度 2000~3000lx，光照时间 10~12h，培养温度 25~28℃。增殖培养的周期约为 30 天。

（3）生根培养。选择 2.5~3.5cm 高、具有 2~3 片叶的增殖芽苗进行生根培养，生根培养基为 1/2 MS + IBA1.0mg/L + IAA 1.0mg/L。应根据生根率和根的粗细，适当调整不同无性系生根培养基的激素浓度。先暗培养 5~7 天，生根培养后期的温度和光照条件与增殖培养相同。

（4）温室炼苗。生根培养后期，约 70% 的苗木生根后，及时转移至温室炼苗。炼苗的光照强度应为 5000~10000lx，温度为 10~30℃。炼苗时间因季节不同而不同，温度高的初夏约 25~30 天，温度低的早春和晚秋约 30~40 天。

（5）田间移植。当组培苗的根长达 3~5cm 时，便可进行移植。移植早期应注意水分和遮阳的管理，保持湿度 80% 以上，光照强度不超过 10000lx，约 15 天后组培苗木基本稳定，然后逐渐加大光照强度，约 30 天后可按常规管理。两广地区适宜的组培苗移植季节为 2~5 月和 10~11 月。

**3. 根蘖育苗**

采集优树的直径 1.0~3.0cm 的根，剪成 15~25cm 长的根段。两端的剪切口须平整，并涂上油漆，以防腐烂。按 1:1 的比例将泥炭土和黄心土均匀混合，平铺于苗床表面，约 8~10cm 厚，再将根段平铺于基质表面，覆盖 1.0~2.0cm 厚。注意基质的保湿，以免根段失水干枯。约 2 个月后，根段即可萌发根蘖条。根蘖条长出叶片后，应追施 2~3 次叶面肥。当萌芽条长至 20~25cm 高时，可形成独立的自身根系，且容易从母根上剥离下来，适当修剪叶子后,即可移植到容器中培育成容器苗。此育苗方法适用于无性系试验苗木或种质收集苗木的扩繁。

## 六、培育技术要点

### 1. 整地与基肥

全面砍除杂灌和清理林地,按 50cm×50cm×40cm 或 40cm×40cm×30cm 的规格挖穴。基肥以磷肥为主,可考虑含磷量 18%、含硼 1000μg/L 的林木专用基肥 0.6~0.8kg,或含磷 12% 的钙镁磷 1000g + 15∶15∶15 复合肥 150g + 硼砂 10g。基肥中添加一定数量的有机肥,有利于根瘤菌的形成,促进固氮和生长,当林地黑土层薄时效果尤为明显。

我国南方的林地土壤普遍缺磷,而钾的缺口则相对较小,黑木相思根系又有根瘤固氮,所以基肥施足磷就成了黑木相思栽培成功的关键之一。另外,黑木相思比较速生,对硼的需求量较大,因此基肥和追肥均应添加微量元素硼,尤其是黑土层薄有机质含量少的土壤,容易出现缺硼症状,应该添加和补充。

通常采用的造林株行距为 3m×3m 或 2.5m×3m,即每亩种植 74 株或 89 株。适宜的初植密度是干形培育的重要影响因素,每亩种植 74 株以上,才能确保在 1 年生时修枝 1 次后,再经历半个生长季节就能郁闭,林内植株即可营造相互竞争的环境,不再产生粗大分枝,形成通直的干形。如果株行距为 3m×4m,每亩种植 55 株,则 2 年生还需要修枝 1 次才能形成良好干形,但无需间伐即可培育中径材。虽然 2 年生的修枝因植株较大而难度大和成本高,但挖穴数、基肥和种苗的减少完全可以抵消修枝成本的增加,因此也是一种可选择的种植密度。

### 2. 植苗造林

在华南地区,3 月下旬至 7 月均可造林。4 月底以前造林,可显著降低植株粗大分枝的数量,从而减小修枝工作量,约有 1/3 的植株无需修枝。6 月以后种植,则超过 90% 的植株在 1 年生修枝时有 1~3 条大分枝需要修剪。

适宜种植的苗木规格 25~50cm。矮小的苗干、绿色的苗木造林后容易遭受大蟋蟀等害虫的取食,且咬断后因苗小而难以萌发,导致造林成活率降低。用 30~50cm 高、苗干已经变褐的苗木造林,可避免大蟋蟀的危害。5~7 月的夏季造林,如果苗木矮小,种植较浅,表层土晒干后苗木缺水 2~3 天,则进入生长停滞的抗旱状态。要打破抗旱状态约需水分充足的时间长达 15~20 天,但夏天很少连续阴雨 15 天以上,只要中间有连续 2~3 个大晴天即可将表层土晒干,最终导致苗木在造林第一年的下半年一直维持生长停滞的蹲苗状态。因此,5 月中旬至 7 月造林,苗高以 35~45cm 为宜,适当种植得更深 2~3cm,可以避免蹲苗现象。

### 3. 抚育追肥

5 月以前造林的林分,当年 7~8 月应追肥 1 次,可追施含氮 15%~18%、含磷 5%~9%、含钾 5%~9%、含硼 1000μg/L 的林木专用追肥半斤,或追施尿素 100g、5∶15∶15 复合肥 150g 和硼砂 5g。追肥距离 30~35cm,深度 10~15cm。第 2 年追肥应在 4~5 月进行,每株树追施上述林木专用追肥 500g,或追施尿素 100g、15∶15∶15 复合肥 250g 和硼砂 10g,

追肥距离40~45cm，深度10~15cm。第3年追肥也在4~5月进行，应追施15:15:15复合肥250g、12%钙镁磷500g和硼砂10g，追肥距离40~45cm，深度20~25cm。此次追肥以磷肥为主，因磷在土壤中的溶解度低和渗透移动缓慢，应追施得深一点，既便于林木吸收，又避免杂草吸收。

第1年结合追肥，砍杂除草1~2次，应人工劈杂除草。第2~3年每年结合追肥砍杂除草1次，既可人工劈杂除草，也可采用除草剂除草。

**4. 干形修枝**

干形修枝是为了培育通直干形而在造林初期进行的修枝，是黑木相思等少数树种经营特有的修枝。与无节材修枝的区别有：①修枝目的不同，干形修枝是为了培育通直的干形，无节材修枝是为了培育节疤少的优质木材；②修枝时间不同，干形修枝是在郁闭前进行，无节材修枝则是中龄林时进行；③修枝对象不同，干形修枝仅修树冠中下部的粗大分枝，无节材修枝则是修去树冠下部的、光照严重不足的、光合作用不大的全部枝条。

（1）修枝时机与季节。一般而言，1年生时进行干形修枝。3~5月造林的，可在次年4~5月结合追肥进行修枝，即追肥前的砍杂同时进行，可以适当节省人工费。其它时间造林的，应等到造林1年左右时修枝，无法与追肥的砍杂同时进行。

幼林高度也是决定修枝时间的关键因素，平均树高为3m时是修枝的最佳时机。此时，较矮的植株约2m高，较高的植株约4m高。树高小于1.5m时，一般不能修枝，既难以确定应修的枝条对象，又容易严重影响幼林生长，且修枝后还需要较长时间才能郁闭，还会继续产生粗大分枝，一次修枝无法促使通直干形的形成。如果树高大于4m，则粗大分枝已经太大，植株的营养已被粗分枝消耗过多，粗分枝以上的主干明显变小，且粗分枝已在主干留下了较大的节疤，影响了木材质量。过粗的枝条修剪后还容易重新萌发萌芽条，且生长很快，又继续消耗大量的养分。

与无节材修枝不同，干形修枝在秋末和冬季进行效果不佳，因为被修大分枝经过冬季的萌芽孕育，能在春季迅速萌发芽条并在夏季迅速生长，导致干形修枝对粗大分枝的抑制效果差。春末或早夏等生长季节进行干形修枝，在被修大分枝启动萌芽的时间里，顶梢就已有较大的生长量，反而能较好地抑制被修大分枝的萌芽和继续长粗。

（2）修枝次数。造林株行距在3m×2m~3m×3m范围内的黑木相思纯林，郁闭前修枝1次即可培育良好的干形。如果是生态公益林中间种的少量黑木相思单株，因其生长明显快于多数乡土树种，相当于处于开阔地带，没有郁闭的环境，需要修枝2~3次，才能保证基部有较长的通直主干。

（3）修枝方法。采用短截法修枝，即截去待修枝条尾巴的1/3~2/3，保留基部长度的1/3~2/3以及相应部分的小枝和叶子。粗细与主干接近的分枝，要剪去尾巴的2/3长，仅留基部的1/3长；粗细与主干差距较大的分枝，仅剪去尾巴的1/3长，保留基部的2/3长。如果贴近树干修枝，可能伤及树干，容易导致树干发生白腐病，引起树干腐烂和空心。另外，短截法修枝既简便省工，又保留了部分叶子，有利于生长。

一般而言，每株树仅修与主梢齐头并进、基部直径大于2cm、着生于树冠中下部的粗大分枝，不多于3条。多修了意味着过度修枝，减少了叶面积，将影响生长，且透光度加大，树桩附近的杂草容易滋生。

（4）减少修枝量的技术措施。4月底以前造林，7月及时追肥，可显著降低粗大分枝的数量，从而减少修枝的工作量，无需修枝的植株数量可达1/3左右。

### 5. 间伐

生长较好的林分4~5年生时间伐，生长略差的林分5~6年生时间伐。因为是无性系林，单株之间没有遗传品质差异，间伐应首先遵照均匀性原则，即保留植株在林地尽量均匀分布，然后才是遵循留大间小的原则，即尽量间伐胸径和树高较小的单株，保留胸径和树高较大的单株。间伐后，每亩保留45~50株，若是培育25~35cm的中大径材无需再间伐。如果要培育35~50cm大径材，应在10~11年再间伐1次，每亩保留20~25株。

### 6. 轮伐期

培育中大径材的轮伐期约为12~15年，主伐后可萌芽更新1次。培育大径材的轮伐期约为20~25年，主伐后因树桩过大过老，萌芽更新效果不好，应重新造林。

## 七、发展建议

我国20世纪80年代即引种了黑木相思这一澳大利亚知名而速生的珍贵家具材树种，但一直没有得到应有的重视。一是因为黑木相思早期粗大分枝较多，干形不良，3年生以前往往看上去没有主干。第二个原因是对黑木相思不同纬度带的适宜海拔范围、微量元素缺乏的诊断等关键栽培技术尚未开展研究，导致许多引种地的黑木相思表现不佳。近年来，中国林业科学研究院热带林业研究所选育出了直干型优良无性系，在1年生时修枝1次即可培育通直的干形，也选育超通直无性系，无需修枝也能形成通直的干形，黑木相思才呈现了良好的发展势头。

为了促进黑木相思这一中短周期、生态友好型珍贵树种的发展，国家林业和草原局已将其列入了最新版的储备林树种名录，并建议列入今后新版的珍贵树种名录，以便加大政策扶持力度。同时，应加大黑木相思栽培技术、经营技术、加工利用技术以及病虫害防治技术的研究力度，以确保这一速生型珍贵树种栽培的健康发展。

撰 稿 人：曾炳山
咨询专家：曾炳山　中国林业科学研究院热带林业研究所　首席专家
联系机号：13808816169　　020-87032851
电子邮箱：b.s.zeng@vip.tom.com　　微信号：zengbingshan

# 第三篇

## 能源林

# 无患子

## 一、概述

无患子（*Sapindus mukorossi*）是无患子科（Sapindaceae）无患子属（*Sapindus*）落叶乔木，主要分布于北至河南辉县南太行海拔超过500m的石质山地上，南到海南岛及西双版纳，东至浙江、福建和台湾，西达川西和滇西的广大地区，以亚热带为主。同时，其栽培区可到河南新乡、山东青岛等地。

无患子果实产量很高，我国单株产量在100~150kg的优树比比皆是。种仁含40%左右的脂肪酸，是制备生物柴油和高档润滑油的优良原料。果皮富含皂苷（4.14%~27.04%），是天然非离子型表面活性剂，去污能力强，与化工合成洗涤剂相比，易降解、无污染，有力支撑传统洗涤工业向绿色环保产业改造和升级。《本草纲目》中记载无患子是沐药同源的树种：果皮洗头去风明目、洗面去斑；种仁无毒，种子炒食，辟恶气。《普济方》等中药典籍记载，无患子还可治疗牙齿肿痛、喉毒肿痛、鹅喉、急性胃肠炎等。现代医学研究则表明，其皂苷单体成分多达70余种，对抗肿瘤、保护心脑血管、降血压等有很好功效，但还没有用于临床。另外，无患子抗逆性强，树型美观，夏花、秋叶和果实金黄，也是我国南方园林绿化及生态修复的重要树种。无患子在我国南方也被尊为"菩提树"，佛经中有它的专属《佛说木患子经》。因此，无患子是我国集生物质能源、日用化工、生物医药、园林绿化、生态修复、木材生产、历史文化于一体的多功能树种，其产业是践行"绿水青山就是金山银山"方略的重要实践。目前，我国无患子原料林培育和产业发展迅猛，已经成立了"无患子产业国家创新联盟"，福建、浙江、江西、湖南、贵州及广东等省份已培育近数十万亩原料林，皂用产业及产品得到社会的高度认可。

## 二、发展目标

我国无患子产业发展迅猛，但也遇到了良种缺乏、原料制约、产业效益有待提高等问题。无患子产业发展的目标是：基于良种创制，形成优良无性系原料林种植园模式培育技术体系，有效保障产业原料优质高产可持续供应；基于新产品研发，取得林－皂－油－炭高效多联产产业链模式突破，实现产业高效可持续发展。近期，争取做到"一手抓防疫，一手抓发展"，大力助推疫情期间我国无患子产业链各项工作稳步开展，增强产业核心竞争力，提高产业效益。

## 三、品种选择

无患子目前暂无品种推出，国内几个主要的无患子研究团队正在逐步从各地的优良种质资源中选育适宜栽培利用的无患子优良无性系。因此无患子原料林栽培提倡适地适树适品种的原则，没有品种的地区提倡发展当地优良乡土种源无患子。

## 四、育苗技术

**1. 播种育苗**

（1）良种选择。采集当地生长健壮、无病虫害盛产期优良母树的果实。对采集的种子进行干燥、清除杂物、净种、分级，选择饱满圆润且稍有光泽的种子藏于干燥、通风环境中。

（2）种子处理。采集后的果实去果皮、洗净、消毒、始温70℃的温水浸种，待种壳破裂胚根露白时播种。

（3）苗圃地选择。选坡度较缓，土壤深厚，土壤肥力条件好，便于灌溉，土质疏松的砂质壤土最好。整地要求深翻细耕，并用硫酸亚铁溶液对土壤进行消毒处理，并施加基肥、复合肥或农家熟肥，开好排水沟。按东西向作床，床高约25cm，床宽约1.5m。

（4）播种时间。宜选择在每年2~3月。

（5）播种方法。以点播为主，株行距10cm×25cm，覆土约2cm并盖草保水防草。

（6）播种量。每亩播种无患子种子20~50kg。

（7）苗期管理。播种后，雨季清沟排水，旱季根据土壤墒情及时灌溉。5月中旬至8月底，每月施复合肥一次，按0.3%~0.5%的浓度由稀渐浓逐月加大。出苗达60%~70%时，分批揭除覆草。苗高5~8cm时首次间苗，间苗2~3次，9月底定苗，留苗量10000~12000株/亩。根据土壤板结程度和杂草生长状况及时中耕除草。

（8）移植。如培养2年生以上大苗，自翌年春季萌芽前，挑选树干通直、生长旺盛、无病虫害的一年生苗木，按株行距60cm×80cm移植。起苗及定植时，注意保护顶芽和根系。定植后，做好常规的田间管理，及早抹除侧枝萌芽，以便培养通直的主干；修剪时，采用自然式树冠可促进枝繁叶茂，及时去除病虫枝和过密枝。如需培育更大规格的苗木，还需继续移植。

**2. 嫁接育苗**

（1）苗圃地选择。同上，以立地质量等级Ⅰ~Ⅱ级的阳坡、半阳坡的苗圃地为好。

（2）砧木与接穗。选择地径0.5~1.0cm的当地种源实生苗作砧木。采用经审（认）定的优良品种或适生优良种质资源，在采穗圃或母树树冠中上部采取生长健壮、芽眼饱满、无病虫害，粗度0.5~1.0cm，长度30cm以上的枝条作接穗。

（3）接穗采集和贮藏。春季使用的接穗，于早春萌动前15~20天采下，打捆并标记品种或种质名称，沙藏保存或用保鲜膜密封好，置于2~5℃储藏柜保存；夏秋季嫁接所用接穗，应随采随接，采穗后立即剪掉叶片，并注意保湿。

（4）嫁接时间。以枝接效果较好。枝接适宜春季嫁接，一般在春季芽开始萌动前后；芽接适宜春夏秋季嫁接。

（5）嫁接方法

枝接：将接穗芽下方的正面削成1~1.5cm马耳形平直切面，反面的底端削成小斜面，保留1个芽；从砧木嫁接口位置将主干或枝条剪断，保证断口位置平滑无裂痕。在砧木的横断面纵切一条与接穗正削面大小相似、略带木质部的平直切口，将接穗插入使形成层对齐并扎缚，要求露出接芽(图1)。

芽接：在单个接芽的下方1cm处斜切一刀，在接芽的上方1cm自上而下斜切一刀，使两刀相遇，取下略带木质部的盾形芽片，清水保存；在砧木的主干或枝条的腹部嫁接位置自上而下斜切一条形状大小与接穗芽片相似、略带木质部的切口，将接穗嵌入使形成层对齐并扎缚要求不露出接芽(图2)。

图1　无患子枝接苗木　　　　图2　无患子芽接苗木

（6）接后管理。接后及时抹除嫁接部位以下抽出的萌芽条，加强水肥管理等。接穗芽膨大后，挑开接穗的芽眼，枝接一个月接穗生长稳定后，解除绑缚带，促进接穗生长。

芽接嫁接一个月左右，用刀尖挑开接穗的芽眼，待抽梢生长稳定后，解除绑扎带，用支棍绑缚抽出的新梢，接芽成活后及时剪除嫁接部位以上的枝干，促进接穗生长。

## 五、培育技术与模式

**1. 立地选择**

为做到适地适树，无患子原料林造林宜选择海拔1000m以下，排水良好，土层深厚，坡度≤30°的低山或丘陵区，立地质量等级Ⅰ~Ⅱ级的阳坡、半阳坡的造林地。

**2. 整地**

（1）林地清理。无患子在冬末春初雨后的阴天或雨天栽植为宜。采用水平带状清理采伐剩余物，全面劈除林地杂灌，伐根高度不超过10cm。林地清理时山顶应保留原生植被或栽植其它常绿树种。

（2）整地挖穴。林地清理后，应及时整地挖穴回表土。整地方式应根据林地坡度情况确定，25°以下可进行小台田带状整地（带宽4m），带上穴状整地（0.7m×0.5m×0.4m），栽植密度33~42株/亩（株行距3~4m×5m）；25°以上只能采取穴状整地，挖穴规格（0.7m×0.5m×0.4m），栽植密度42~83株/亩（株行距4m×5m~2m×4m）。应尽可能减少土壤扰动，避免雨季来临时的水土及养分流失，同时保障造林成活率及提高幼林的生长量。种植点应沿等高线成"品"字型排列。

（3）施基肥。造林前应施足基肥，施肥时间应结合挖穴回土工序进行，并根据土壤条件确定施肥数量和种类。提倡施有机肥，每穴不少于2kg，也可施复合肥。基肥应与一定量的表土混合均匀，施入种植穴中，表面盖土，避免肥力流失。

**3. 栽植**

（1）苗木选择。优良苗木是造林成功的基础，应选择无病虫害、无机械损伤、根系发达、植株健壮、充分木质化的1年生或2年生Ⅰ、Ⅱ级苗。

（2）定植。定植时，苗木必须先蘸足黄泥浆，方可上山，严格按照"三埋两踩一提苗"的技术要求进行操作，保证苗木根系顺畅。栽植深度以培土到苗根原土印上方约10cm为宜。种植后，插立支棍扶直苗干，并在根际土壤表面盖一层稻草或杂草等覆盖物。造林密度要根据造林作业设计的经营目的、立地条件和经营水平来定。疫情条件下宜适当密植，以提高单位面积保存率，同时降低抚育成本（图3）。

**图3　无患子植苗造林**

（3）栽植时间。一般在1~3月造林。

（4）栽植密度。定植株行距为300~400cm×500cm，具体根据苗木特性、立地条件等确定。

（5）苗木修剪。修剪过长和劈裂根系，苗木中心干嫁接口上留25~30cm处短截并摘除部分叶片。

**4. 抚育**

（1）松土扩穴。从无患子种植当年冬季起，每年进行松土扩穴。在幼树原穴位外侧开挖深、宽各40cm的环形沟，逐渐向外扩大，扩穴培土可结合施养体肥。

（2）园地清理。早春萌动前，无患子园地应全面劈除林地杂灌，集中清理、烧毁、深埋或高温堆肥，针对实际情况可适当喷洒石硫合剂于树体与土壤中，防治春季病虫害，园地清理时山顶应保留原生植被。

（3）施肥。目前，全国无患子原料林均在幼龄林期和初果期施肥。

幼龄林期施肥：无患子实生苗造林林分1~5年，未开花结实，为幼龄林期，主要以营养生长为主。每年可视情况施肥2次。头年12月至翌年1月施1次，以土杂肥或腐熟农家肥为主，施肥量2~8kg/株，结合抚育和垦复翻土施入；5~6月施1次，使用复合肥，施肥量为1kg/株，开沟追施。

初果期林分施肥：无患子实生苗栽植 5 年后进入初果期。林分每年可施肥 3 次，分别为 4 月初施促花肥，6 月底至 7 月初施保果肥，12 月至翌年 1 月施养体肥。促花肥与保果肥用复合肥开沟追施，养体肥以土杂肥或腐熟农家肥为主，结合抚育和垦复翻土施入。

促花肥与保果肥应施复合肥，施肥总量为 2~5kg/株，N、P、K 的最佳施肥配比为 3:1:2；养体肥施土杂肥或腐熟农家肥 5~15kg/株；依树势和结果量进行调控，逐年略增施肥量。

（4）促花授粉。在无患子休眠期，通过修枝和拉枝等树体管理技术来控冠促花。加强土肥水管理，多施有机肥，4~5 月适时追施复合肥，促花保花。

无患子为典型的虫媒授粉树种，目前全国的无患子原料林几乎都是实生苗造林形成的林分，花期一般持续 1 月之久，花期经常遭遇降雨，影响授粉，促进授粉工作至关重要。据我们研究，广东云浮花期约为 4 月 20 日至 5 月 10 日、贵州贞丰花期约为 4 月 10 日至 4 月 30 日、福建建宁花期约为 5 月 15 日至 6 月 10 日、湖南石门花期约为 5 月 20 日至 6 月 20 日。

进入花期前 2~3 天（花序上大部分小花苞开始露白），在林内每隔 50m 放置一箱蜜蜂（图 4），开花后可促进

图 4　无患子林下养蜂

授粉，提高坐果率，解决许多地区无患子花期遇雨授粉困难问题。

春季病虫害防治喷施杀虫剂，至少在花期前 1 周。进入花期后禁止喷药，以免影响蜜蜂等虫类授粉，降低坐果率。

（5）病虫害防治。无患子发生病虫为害时，采取生物防治为主，物理防治和化学防治为辅的综合措施。花期与果实采收前慎用农药。无患子病虫害重点注意天牛、小蠹、尺蠖、夜蛾等危害。一是及时剪除和处理有虫枯枝；二是保护树干，防止成虫在树干产卵。具体可采取天牛越冬前树干涂白、人工捕杀以及化学防治等方式对树干进行保护。人工捕杀主要在 5~7 月天牛高发期进行；化学防治方法可参考相关资料。主要病虫害及其防治方法按"附录"执行。

（6）整形修剪。无患子整形修剪宜在冬季落叶后至翌年春季萌芽前进行短截、疏枝等；夏季可进行摘心、抹芽、除萌等。具体修剪强度依树龄、树体长势而定，一般情况可参考以下方法进行。

针对 3~5 年生幼树，树高长至 1m 左右时进行修剪定干，剪除顶芽，矮化树形；第 1 年在树干 20~30cm 处选 3 个生长健壮、方位合理的侧枝培养为主骨干枝，保证 60°开张角度；第 2 年在每个主枝上选留 2~3 个健壮分枝为副骨干枝；第 3 年至第 4 年将主、副骨干枝上的健壮春梢培养为侧枝群，并使三者之间比例合理，均匀分布，使树冠逐渐扩展成自

然开心形。

针对6年以上进入结果期树木，需调节冠内光照度，修剪遮光骨干枝，短截结果母枝，放缓开张角度。修剪方法为保留3骨干枝、将其角度调整到60°或90°开张角，每平方米投影面积留16~18结果枝。依树势和结实量还需进行必要的喷施营养液肥、环割、疏花疏果等花果管理，以保证果实产量。

由于受冠状病毒防控疫情的影响，今年已错过冬季整形修剪的时间。目前可去除病虫害枝，适量短截遮光的营养枝(顶部无花芽)。务必要做好来年冬季整形修剪的计划，按计划安排好相关工作。

(7)冬季清园。冬季清园是一种主要以病虫害防治为目的的基本营林措施。冬季害虫、病原和树体同样进入休眠期越冬，在园中留下的病叶病枝等是重要的越冬场所，因此在冬季进行清园，能大大减轻无患子翌年病虫害的发生。

以下是几种适用于无患子的冬季清园技术：

加强整形修剪：冬季修剪时，不仅要为树体生长进行修剪，更要留意枯枝病枝和带虫卵枝，并将其集中烧毁、深埋或高温堆肥，这是清除枝干病虫害的重要措施。

彻底清理：枯枝、落叶、僵果是许多病虫的主要越冬场所(如铃斑翅夜蛾)，清园时必须将枯枝、落叶、杂草、树皮、僵果集中清理出园，进行集中烧毁、深埋或高温堆肥。

刮除枝干粗翘皮、腐烂病斑：树干上的翘皮、粗皮是多种病虫的主要越冬场地(如枝干腐烂病)。刮皮并将其进行集中烧毁、深埋或高温堆肥，但要注意刮皮的深度，避免伤害树体。

冬耕：冬季有一部分病虫会在根际附近松土层中结茧越冬(如桑褐刺蛾)。可在初冬对树下的土壤进行翻耕(深30cm左右)，使害虫在春季回暖时无法出土。

枝干涂白：对主干、主枝、副主枝及大侧枝用涂白剂涂白，避免因温差过大而使树体产生伤害。翌年萌动前一周内，将波美1~2度石硫合剂或松碱合剂喷于树体。

如若因疫情错过了冬季清园，应该把防控的重点放在春夏早期病虫害防治上，避免后期的大爆发。

### 5. 果实采收和加工利用

果实成熟期为10月下旬至12月上旬，果色由浅绿色转为晶莹剔透的浅黄、深黄或棕色时即成熟，可采收。目前主要采取人工采收(图5)。

果实采收后仓储晾干，机械脱粒后果皮通过水浸得到水提液，经离心泵抽至萃取罐进行物理萃取得到萃取液。将萃取液过滤到暂存罐暂存，继续抽至低温真空浓缩机得到皂苷液，由螺杆泵经紫外线杀菌后至发酵罐并保持恒温自然发酵6个月。发酵完成

图5 果实累累的无患子

后的无患子皂苷液经紫外线消毒后灌装至分装桶进行销售，也可直接生产手工皂、洗发水、沐浴露、洗洁精等植源性洗护产品。

## 六、对策建议

为保障原料的可持续供应，提高原料利用率，减轻资源压力，促进无患子产业高效可持续发展，建议采用"优良无性系种植园+高效多联产产业链发展模式"。需要注意3个关键技术问题：

（1）良种选育。加强无患子分布区内现有种质资源收集力度，在综合评价其结果习性、抗性及果实品质的基础上，采用选择育种、杂交育种和分子辅助育种等技术手段选育高产、稳产、优质、抗性强的新品种和良种，作为优质、高产和稳产原料林培育的良种来源。

（2）建立集约化种植园高效培育技术体系。因地制宜，建立包括无性系育苗（组织培养、嫁接育苗、扦插育苗等）、造林整地、矮化密植、水肥管理、整形修剪、花果调控、病虫害防治和高效采收在内的区域集约化种植园高效培育技术体系，同时采用农林复合经营、四旁植树等种植模式配合，高效发展无患子原料林，实现无患子原料的可持续供应。

（3）高效多联产产业链发展和高附加值产品开发。分阶段积极开发无患子良种苗木、皂苷产品、油脂产品、生物医药、高级活性炭等高附加值产品研发，构建高效多联产产业链。利用果皮研发生物皂苷基绿色洗涤产品及化妆品，种仁生产生物柴油及植源高级润滑油等相关产品，利用种壳生产高级活性炭，加工剩余物生产生物有机肥等副产品，同时开发优质园林绿化苗木，逐步研发高端生物医药产品，形成"林－皂－油－药－炭"多联产产业链，最大程度降低能耗和生产成本、提高产业经济效益、发挥产业环境友好潜力，保障无患子产业的高效可持续发展。

撰 稿 人： 贾黎明　陈　仲　刘济铭　翁学煌　王　昕
　　　　　赵国春　张端光　王立宪　史双龙　郑玉琳
　　　　　陆正学　盛克寨
咨询专家： 贾黎明　北京林业大学　教授
联系电话： 13501103773　　010－62337055
电子邮箱： jlm@bjfu.edu.cn

# 附　录

## 无患子主要病虫害及其防治日志

| 时间 | 主要病虫害 | 物候期 | 防治方法 |
| --- | --- | --- | --- |
| 12月至次年1月 | 铃斑翅夜蛾<br>桑褐刺蛾<br>天牛 | 休眠期 | ①采果完成后，彻底清除林内枯枝、病枝，除去地上的草，全部拿去焚毁；<br>②在树干上涂上石硫合剂 |
| 1~2月 | 膏药病 | 休眠期 | 在萌芽前，采用90%增效柴油乳剂20~30倍液、3:2:10式松碱合剂8~10倍液涂刷病斑1次 |
| 4月初 | 果腐病<br>膏药病<br>天牛 | 抽梢期<br>雨季前 | ①喷10%的吡虫啉1000倍液；<br>②用泥浆、凡士林、50倍硫酸铜、10倍碱水、20%生石灰水、1:1:50波尔多液、桐油、1%食盐水、柴油、30~50倍既有乳胶（加少量洗衣粉）其中之一，涂刷菌膜1~2次；<br>③将天牛危害严重的树伐除焚毁；释放天牛天敌；喷药防天牛 |
| 4月末至8月中旬 | 铃斑翅夜蛾<br>桑褐刺蛾 | 花期和坐果期 | ①每个月中旬在树干上绑上防虫带；<br>②在成虫出现时期晚上灯诱杀成虫；<br>③蛹期摘除蛹并埋入地下；<br>④4月底、5月底、6月底、7月底、8月底在树上喷1.8%阿维菌素1000倍液、1%苦参碱、2.5%吡虫啉等药剂，各药剂轮流使用 |
| 5月初至8月中旬 | 蚜虫<br>木虱<br>天牛<br>煤污病 | 花期<br>坐果期 | ①蚜虫、木虱、煤污病从病虫发生时期开始每个月喷药一次，但在花期前后一个月不能喷药；<br>②4月底至5月初幼虫扩散期释放蚜虫和木虱的天敌；<br>③树上挂上粘虫板粘蚜虫和木虱；<br>④天牛的防治在5~6月进行，对成虫人工捕杀 |
| 8~10月 | 煤污病<br>膏药病 | 坐果期 | ①煤污病每月喷一次药；<br>②膏药病在雨后用泥浆、凡士林、50倍硫酸铜、10倍碱水、20%生石灰水、1:1:50波尔多液、桐油、1%食盐水、柴油、30~50倍既有乳胶（加少量洗衣粉）其中之一，涂刷菌膜1~2次 |

# 文冠果

## 一、概述

文冠果（*Xanthoceras sorbifolium*）无患子科（Sapindaceae）文冠果属植物。落叶灌木或小乔木，树皮灰褐色，奇数羽状复叶，披针形或近卵形。先叶开花或花叶同放，总状花序，花瓣白色，基部紫红色或黄色，花盘5个角状附属体橙黄色，雄蕊8枚，子房被灰色绒毛。蒴果多为球形。种子球形，黑褐色。花期4~5月，果期7~8月。喜光树种，抗寒性和抗旱性强。较耐盐碱，以土层深厚肥沃、通气良好、中性至微碱性土壤上生长最好，低湿地生长不良。主要分布于中国东北、西北、华北地区，是北方重要木本油料植物。文冠果种植2~3年后进入结果期，种仁含油率55%~66%。其油在常温下为淡黄色，气味芳香，可用于生产食用油，也是理想的生物柴油原料。种仁可加工成果汁露，叶可加工成茶叶，果壳可提取化工原料糠醛。其还具有医疗保健作用，其枝、叶、果壳、油均可提取药用成分。木材材质坚硬，纹理美观，可制作家具或用于雕刻。树姿优美，叶形美观，花朵繁茂，具有较高的观赏价值，是理想的园林绿化树种。

## 二、发展目标

围绕文冠果能源林培育开展工作，关注优质原料的可持续供应、社会广泛参与和农民致富、区域环境的可持续发展、多联产生产工艺优化、企业经济效益的可持续提高等，形成适合我国国情的文冠果开发利用产业可持续发展优化模式，为应对全球气候变化、促进区域社会经济可持续发展做出努力。

## 三、品种选择

针对不同的利用目的选择合适的品种或类型。主要用于城市绿化、园林造景可以选择观赏型文冠果品种，花型和花色丰富，具有极好的观赏效果。目前已审定多个观赏型文冠果新品种，包括'妍华'、'妍希'、'森淼重瓣冠'等等。

主要利用种实生产高级食用油或者生物柴油，可选择具有高产或高含油率特性的结实型文冠果优良品种，如'森淼'文冠果等。

## 四、育苗技术

### 1. 播种育苗

一般采用秋播和春播。秋播于土壤冻结前播种，次春出苗。春播可将种子用湿砂层积储藏越冬，次年早春播种，也可播种前1周用温水浸种，自然冷却后2~3天捞出，放在20~50℃的温室催芽，当2/3的种子露白时播种。土壤解冻后，一般3月下旬至4月中下旬播种。干旱地区排水良好条件下选择低床育苗，低湿地区应采用高床育苗。条播或点播，条播行距30~40cm，点播密度10~15cm×10cm为宜。播种时土壤湿度以田间持水量的60%～80%为宜，覆土厚度2～3cm。幼苗出土后，掌握好浇水量，防止土壤湿度过大，根系腐烂。速生期根据需要灌水，雨季注意排水。育苗要施足基肥，5月下旬追施氮肥1次，6月中下旬是苗木抚育关键期，可根据苗情追肥1～2次，追肥后及时灌水，松土逐渐加深，促进形成庞大根系。生长后期（7月下旬后）控制肥水，抑制秋梢抽生。土壤结冻前，灌足越冬水。

**2. 扦插育苗**

扦插育苗以根段作为插穗效果较好，选择粗度0.4cm以上的根段，截成长10～15cm的插穗。扦插时可用土、沙分层作土壤基质，底面铺一层5～6cm厚的清洁河沙，再铺5～6cm厚的土，用高锰酸钾或多菌灵喷洒消毒，畦宽1～1.2m，深0.5～0.6m。扦插时间为3月下旬至5月初。扦插行距15～20cm，株距15cm。插穗顶端低于地表2～3cm，插后合缝灌水沉实。扦插完毕后水肥管理同播种育苗。苗高20cm时，留一个长势最强的芽，其余全部抹除。苗期及时中耕除草。当年留圃越冬，扦插后一年出圃。

**3. 嫁接育苗**

嫁接应选用1～2年生，地径在0.8cm以上，顶芽饱满，干形直立的树木作为砧木，选健壮、优质、高产植株作为采穗母株。接穗一般选取采穗母株中上部的发育健壮、枝条充实、芽体饱满、无病虫害的1年生发育枝。劈接、插皮接方式应在春季树液刚开始流动、芽萌动前进行；嵌芽接应于4月下旬至5月上中旬进行；T形芽接或方块芽接应于7月中旬至8月中旬进行。芽接15天后，检查嫁接成活情况，及时解绑。抹除砧木萌蘖，并设支柱。接后施肥浇水一次，6～8月浇两次透水。

### 五、培育技术与模式

**1. 立地选择**

文冠果可在适生区域的荒山、沟谷、丘陵、沙地上种植，一般选择土层厚50cm以上、坡度≤30°、背风向阳的砂壤土、轻砂壤土或黑垆土地区。排水不良的低湿地、重盐碱地及多石的山地，需实施改造后再进行造林。

**2. 整地**

林地清理可与整地同时进行，也可在造林前一年的秋季进行。林地清理一般采用块状或带状方式。块状清理以种植穴为中心清除四周的灌丛和杂草；带状清理应根据造林地的地形地貌、土壤条件选择带宽，一般不小于1m，清除带内的灌木和杂草。山地清理时山脚、山顶应保留原生植被带。林地清理后，应及时整地挖穴回表土。

平坦地可采用穴状整地，整地深度应不低于50cm，直径约60cm。坡度较大的丘陵地、山地可采取鱼鳞坑或者带状整地。鱼鳞坑深度一般50cm以上，横径80～120cm，纵径略小于横径，品字形布设。带状整地以反坡梯田为主，采用机械或者人工，一般沿等高线进行。根据坡面地形地貌面宽可在1～3m之间，整地深度一般不低于40cm，梯面向内倾斜3°～15°，并注意外侧坝埂砌牢固，形成外高里低、利于蓄水、梯面平整的造林地。

**3. 栽植**

可秋季或春季栽植，以春季为主，土壤解冻后即可栽植。密度一般每亩70～110株。

具体栽植密度取决于栽培目的以及土壤的水分、肥力与土层厚度、坡度等立地条件。在水肥条件较好、土层较厚或造林地坡度不大的区域，考虑树木生长较快，可适当疏植；反之，考虑提高早期产量和效益，可适当密植。栽植前可对损伤根系进行修剪，根系长度20cm以上。裸根苗栽植可采取蘸泥浆、生根粉等措施。栽植时应注意做到根系不窝根、不外露、不上翘，覆土应至苗木原土印上2cm，栽植后浇透水。

### 4. 抚育

造林后前3年应每年除草2~3次，除净栽植穴内杂草。可将除下的杂草覆盖在种植穴表面，以保墒并增加土壤肥力。幼林结合除草进行松土扩穴和肥水管理。扩穴可沿定植穴或鱼鳞坑外沿挖深60cm，宽30~40cm的沟，以扩大原定植穴。

根据土壤墒情和文冠果既耐干旱，又怕水涝的特点，一般应在树木开花前期、果实迅速生长期及果实采收后、土壤结冻前进行灌水。雨季注意及时排水，以防止林地渍水导致林木根部腐烂。同时积极鼓励使用滴灌。

文冠果生长过程中，应根据土壤肥力状况及植株生长需求等因素确定施肥量和施肥时间。一般情况下，在6月下旬至7月上、中旬，果实的膨大期和成熟期施肥，通过增加植株有机物质供给量和提高植株光合作用的能力，提高果实质量。秋天采种后，再进行一次施肥，使树体积累充足的有机物质，以满足树体恢复、生长和积累有机养料的需求。施肥方法可以植株为中心开环形沟，沟半径内侧为植株冠幅，肥料撒入沟内后覆土浇水即可。

幼树栽植后第一年的5~6月及时定干，干高50~70cm，距定干剪口下10~20cm内选留分布均匀壮枝或壮芽，培养3~4个主枝。第二年冬季，在主枝上距主干30~40cm处选留侧枝，培养结果枝组。栽植第三年，即树体进入结果期后，注意结果枝组的培养和更新。栽植五年后，注意疏去过密枝、重叠枝、交叉枝、纤弱枝和病虫枝。文冠果以壮枝、顶花芽结果为主，修剪中应保留顶花芽。一般采用双枝更新法以保证果实产量的连续稳定。也有部分树体能够侧花芽结果，尤其是肥水条件好的壮树，修剪时应观察树性，因树修剪。文冠果开花量过大的树，可以适当摘除部分雄花，结果过密的，尽早疏果，以减少养分竞争，促进果实生长。文冠果落花落果严重，在花期喷洒萘乙酸钠对提高坐果率、增加产量有明显效果。

### 5. 病虫害防治

注意防治黄化病、煤污病、黑绒鳃金龟子、蚜虫等危害。

（1）黄化病。该病由线虫寄生根颈部位引起。幼苗出土后，易受到线虫侵染，在重茬和阴湿条件下，成林植株亦可发病。因此，播种不宜过深，苗期加强中耕、除草，播后及时灌足底水；发现病株立即拔除，并焚烧；秋冬季节对育苗地实施翻土晾茬；可通过药剂滴灌、冲施、灌根加以防治。

（2）煤污病。由木虱吸吮幼嫩组织的汁液而引起。发病初期在叶面、枝梢上出现黑色小霉斑，后逐渐扩大，严重时全树炭黑色。可通过合理密植，适当修剪，减少林内湿度；通过喷药防治木虱、蚜虫、介壳虫等媒介昆虫，减少发病传播；在冬季休眠期或春季发芽前，树冠喷施石硫合剂，消灭越冬病源。

（3）黑绒鳃金龟子。此虫1年发生1代，以成虫或幼虫于土中越冬。春季成虫喜食文冠果嫩芽、幼苗、嫩叶及花朵，昼伏夜出，迁飞性较强。其幼虫俗称蛴螬，在土壤中为害根部，发生严重时，会造成苗圃地幼苗立枯死亡。具有较强的趋光性、群集性和假死性，喜欢在未腐熟的肥料中产卵。可通过人工诱杀或喷洒化学药剂进行防治。

（4）蚜虫。主要以成虫和若虫聚集在叶背及嫩茎吸食汁液为害，造成叶片卷缩、植株萎蔫甚至枯死。入冬前，将蚜虫寄居或虫卵潜伏过的残花、病枯枝叶彻底清除集中烧毁。化学防治可选用吡虫啉、啶虫脒或仲丁威等喷雾防治。

### 6. 收获与贮藏

当文冠果果皮由绿色变为黄绿色，表面由光滑变粗糙，果实尖端微微开裂，种子为黑褐或暗褐色时即可采摘。果实采收期一般 7~8 月。采摘严防掠青，否则会影响种子的出苗率以及苗木质量。采摘时注意尽量减少对树体伤害。目前常采用高梯结合手摘，也可采用高枝剪采摘。采摘后采用晾晒、人工或机械脱壳的方法去掉果皮。

种子阴干后，应及时包装封口，贴挂标签，注明种子产地、生产时间等信息，储藏于通风阴凉处，注意防潮湿雨淋，注意温湿度的变化，以防霉变。

## 六、对策建议

开展良种创制、繁育，以及原料林种植园模式高效培育技术体系研建。包括：

### 1. 良种创制与繁育技术体系

以具有不同生物学特性的植株类型为亲本，采用人工授粉方法，进行优良种质创制。进行资源调查，筛选优良种质资源。

种植园推广优良品种和类型的营养繁殖苗，避免使用遗传背景不清楚的实生苗。对于具有优良性状的观赏型或结实型种质资源，进行无性系化推广，包括采用嫁接、根插、组培等方式进行扩繁。

### 2. 种植园模式培育技术体系

从造林地选择、整地、施肥、浇水、树体管理、病虫害防治等环节开展种植园模式培育，最终形成并制定相应的产业化配套技术体系和技术标准。

在花期和幼果期进行疏花疏果，并喷施不同微量元素（硫酸亚铁、硼酸和硫酸镁等）、营养元素（蔗糖、尿素）、外源激素（赤霉素、萘乙酸及 2,4-D 等）以提高文冠果坐果率以及产量。进行标准化树体管理，采用轮替修枝和双枝更新等疏枝技术。在一年生枝条上进行单刻芽和环刻芽等不同刻芽方式以及短截处理。萌芽、开花展叶期设置枝接、疏花、施肥、防霜冻措施、病虫害防治措施；果实膨大期设置相应的施肥灌水措施，除草、夏剪措施；果实成熟前期叶面喷肥；果实采收期及时采收加工果实；休眠期设置幼树防寒措施等。

撰稿人：敖　妍　王　旭　郑雅琪　雒小菲　朱　菲
咨询专家：敖　妍　北京林业大学　副教授
联系电话：13811085921
电子邮箱：aoyan316@163.com

# 光皮树

## 一、概述

光皮树（*Swida wilsoniana*），又称光皮梾木、马玲光、斑皮抽水树、狗皮花等，属山茱萸科梾木属，是一种具有重要生态和经济价值的落叶乔木。光皮树分布于我国黄河流域以南区域，以武陵山区和南岭山区最为广泛，一般树高5~10m，最高可达25m。光皮树全果实含油30%左右，油脂组分比较均衡，油酸和亚油酸共占75%左右，可食用，也是优质油脂基生物化工原料。用优良无性系嫁接苗造林，2~3年可进入结果期，5~6年进入盛果期，盛果期每亩可产鲜果1000kg，经济寿命可达40年以上。除油用外，光皮树树皮斑驳，树形清秀，树干挺拔，有较高的园林观赏价值；其木材细致均匀、纹理直、坚硬、易干燥，具有较高的材用价值。光皮树喜光，根系发达，耐瘠薄，适应性强，适应石灰岩母岩土壤，是我国南方石漠化造林的理想树种。光皮树林落叶层厚，可改良土壤、改善气候、保持水土、涵养水源。

## 二、发展目标

指导和规范光皮树原料林培育，提高造林质量和果实产量，保障光皮树原料可持续供应及产业的健康发展。

## 三、品种选择

为确保光皮树原料林的品质和可持续经营利用，应特别重视光皮树原料林良种选育工作，按照不同的工作基础不断优化种质资源，建立良种采穗圃，优先采用经省级以上林木良种审定委员会审定（认定）的优良品种。湖南省林业科学院开展光皮树研究30多年，已经选育出一批湘林系列高产油光皮树优良无性系，建立了全国唯一的光皮树良种基地。

## 四、育苗技术

为了促进光皮树原料林早结实和确保产量，光皮树原料林必须采用良种嫁接苗造林。种苗繁育及经营实施生产许可、经营许可制度，实行定点育苗，定单生产，定向供应。用于种苗生产的接穗，必须是经审定的良种接穗，并具有植物检疫证书、质量检验合格证书和产地标签。

**1. 苗圃地选择与整理**

苗圃地宜选择在交通方便、地势平坦、光照充足、有灌溉条件、土壤疏松肥沃、pH值5.5~7.5、无病虫害、通透条件良好并靠近造林地的地段。

整地：清除石块、草根，做到深耕细整，地平土碎。土地平整后用50%的多菌灵可湿性粉剂消毒，用量为$1.5g/m^2$。如果土壤pH值不到7.0，可增施石灰，用量每亩不超过200kg。

施基肥：每亩需施200kg有机肥和50kg复合肥，拌匀后撒施，随耕翻埋入耕作层。

作苗床：一般苗床宽 1.3~1.5m，高 15~25cm，长 20~30m，做到土粒细碎，表面平整。

**2. 砧木培育**

一般采用光皮树实生苗作为砧木。选择种子饱满度在 60% 以上，发芽率高的光皮树种子于 12 月至次年 1 月进行条播，每亩播种量为 10kg 左右。播种后一般到 3 月左右出苗，出苗后及时开展施肥、灌溉、间苗、定苗以及病虫害防治等工作。实生苗密度宜控制在每亩 1.5 万株以下。

**3. 嫁接时间及方法**

当年 9 月，选择高 80cm、地径 0.5cm 以上，生长健壮的实生苗作为砧木，从采穗圃母树树冠中上部选取发育健全，无病虫害的当年生结果母枝作为接穗，采取腹接法进行嫁接。

**4. 接后管理**

嫁接后要加强圃地管理，及时除萌，并于苗木生长前期（3~5 月）、中期（6~8 月）追肥 2~3 次，以氮素化肥为主，采用水施，浓度为 0.3%~0.5%，阴天或傍晚施为宜；后期（9~10 月）追肥 1 次，以施磷、钾肥为主，采用水施，浓度以 0.3%~0.5% 为宜。同时注意开展除草、浇水等管理措施，确保苗木健壮生长。

**5. 嫁接苗出圃**

秋天嫁接的苗，第二年冬季即可出圃。苗木质量应达到《光皮树苗木质量分级 LY/T 2530-2015》规定的合格嫁接苗标准。

**6. 运输**

苗木出圃后，不宜长时间存放，应做到随起、随运、随栽。运输距离比较远的苗木运输前根部需蘸泥浆，运输过程中要防止苗木失水，注意苗木之间不要相互挤压，保护根系，避免机械损伤。不能及时开展造林的苗木，要实施临时假植。

**7. 建档**

育苗单位均应按照《林木种子生产经营档案管理办法（林场发[2008]88 号）》的有关要求，建立健全种苗档案，记录良种来源、生产单位和繁殖方式等，做到每一批苗木的品种清晰，繁殖生产过程清楚，有据可查，有凭可依。

## 五、培育技术与模式

**1. 立地选择**

光皮树原料林造林宜选择海拔 800m 以下阳坡、半阳坡低山或丘陵区，坡度≤30°，土层深厚，光照、排水条件良好。

**2. 整地**

根据造林地坡度确定整地方式，一般情况下坡度在 25°以下的，采取机械挖壕沟带状整地方式；25°以上的，采取品字型穴状整地方式，穴规格一般为 60cm×50cm×50cm。

（1）林地清理及整地。林地清理时注意山顶和山脚应保留一定原生植被以防止水土流失。整地时壕沟带或穴里的土需全部清理出来，表土和心土分开堆放在带或穴的边缘，土回填时，应先回填表土，然后再回填心土，直至填满整个带或穴。整地应在 9~12 月完成。

(2)施基肥。光皮树原料林造林前应施足基肥，施基肥可结合整地回土工序进行，并根据土壤条件确定施肥数量和种类。提倡施有机肥，每穴2kg左右，也可施复合肥，每穴0.2kg左右。基肥应与一定量的表土混合均匀后再施入种植穴中，为避免肥力流失以及栽植时苗木根系直接与肥料接触，要在肥料层上再覆盖一层土。

### 3. 栽植

苗木栽植时应做到栽正、不窝根、栽紧、不吊空，栽植后浇定根水。没有浇水条件的须在雨前或者雨后栽植。为提高苗木成活率，栽植前苗木根部应打泥浆或者浸泡生根剂。

(1)栽植时间。光皮树原料林造林应为冬末春初，光皮树萌芽前，即整地当年的12月至次年3月之间进行。雨后的阴天或者下雨前栽植为最佳，提倡就地育苗，就地栽植。

(2)栽植密度。光皮树原料林造林密度应根据造林地肥力合理确定。土壤肥力较好的株行距为$4m \times 5m$；一般的$3m \times 4m$。

(3)补植。造林后应重视加强造林地管护，对没有达到合格标准的造林地应及时进行补植。补植前应认真分析苗木死亡原因，找出改善措施后再进行补植。

(4)间作与混交。光皮树原料林培育过程中，为保护生态环境、兼顾景观建设和提高收益，连片300亩以上林地提倡与青冈栎、马桑、喜树等树种块状混交。种植初期，小面积立地条件一致的林地，鼓励林间套种绿肥、大豆等。

### 4. 抚育

造林后前3年，每年5~6月和8~9月，各开展1~2次除草、松土等抚育管理；3年后每年5~6月进行1次除草、松土等抚育管理。

(1)水肥管理。幼树(栽植后前5年)施肥以复合肥为主，每年5~6月施肥1次，每次每株环树冠施肥0.2~0.3kg。产果期施肥以有机无机混合肥为最佳，每次每株环树冠施肥2~3kg。光皮树生长和结实会消耗大量水分，7~9月是光皮树快速生长时期，也是果实膨大和油脂转化时期，需水分较多，应合理灌溉。同时注意光皮树不耐涝，雨季时，需注意及时排水，防止林地渍水致使林木死亡。提倡建立滴灌系统和使用测土配方施肥，将肥料溶解水里，根据土壤动态肥力及植株生长需求，同时为光皮树提供肥水。

(2)树体管理。幼树期(1~5年生)主要以培育树形为主，通过树体管理将光皮树培育为开心形。成年树(6年生以上)主要以保持树形、树势，控制大小年，实现可持续最大产出为主。具体方法：定植后第一年在距地面0.5~0.8m处截干，在树干30~50cm处选留3~4个生长健壮、方位均匀的侧枝培养为主枝；第二年再在每个主枝上保留2~3个健壮分枝作为副主枝；第3~4年，在继续培养主枝和副主枝的基础上，将其生长健壮春梢培养为侧枝群，并使三者之间比例合理，均匀分布。进入盛果期后(6年生以上)，应以保持树势健壮为基础，及时疏除过密枝、交叉枝、病虫枝、细弱枝、徒长枝等，保留结果枝，保持枝条均匀健康。修枝时间应在冬季落叶后至早春萌芽前进行。

(3)促进结实稳产措施。现实中经常会出现由于树体营养生长过盛，进入结果期的树不结果的情况。对于营养生长过盛的树可采取环割或铁丝绞缢等促果措施以抑制营养生长，促进花芽分化。具体措施可参考果树环割与绞缢促果措施，用绞缢方法第二年需要及时解除绞缢材料。光皮树大小年明显，坐果率高，为提高果实品质，减少树体营养消耗，缩小大小年差异，可在丰产年疏除部分花序或花序分枝。

**5. 病虫害防治**

光皮树病虫害较少，实施以防为主，以治为辅。提倡开展生物防治，不成灾不施药，尽可能利用生态系统自我调控能力实现有虫不成灾。生产中须重点注意白蚁、天牛、吉丁虫、尺蠖等害虫危害，具体防治方法可参见相关森林病虫害防治技术措施。

**6. 林火防治**

造林单位要重视加强光皮树造林地的森林防火工作，强化防火意识，树立护林防火标牌，制定护林防火公约，建立健全各项防火制度等。同时应按照地形、地貌及林地面积，规范建设防火带等防火设施，加强对防火带管理，将各项预防措施落到实处。

**7. 果实采收**

光皮树果实的成熟期为10~11月，不同的纬度及不同的海拔成熟期各不相同，各地应根据当地实际情况确定采收时期。光皮树果实成熟标志是大部分果实变黑，挤压有明显的油脂光泽。光皮树果实须成熟才可采收，否则会影响含油率。同时由于鸟类喜食光皮树成熟果实，因此又需及时采收。采收方法可先剪下整个果穗，然后处理出纯果实。采收时注意防止破坏其他树枝，以确保来年产量。鲜果可直接加工，也可阴干、晒干后再加工。

## 六、对策建议

**1. 加强林木良种使用的监管**

由于长期以来光皮树均处于野生或半人工栽培状态，因此光皮树种群和不同个体之间都存在着较大差异，如果采用实生苗造林，从播种到结果一般需要6~8年，到盛果期需要13年左右。以用油为目的的光皮树原料林建设必须使用良种基地生产的经审定的良种苗木。

**2. 加强科普宣传与科技对接指导**

光皮树作为一个新兴油料树种，很多技术措施和技术资料没有得到广泛宣传，不为林农所掌握，因此建设原料林基地时要特别注意与科技人员对接，林业部门要加强对光皮树相关知识与种植技术的宣传与培训。

**3. 加强树体控制与肥水调控，改变只栽不管局面**

光皮树喜光，光照不足时光皮树结果很少或不结果，所以需要把光皮树作为果树一样来经营管理，通过修剪、拉枝等技术调控树形，促进开花结实。同时要通过施肥等技术保障光皮树果实生长发育所需的营养，提高产量。

**4. 提早做好生产计划与安排**

光皮树果实较小，目前机械采收还不成熟，采摘后的果实若不及时处理将影响油脂品质，所以大面积栽植的林农朋友需要对采摘及采后处理提早做好预案。

撰 稿 人：张良波　李昌珠　姚茂华　何祯祥　向祖恒
　　　　　陈　勇　向　明　王明怀　李培旺　陈景震
咨询专家：张良波　湖南省林业科学院　研究员
联系电话：12975198425
电子邮箱：40952257@qq.com

# 小桐子

## 一、概述

小桐子（*Jatropha curcas*），又名麻疯树，为大戟科（Euphorbiaceae）小桐子属（*Jatropha*）半肉质落叶灌木或小乔木。小桐子一般呈现大灌木状，高2~7m，分枝多，幼枝粗壮、绿色、无毛，皮层灰绿色，厚而具乳汁。它具有大约30~50年的经济寿命。

小桐子不仅是热带、南亚热带干旱地区优良的造林先锋树种，也是性能优良的生物柴油原料树种之一，从20世纪70年代以来，许多国际组织、国家都普遍重视与积极推进，已有30多个国家开始资源培育，主要在东南亚、非洲国家。小桐子被公认为是目前最具开发潜力的生物柴油树种。我国于20世纪80年代开始，四川省林业科学研究院在全国率先开展小桐子栽培与生物柴油研究与开发应用。其后，四川大学、中国科学院、中国林业科学研究院以及云南、贵州等单位对小桐子资源培育及其生物柴油应用进行了研究与开发。

小桐子原产热带美洲，现广布于世界热带地区，主要分布在热带和亚热带地区，目前主要在赤道南北30°之间的热带有栽培。在我国分布于云南、四川、贵州、广西、广东、海南等地，在干热河谷区最为常见，常集中于河岸、宅旁、路边，作生物绿篱或防火隔离带栽培（表1）。

表1 中国小桐子分布

| 省名 | 县名或区域 | 备注 |
| --- | --- | --- |
| 四川 | 攀枝花的市区、盐边、米易；凉山州的盐源、德昌、会里、会东、宁南、金阳、雷波等 | 金沙江、雅砻江流域的干热河谷地区 |
| 云南 | 元阳、元江、红河、金平、元谋、双柏、永仁、永胜、化坪、丽江、会泽、巧家、景洪、景东、思茅等 | 元江、金沙江、澜沧江流域 |
| 贵州 | 罗甸、望谟、贞丰、册亨、兴义等 | 南盘江、北盘江、赤水河流域的黔南、黔西南 |
| 广西 | 田林、田东、天峨、天阳、百色、德宝、凌云、乐业等 | 与云南、贵州，以及越南接壤的地区 |
| 海南 | 全省均有 | |

## 二、发展目标

小桐子油生产生物柴油和航空燃油，替代化石能源，用于农村的燃料、照明、工业锅炉燃料、航空等，保护环境与生态；油渣饼含有麻疯毒蛋白，目前正着手研制和分离毒蛋白中抗AIDS和抗肿瘤药物成分，还可作为杀虫剂、农药等；叶、茎皮、根提取物主含麻疯酮类生物碱，是重要的生物医药和工业原料，用于抗微生物、抗寄生虫、抗变态反应抗肿瘤作用。小桐子具有很多价值，产业向多功能方向发展。

## 三、育苗技术

**1. 播种育苗**

（1）良种选择。为了提高小桐子种子产量，采用种子育苗的种子，一般应在经过调查测定筛选的优树上采集；在有条件的地区，应在经过科学研究建立的采种母树林和种子园中采集。当果实变硬变褐时，果实内的种子已充分发育成熟，此时采摘较宜。果实的采摘主要是手工或半手工方式。

（2）种子处理。收集起来的果实要及时干燥、去壳和去杂。将收集起来的成熟果实铺在地上晒干。干燥后的果实外壳会开裂，散出种子。种子散出来后，需要分拣去杂，选种时应选择粒大、饱满和表面为深黑色的种子，采用0.5%的高锰酸钾水溶液浸种2h，用清水冲洗后阴干，之后将种子通风储藏。可采用湿沙拌种的方式催芽。

（3）苗圃地选择及处理。苗圃地应设于交通便利的地方，地势较为平坦，灌溉方便，排水良好，土壤应是砂壤土、壤土、轻壤土。新开辟的苗圃地要在前一年的秋冬季节进行深翻，播种前再翻耕、耙碎。苗圃地应施足基肥，基肥以农家肥为主。可用硫酸亚铁、0.5%高锰酸钾等药剂进行土壤消毒。

（4）苗床准备。采用高床，苗床面高于步道10~20cm，床宽1.2~1.4m，苗床的长度可视地形而定，步道宽25~30cm，深20~25cm。苗床表面深翻20cm，耙细表土，拣去石块和草根等杂物，最后把苗床的表面压平，同时在苗床的周围用土堆成高5~10cm"围肥水埂"便于保水和保肥。

（5）播种方法。一般可采取以下3种播种方式：

点播：株行距为10cm×15cm为宜，点播深度为2~3cm，点播后覆盖细土，覆盖营养土（由农家肥、人畜肥和枯枝落叶肥等组成）的厚度为种子宽度的两倍，覆盖后浇透水。

条播：用板锄开沟，深度为种子的2~3倍为宜，将种子均匀播入沟内，在种子上覆盖细土，覆盖厚度为种子的2倍。

撒播：直接在整平的苗床上均匀撒播种子再用细土覆盖，覆盖厚度为种子的两倍。

（6）播种量。每亩播种量20~30kg，生产高质量的苗木以每亩20kg为宜。

（7）苗期管理。种子播完后及时浇水，可在苗床上覆盖稻草或塑料薄膜保湿。有覆盖的育苗地，幼苗出土后要及时分批撤除有碍苗木生长的覆盖物。一般2~3月播种，年内可施两次肥，每次10~15kg/亩。苗木灌溉时要做到将水分均匀地分配到苗木根系活动的土层中。根据育苗疏密情况，及时搞好间苗和定苗工作。幼苗期除草要坚持除早、除小、除了的原则。

（8）移植。在育苗床上6个月后，苗高50cm以上，选植株健壮、无病虫害的裸根苗，进行造林栽植。

**2. 扦插育苗**

（1）扦插圃地选择。通常扦插圃地要选择地势较高，平坦而通风透光的地坝，以砂壤土为好，苗床规格通常长4m，宽1m，高20~30cm，耙细整平。

（2）扦插穗条。采用扦插繁殖苗木的穗条，应在经过科学研究建立的优良种质资源采穗圃采集。扦插用穗条一般选用生长健壮、无病虫害的枝条。

（3）插条的制备。插条粗1~2cm，长度12~15cm，上端剪成平口，常用融蜡封涂，下端（插口）剪成斜口，及时用50%的多菌灵稀释800倍的液浸泡10min，捞起晾干后备用。制备好的穗条要按穗条的部位（上、中和下段）和粗细进行分类，穗条要求切口平滑、无劈裂、皮部无损伤。制备好的穗条如果不能按时扦插完，一般要湿土埋存。

（4）扦插时间。扦插最适宜时期为湿热季节。

（5）扦插基质。采用轻型基质扦插育苗，轻型基质为红土+红壤+牛粪，体积比为2∶3∶3。牛粪是晒干腐熟，三种基质按比例混合，经粉碎和过筛，混匀后装入无底营养袋或托盘，进行扦插育苗。

（6）扦插方法。插条采用直插或斜插，先用比插条略大的带尖的木棍在苗床上打孔，小孔的方向一致，将插条顺孔道放入至孔底，插入枝条的1/2~2/3，株行距20cm×20cm，手摁实土壤使插条与土紧密接触，插后及时浇水淋透苗床土层和搭拱棚增温保湿（图1）。

（7）苗期管理。在插条未生根发芽前，注意防止种条腐烂。插条生根发芽最适宜的温度为25~35℃，相对湿度为80%以上。当温度超过35℃时，应揭膜透气降温并使用遮阴网，苗床土壤干燥时及时补充水分，原则上掌握少量多次，使棚内保持湿润状态。发现病株时，及时挖除插条，并用2%石灰水灌其孔洞及附近土壤。扦插苗长出2~3小叶后，应先人工除草，并用1%尿素溶液浇淋。移植前

图1 小桐子扦插苗木

5~7天，再用0.2%磷酸二氢钾水溶液进行根外追肥，移植前10天开始控水炼苗。

（8）幼苗移植。移植田块应深翻、细碎土壤，再拉绳按1m×1.5m挖穴，穴窝深宽为50cm×100cm，穴底以施放腐熟农家肥为主，每亩增施50kg过磷酸钙+20kg复合肥，最后盖细土厚8cm左右。幼苗进行移植前一天剪去叶片的1/2~2/3，并选择在阴天或晴天下午进行。移植时应做到及时起苗、及时运送、及时种植、及时盖土浇水。移植苗盖土不宜过深，以原扦插深度为宜。移植苗返青成活后，应及时查缺补实，并追施苗肥。

## 四、培育技术与模式

### 1. 立地选择

在气候方面，适宜在热带、南亚热带气候区，一般要求年均气温16℃以上，≥10℃积温在5000℃以上，最低气温≥5℃，年均降水量700mm以上，年日照时数2200h以上；在海拔方面，适宜选择海拔低于1800m地段；在坡向选择方面，宜选择阳坡、半阳坡的地段；在坡地选择上，宜选择缓坡地段，或改坡为梯带；在土壤方面，宜选择土层深厚，土

质疏松、石砾少，土壤排水性、透气性良好的立地，一般要求土壤厚度30cm以上。

**2. 整地**

（1）林地清理。林地清理常采用块状或带状清理方法。块状清理是以栽植穴为中心，清除四周的灌丛和杂草，一般不小于80cm×80cm；带状清理一般采用水平带状清理，带宽不小于1m，清除带内的所有灌木、杂草。

（2）整地时间及方式。整地应在造林前进行，一般在头年10月至次年5月进行，宜在10~12月。整地应注意防止水土流失，一般采用穴状整地和沿水平带的穴状整地。穴状整地规格宜采用60cm×60cm×60cm。在土壤干旱的地段，为了集水保水，采用水平沟整地，规格为：50cm×50cm×1~3m或60cm×60cm×1~3m。

（3）施底肥及回土。造林前应该施底肥，且应在雨季来临前进行。肥料一般选择有机肥或者复合肥。如果挖好的坑里积存有土，需先将积存土挖出然后再施肥料，然后用少量的土和肥料一起拌匀。每穴施厩肥5kg，加0.5kg磷肥。为了避免烧根，上部需回填造林地土壤，以免根部和肥料直接接触。在施底肥的同时将挖坑时挖出的土全部填回坑内，回填土后要使回填的土高出栽植坑面10cm左右，不要让栽植坑形成凹状。

**3. 栽植**

（1）苗木选择。宜采用母树林、种子园和采穗圃繁育出的优质苗木。造林宜选用地径大于1.8cm，根系舒展，侧根发达，无病虫害的1年生壮苗。

（2）苗木运输。苗木运输时，为了避免苗木受到损伤，应该使用运输筐等运输。并注意苗木在运输筐内不要重叠和相互挤压。如果是营养袋育苗注意不要破损营养袋，避免土壤漏掉。为了防止苗木损失，栽植的当天从苗圃运输到栽植地。如果苗圃运到移植现场，当天不能栽培时，应该放在背阴的地方进行保管并对苗木浇水。如果苗木运到造林现场长时间不能移植时，就应该进行假植处理，提前挖好壕沟，做好立即假植的准备。

（3）栽植时间。一般选择在雨季造林，雨水下透后即可开始栽植，如果是晴天，应在早上或下午比较凉爽时进行栽植。

（4）栽植密度。造林密度的确定主要依照立地条件，生产上应因地制宜，合理选择适宜的造林密度（表2）。在我国西南地区，一般情况下，在缓坡、土层厚度>60cm的立地上宜选用株行距为2m×3m或2.5m×2.5m的造林密度；土层厚度在40~60cm的立地上宜选用株行距为2.5m×3m或3m×3m的造林密度；在热带立地条件良好的地区，如在海南，立地条件良好的地方，可适当密植（1.5m×2m）。

表2 小桐子常用造林密度

| 株距(m) | 行距(m) | 密度(株/亩) |
| --- | --- | --- |
| 2（或1.5） | 2 | 167（或222） |
| 2（或1.5） | 2.5 | 133（或177） |
| 2（或1.5） | 3 | 111（或147） |
| 2.5（或2） | 3 | 89（或111） |
| 2 | 4 | 83 |

(5) 配置模式。配置方法一般有长方形、正方形及"品"字形配置等，为了林木生长发育，且从整地、栽植、抚育的施工容易程度来看，宜采用"品"字形配置。

(6) 栽植方法

容器苗栽植：在施底肥回土后的栽植坑的中心，挖一个比营养袋稍大的坑，深度跟营养袋的高度一致，将苗木放入坑内，进行适当调整，必须使树苗竖直向上，营养袋与坑周围的地面一样高。轻轻地用小刀将营养袋划破，撕掉营养袋，注意不能弄散袋内的营养土。栽植回土时一定要从周围向中心踩实，为了避免将根踩断和营养袋土弄散，不要踩到营养袋土团。

裸根苗栽植：施底肥回土后，在栽植坑的中心挖一小坑，深度与苗木主根的长度一致，然后从苗木袋里拿出苗木，取出苗木时，应该栽一棵拿一棵。将苗木竖直向上放入坑内，使根舒展，回填土时一定要回填一半土，将苗木向上稍稍提一下，使苗木的根充分舒展，然后将回填土稍微按一下，再回填剩余的土。将苗木周围的土由边缘向中心踩实，注意不能把苗木折断。

(7) 营造混交林。混交林有利于提高地力和保护生物多样性，生态和经济效益高而稳定，病虫害较少。在营造混交林时，宜选择与小桐子相差不大的灌木林。

混交方式：小桐子生物柴油原料林基地建设不宜采用株间混交方式，宜采用带状混交、列状混交、块状混交方式。

**4. 抚育**

(1) 林地管理

幼林林地管理：小桐子幼林林地一般需抚育3年，每年抚育1~2次，根据具体情况于6~9月进行。小桐子幼林林地主要采用窝抚、带抚。

成林林地管理：小桐子成林林地每年需抚育2次，6月底至7月中旬进行一次，8月底到9月初进行一次。每年第一次抚育，铲地深度不超过8cm，将铲下的杂草铺于树根周围。第二次宜结合施肥进行抚育，在除草时进行松土，应里浅外深，不伤害苗木根系，深度一般为10~15cm。

(2) 水肥管理。肥料为厩肥、饼肥、灰肥、压青肥和氮磷钾复合肥等。对进入结实期的小桐子，可根据树体不同生长情况和林地缺少的肥料补充施用无机肥。一般在5~6月施肥，氮肥或复合肥20~40g/株，适量施用微量元素如硼、锰。在果实膨大期施肥，以磷、钾肥为主，纯磷50g，纯钾50g（根据不同肥料类型换算成肥料用量）；采果后施三元复合肥，施肥量每株100g。

施肥应结合冬季垦复进行，施肥前应进行窝状抚育、疏松土壤，清除杂草灌木根系。施肥方法主要有环状施肥、行间沟施、穴状施肥、辐射状沟施肥和叶面施肥。

在干旱季节，宜利用蓄水池，适时适当灌溉。小桐子春季萌芽前、花后5~6周和休眠前各灌水1次，同时可结合施肥进行灌溉。缺乏水源或灌水条件较差的地方可覆草或地膜保墒，雨季则需排除田间积水。在春梢停长后到秋梢停长前要注意控水，以控制新梢后期的生长。

（3）补植。造林后如果苗木成活率达不到要求应进行补植。如果补植与抚育割草同时进行，补植将更容易，施工效率将更高。对于死亡的苗木，应分析其死亡的原因。分析树种、苗木质量、整地方式、病虫危害等方面是否存在问题，然后找出改善的措施再实施补植。例如在发现栽植坑回填土不够时，应对栽植坑进行改善，先挖坑周围的土进行回土至穴满，再补植。

（4）树体管理。前三年是确定树形发展的重要时期，幼树于30~50cm高处定干，并选择3~5个萌条培养成主枝，诱导生成二级枝。二级枝在40~60cm处进行截枝，诱导生成三级枝4个以上。三级枝在40~60cm处进行截枝，诱导生成结果枝。修枝的同时及时剪除、清除枯枝和病虫危害枝条。修剪在休眠期进行。

（5）病虫害防治

人工防治：落叶后清除落叶，集中烧毁，消灭越冬蛹。

药剂防治：防治的关键时期是各代成虫发生盛期。其中在第1代成虫盛发期喷药，防治效果优于后期防治。

主要病虫害及其防治方法按"附录"执行。

（6）护林防火。在造林地采取设置防火带的方法，防止火灾。一般设置宽度20m防火带，沿与造林地接壤的人员往来较多的道路边、田边设置，在山坡上沿等高线设置或沿山脊线设置。造林后年限不长的造林地，应在7月下旬抚育割草时一起将防火带中的草全部除去，然后约在10月下旬的旱季开始后再次进行除草，除去的枯草及其他可燃物应全部拿到防火带以外。另外，当防火带内的树木开始有枯枝出现时，应实施修枝。如果设计了防火带，就可以在防火带设置的位置上栽植耐火的树种，这些都能起到良好的防火效果。

## 五、开发利用展望

小桐子是干热河谷的重要造林先锋树种，也是性能优良的生态经济树种，目前，在生物燃料油、生物医药、植物灭虫制剂等开发利用方面具有良好的产业发展前景。

小桐子被公认为是最具开发利用潜力的"非粮能源树种"，其种子油非常适合用于制造生物燃料油，特别是2008年以来，小桐子油已在航空领域中得到成功应用，标志着小桐子产业开发已进入了生物航油开发新阶段，发展生物航油绿色产业。

近30年来，国外学者陆续报道了小桐子及其提取物的抗肿瘤效应、抗微生物、抗利什曼原虫、抗寄生虫、治疗创伤、防治糖尿病、抗疟疾等方面的药理和毒理实验，以及小桐子种子蛋白、枝叶提取物、种子提取物、根提取物的杀菌作用，对"瘟神"血吸虫病的血吸虫和宿主钉螺的杀灭作用、杀虫作用，对病毒的抑制作用及抗肿瘤、凝血和抗凝血作用等也取得了大量的研究成果。

利用小桐子油研发新型血吸虫杀灭剂、灭螺剂，如跌海棠碱——最强的灭螺天然产物，防治血吸虫病；利用油饼中麻疯毒蛋白提取和分离毒蛋白中抗AIDS和抗肿瘤药物成分，利用过滤小桐子油后的滤渣中提取维生素E、磷脂等成分，利用小桐子叶、茎皮、根提取麻疯酮类生物碱、麻疯酮类成分，国内外正在大规模重点研究相关药品，以及杀虫剂、农药等。

此外，小桐子油饼中含有丰富的蛋白质，可用于高级植物蛋白饲料等。

撰 稿 人：费世民　陈秀明　罗建勋　何亚平
咨询专家：费世民　四川省林业科学研究院　研究员
联系电话：13308015516
电子邮箱：feism@163.com

# 附 录

## 小桐子主要病虫害及其防治日志

| 病虫害 | 危害部位和症状 | 防治措施 |
|---|---|---|
| 镰孢霉属，腐霉属，疫霉属等 | 在潮湿的环境下，导致根部腐烂 | 苗床土壤消毒，可使用甲霜恶霉灵、多菌灵等进行土壤消毒；也可使用铜制剂或甲霜恶霉灵进行防治 |
| 四孢长蠕孢霉，多色拟盘多毛孢菌，拟盘多毛孢菌，小桐子尾孢菌 | 叶斑病 | 每隔15天，连续施药3次，多菌灵500倍液喷雾防治 |
| 夹白并盾蚧 | 树枝的背面死亡 | 冬季植株修剪以及清园，开春后喷施40%啶虫毒乳油2000~3000倍液进行预防，发生后用渗透性强的药剂如40%啶虫毒1500~2000倍液喷雾防治，用2次，间隔7~10天 |
| 粉蚧（羊毛蚜虫） | 刺吸枝叶，使叶片失绿皱缩，枝条扭曲畸形 | 用4.5%高效氯氰菊酯1500~2000倍液进行防治 |
| 兰色蜡象 | 危害果实 | 用4.5%高效绿氰菊酯1000倍、20%甲氰菊酯乳油1000倍液在低龄幼虫期（8~9月）林间喷雾 |
| 稻绿蝽（绿色臭虫） | 危害果实 | |
| 细蛾科 | 危害叶片，在叶片表面留下潜斑 | 落叶后清除落叶，在第1代成虫盛发期喷药；50%杀螟松乳剂1000倍液或20%杀灭菊酯2000倍液或2.5%溴氰菊酯2000~3000倍液或30%蛾螨灵可湿性粉剂1200倍液，或25%的灭幼脲3号胶悬剂1000倍液 |
| 蓖麻夜蛾 | 幼虫食叶成缺刻或孔洞，啃食嫩芽幼果及嫩茎表皮 | 人工摘除卵块及初孵幼虫危害的叶片，冬季深翻土壤；用黑光灯、糖醋液诱杀成虫；在初孵幼虫期及时施药。用90%敌百虫（美曲膦酯）1000倍液或2.5%溴氰菊酯或2.5%功夫乳油2000~3000倍喷杀 |
| 蓖麻黄毒蛾 | 幼虫取食嫩梢、叶片、嫩枝及嫩果皮，大发生时可将全株甚至连片作物叶子吃光 | 人工摘除卵块及初孵幼虫危害的叶片。利用成虫趋性，用黑光灯、糖醋液诱杀成虫。在初孵幼虫期及时施药。可选用90%敌百虫1000倍液或4.5%高效氯氰菊酯3000~3500倍液喷雾防治或50%辛硫磷乳油1000~1500倍 |

（续）

| 病虫害 | 危害部位和症状 | 防治措施 |
|---|---|---|
| 黑翅土白蚁 | 主要危害小桐子根系，新造幼林受害时引起树体的死亡 | 在造林下苗前，按每株0.01~0.02kg的用量在窝中施撒"林康乐"后再下苗，可预防黑翅土白蚁的危害；幼树生长期受害时，按每株使用48%乐斯本2000倍液或75%的辛硫磷1000~1500倍液进行灌根，每株用稀释液1kg |
| 螟蛾科 | 初龄幼虫聚集吐丝包裹叶片，主要为害新梢、果实和叶片。老龄幼虫吐丝用叶片将虫体包裹化蛹 | 幼虫为害初期未形成包裹前，用90%敌百虫晶体1000~1500倍喷雾防治。幼虫蛀梢、蛀果后用30%乙酰甲胺磷乳油进行注干，每株1~1.5ml |
| 白粉病 | 叶片受害部位布满白色粉霉层，叶片呈现退绿黄斑，逐渐扩大终至全叶枯黄脱落。叶柄和茎受害后出现黑色斑点 | 加强栽培管理，增施磷肥及时清除病叶残体。冬季喷施3~5度的石硫合剂，消灭越冬的病源。发病开始时喷施1000~1500倍15%的粉锈宁可湿性粉剂或5000~6000倍的75%十三马啉乳油或6000~8000倍40%福星乳油或70%甲基托布津可湿性粉剂1000倍液每10天喷1次 |
| 炭疽病 | 危害叶片、新梢和果实。叶片、果实出现褐色病斑，上面隆起黑褐色的小粒点 | 苗圃要结合深翻覆土，适度修剪，病害严重的苗圃喷洒3~5度的硫合剂，冬季清除落叶病叶。发病初期喷施500~700倍的50%的炭疽福美可湿性粉剂或500~700倍退菌特可湿性粉剂或500~700倍65%代森锰锌可湿性粉剂或70%甲基托布津可湿性粉剂1000倍液或500~1000倍75%百菌清可湿性粉剂 |

# 第四篇

# 经济林

# 核 桃

## 一、概述

核桃(*Juglans regia*)又名万岁子、长寿果,属胡桃科(Juglandaceae)核桃属(*Juglans*),是重要经济林树种,居世界四大坚果(核桃、扁桃、榛子、腰果)之首,全世界约有23种,分布遍及六大洲50多个国家和地区,中国、美国、土耳其、伊朗、乌克兰和罗马尼亚为核桃六大主产国。核桃仁含有丰富的营养成分,具有较好的医疗保健功能。核桃树体高大,根深叶茂,可保持水土和美化环境。核桃木是高档家具用材,市场供不应求。我国核桃已有2000多年栽培历史,目前在23个省份均有种植。基于核桃显著的经济、社会和生态效益,近年来国家已把核桃作为确保粮油安全的战略性树种重点发展,中国核桃栽培面积以每年10%的速度递增,依据《中国林业年鉴》统计数据,截至2017年底,栽培面积达690.90万$hm^2$,总产量417.14万t,预计2020年面积将超过800万$hm^2$,总产量将达到550万t。目前中国核桃种植面积、产量均居世界第一,总产值约500亿元。

## 二、发展目标

我国作为世界核桃生产大国,种植面积和产量均居世界第一位,但是品质和效益却是较低的,和欧美发达国家相比有差距,特别是全产业链机械化、轻简化生产方面差距较大。因此,针对我国核桃生产中存在的品种应用不准确、栽培技术不配套、果园管理粗放、用工量大、种植效益不高等问题,开展品种配置、花果调控、营养诊断、水肥一体化、无公害病虫防控和省力化采收技术研究,优化集成核桃轻简化高效栽培技术体系,并在主产区示范推广,实现我国核桃产业提质增效的产业化发展目标。

## 三、品种选择

### (一)主要核桃品种

#### 1.'香玲'

由山东省果树研究所以'上宋6号'ב阿克苏9号'为亲本经人工杂交育成,1989年定名。树势较强,树姿较直立,树冠呈半圆形,分枝力较强,1年生枝黄绿色,节间较短。混合芽近圆球形,大而离生,芽座小。侧生混合芽比率81.7%。每雌花序多着生2朵雌花,坐果率60%左右,小叶5~7片。坚果近圆形,基部平圆,果顶微尖。纵径3.65~4.23cm,横径3.17~3.38cm,侧径3.53~3.89cm,平均坚果重12.4g。壳面刻沟浅,浅黄色,缝合线窄而平,结合紧密,壳厚0.8~1.1mm。内褶壁退化,横隔膜膜质,易取整仁。核仁充实饱满,重6.9~8.4g,出仁率62%~64%。在山东泰安地区3月下旬萌发,4月10日左右为雄花期,4月20日左右为雌花期,雄先型。8月下旬坚果成熟,11月上旬落叶。适宜于土层肥沃的地区栽培。目前,在我国北至辽宁,南至贵州、云南、西至西藏、新疆,东至山东等大多数地区都有大面积栽培。具有早期丰产特性,盛果期产量较高,大小年不明显。

**2. '鲁光'**

山东省果树研究所于1978年杂交育成。杂交组合是：'新疆卡卡孜'ב上宋6号'。1989年定名。树姿开张，树冠呈半圆形，树势中庸，分枝力较强，1年生枝呈绿褐色，节间较长，侧生混合芽的比率为80.76%，嫁接后第二年即开始形成混合芽，芽圆形，有芽座。小叶数多为5~9片，叶片较厚。每雌花序着生2朵雌花，坐果率65%左右。坚果长圆形，果基圆，果顶微尖，纵径4.24~4.51cm，横径3.57~3.87cm，单果重15.3~17.2g。壳面壳沟浅，光滑美观，浅黄色，缝合线窄平，结合紧密，壳厚0.8~1.0mm，内褶壁退化，横隔膜膜质，易取整仁，核仁重8.1~9.7g，出仁率56%~60%，脂肪含量66.38%，蛋白质含量19.9%，味香不涩。在山东泰安地区雄花期4月10日左右，雌花期4月18日左右，雄先型。8月下旬坚果成熟，10月下旬落叶。该品种不耐干旱，适宜在土层深厚的立地条件下栽植。主要栽培于山东、河南、山西、陕西、河北等地。

**3. '辽宁1号'**

辽宁省经济林研究所1980年育成，杂交组合为'河北昌黎大薄皮10103'优ב新疆纸皮11001'优株。树势强，树姿直立或半开张，分枝力强，枝条粗壮密集。1年生枝常呈灰褐色，果枝短，属短枝型。顶芽呈阔三角形或圆形，侧芽形成混合芽能力超过90%。小叶5~7片，顶叶较大。每雌花序着生2~3朵雌花，坐果2~3个，多双果，坐果率60%。坚果圆形，果基平或圆，果顶略呈肩形。纵径3.5cm，横径3.4cm，侧径3.5cm。壳面较光滑，色浅，缝合线微隆起，结合紧密。壳厚0.9mm左右，内褶壁退化，核仁充实饱满，黄白色，核仁重5.6g，出仁率59.6%。在辽宁省大连地区4月中旬萌动，5月上旬雄花散粉，5月中旬雌花盛期，雄先型品种，9月下旬坚果成熟，11月上旬落叶。该品种较耐寒、耐旱，适应性强，丰产，坚果品质优良，适宜在我国北方地区发展。

**4. '辽宁4号'**

辽宁省经济林研究所1990年育成，杂交组合为'辽宁朝阳大麻核桃'ב新疆纸皮11001'优株。树势中等，树姿直立或半开张，分枝力强。1年生枝常呈绿褐色，枝条多而较细，节间较长，属中短枝型。芽呈阔三角形，侧芽形成混合芽能力超过90%。小叶5~7片，少有9片，叶片较小。每雌花序着生2~3朵雌花，坐果2~3个，多双果，坐果率75%。坚果圆形，果基圆，果顶圆并微尖。纵径3.4cm，横径3.4cm，侧径3.3cm。壳面光滑，色浅，缝合线平或微隆起，结合紧密。壳厚0.9mm，内褶壁膜质或退化，核仁充实饱满，黄白色，核仁重6.8g，出仁率59.7%。在辽宁省大连地区4月中旬萌动，5月上旬雄花散粉，5月中旬雌花盛期，雄先型品种，9月下旬坚果成熟，11月上旬落叶。该品种适应性强，丰产，坚果品质优良，适宜在我国北方地区发展。

**5. '中林1号'**

中国林业科学研究院林业研究所育成，1989年定名。亲本为'涧9-7-3'ב汾阳串子'。树势较强，树姿较直立。树冠椭圆形，分枝力强，为1∶5，侧芽形成混合芽率为90%以上。雌花序着生2朵雌花，坐果率50%~60%，以双果、单果为主，中短果枝结果为主。坚果圆形，果基圆，果顶扁圆。纵径4.0cm，横径3.7cm，侧径3.9cm，单果重

14g。壳面较粗糙，缝合线两侧有较深麻点，缝合线中宽凸起，顶有小尖，结合紧密，壳厚1.0mm。内褶壁略延伸，膜质，横隔膜膜质，可取整仁或1/2仁。核仁充实饱满，浅至中色，纹理中色，核仁重7.5g，出仁率54%。在北京4月中旬发芽，4月下旬为雌花盛期，雄花在5月初散粉，雌先型。9月上旬坚果成熟，为中熟品种。10月下旬落叶。该品种长势较强，生长迅速，丰产潜力大，较易嫁接繁殖，坚果品质中等，适生能力较强，壳有一定的强度，耐清洗、漂白及运输，尤宜作加工品种。可在华北、华中及西北地区栽培。

### 6.'中林3号'

中国林业科学研究院林业研究所育成，1989年定名。亲本为'涧9-9-15'×'汾阳穗状核桃'。树势较旺，树姿半开张，分枝力较强，侧花芽率为50%以上，幼树2~3年开始结果。枝条成熟后呈褐色，粗壮。坚果椭圆形。纵径4.15cm，横径3.42cm，侧径3.4cm，单果重11g。壳棕色，较光滑，在靠近缝合线处有麻点，缝合线窄而凸起，结合紧密，壳厚1.2mm。内褶退化，横隔膜膜质，易取整仁。核仁充实饱满，仁色浅，核仁重7.3g，出仁率60%左右。在北京雌花4月下旬开花，雄花在5月初散粉，雌先型。9月初坚果成熟，10月末落叶。该品种长势较强，较易嫁接繁殖，坚果品质上等，适生能力较强，可在北京、河南、山西、陕西等地栽培。

### 7.'扎343'

新疆林科院选育，被选入国家核桃良种名录。从新疆林科院阿克苏扎木台试验站选出，本品种为雌先型品种的授粉树种。树势高生长良好，抗逆性较强。枝条粗直，深褐色或深青褐色。叶型较大，深绿色，有3片小叶组成的复叶。雌雄同序的二次花特多且长。发枝力强，为1∶2.5，短果枝占40%，中果枝60%。坐果率良好，双果和多果占50%以上，有内膛结果，产量高。4月中旬开花，雄先型，雄花盛花期与雌先型品种雌花盛花期相迎合，雄花花期结束后，雌花才开始开放。果实9月中旬成熟。坚果椭圆形或似卵形，果形系数1.30，壳面淡褐色，缝合线平或微隆起，光滑美观。坚果中型，单果平均体积29.3cm$^3$，每千克61个，壳厚度平均1.16mm，出仁率54.02%，含油率67.48%，品质上等。1年生实生苗有30%以上抽生侧枝。该品种长势旺，树冠开张，适应性强，抗性强，宜作带壳销售品种发展，特别是所具有雄花先开花，花粉多，花粉可授粉时间长的特性，是很宝贵的授粉品种。适宜在广大核桃产区发展推广。

### 8.'新新2号'

新疆林科院选育，早实丰产型。现为阿克苏地区密植园栽培的主栽品种。于1979年从新和县依西里克乡吾宗卡其村菜田中选出，经大树高接测定，基本保持母树特性，1990年定名为品种。目前主要在新疆阿克苏和喀什地区栽培。母树树龄30年，树冠紧凑，树高6.5m，冠幅6.2m，主干高0.33m，干径37cm；树皮灰色，纵裂较深，小枝较细长，绿褐色，具二次生长枝；叶片较小，深绿色，复叶3~7片，具畸形单叶；单或复芽，雌雄花芽比为1∶1.29，混合芽大而饱满；花期4月中旬至5月初，雄花比雌花先开10天左右，具二次雄花，结果母枝平均发枝1.95个，结果枝率100%，果枝平均长5.13cm，其中短果枝率12.5%，中果枝率58.3%，长果枝率29.2%；果枝平均坐果1.87个，其中单果枝率

26.4%，双果枝率48.6%，三果枝率22.2%，多果枝率2.8%。果实9月上中旬成熟，长圆形，果基圆，果顶稍小、平或稍圆，纵径4.4cm，横径3.3cm，侧径3.6cm，平均单果重11.63g，壳面光滑，浅黄褐色，缝合线窄而平，结合紧密，壳厚1.2mm，内褶壁退化，横隔膜中等，易取整仁，果仁饱满，色浅，味香，仁重6.2g，出仁率53.2%，脂肪率65.3%，盛果期每平方米树冠投影面积产果仁324.3g。本品种长势中等，树冠较紧凑，适应性强，较耐干旱，抗病力强，早期丰产性强，盛果期产量上等，宜带壳销售，适于密植集约栽培。

**9. '温185'**

新疆林科院选育，于1988年从温宿县木本粮油林场核桃'卡卡孜'子一代植株中选出，经大树高接测定，它基本保持了母树的特性，目前主要在阿克苏及喀什地区栽培，并已在河南、陕西、辽宁等省推广。树势强，树姿较开张。枝条粗壮，当年生枝呈深绿色，具二次生长枝，叶大，深绿色，3~7片小叶组成复叶，具畸形单叶；混合芽大而饱满，雌雄花芽比为1:0.7，无芽座，花期4月中旬至5月上旬，雌花比雄花先开6~7天，具二次枝及二次雄花；结果母枝平均抽生4~5个枝，结果枝率100%，其中短果枝率69.2%，中果枝率30.8%，果枝平均长4.85cm；果枝平均坐果2.17个，其中单果枝率31.5%，双果枝率31.5%，三果枝率29.6%，多果枝率7.4%。果实8月下旬成熟，坚果圆，果基圆，果尖渐尖，似桃形；平均单果重12.84g，纵径4.7cm，横径3.7cm，侧径3.7cm，果壳淡黄色，壳面光滑，缝合线平，结合较紧密，壳厚0.8mm，内褶壁退化，横隔膜膜质，易取整仁；果仁充实饱满，色浅，味香，仁重10.4g，出仁率65.9%，脂肪率68.3%。雌先型。雌花期4月中旬至5月上旬，比雄花散粉早6~7天，有二次雄花。8月下旬坚果成熟；11月上旬落叶。本品种为早实类型，产量高，连续丰产性强，品质优良。抗逆性（抗寒、抗病、耐干旱）强，早期丰产性强，大树（6~10年）高接第二年即可开花结果，第三年进入盛果期，第四年平均株产13.8kg，每平方米树冠投影面积产果仁452g。该树进入丰产期后，要及时疏花疏果，否则坚果易变小和产生露仁现象。该品种宜作带壳销售品种使用。

**10. '陕核5号'**

由陕西省果树研究所从引进的新疆早实类实生品种群中选择培育而成。1986年参加全国区试，2004年通过陕西省林木品种审定委员会审定。树势旺盛，树姿半开张，呈自然圆头形。分枝力中等，枝条细长，分布稀疏。栽植后第二年开始挂果，侧芽结果率100%，每果枝平均坐果1.3个。小叶7~11片，顶叶较大。雌花序着生2~4朵雌花。坚果中等偏大，长圆形。壳厚1mm左右，略有露仁，极易取整仁。核仁色浅，风味香，核仁重5.9g。出仁率55%，粗脂肪含量69.07%。品质极优。在陕西省关中地区4月上旬发芽，4月下旬雌花盛开，5月上旬雄花散粉盛期。雌先型，中熟品种。9月上旬果实成熟，10月中旬开始落叶。该品种适应性较强，抗旱、抗寒、抗病虫，但水肥不足时，果实欠饱满。适于土肥条件较好的黄土丘陵区密植建园，也可以用于林粮间作栽培。

**11. '西扶1号'**

由原西北林学院（现西北农林科技大学）从扶风隔年核桃实生后代中选育而成。1989年通过林业部（现国家林业局）鉴定。树势旺盛，树姿半开张，呈自然圆头形。无性系栽植后第二年开始挂果,枝条粗壮,分枝力1:2.22个,侧芽结果率85%,每果枝平均坐果1.73个。奇数羽状复叶。每小花有雄蕊13~25枚。雌花序顶生,2~5簇生。果实椭圆形,表面光滑。坚果壳面较光滑,缝合线微隆起,结合紧密,单果重10.3g,三径平均3.2cm,壳厚1.1mm,可取整仁,出仁率56.21%,核仁色浅。在陕西关中地区4月上旬萌芽,4月下旬雌花盛开,雄花散粉盛期为5月上旬。雄先型,中熟品种。9月上旬果实成熟,10月下旬开始落叶。该品种适应性强,耐旱,特丰产,品质优良,适宜矮化密植栽培,可在我国北方地区适当发展。

**12. '西林3号'**

由原西北林学院(现西北农林科技大学)从早实核桃实生苗中选择培育而成。属早实优系。1986年参加全国早实核桃品种区试。树势中等,树冠开张,呈自然开心形。分枝力高,侧芽结果率92%,每果枝平均坐果1.2个,核仁重11.79g。奇数羽状复叶,小叶7~9片。每小花有雄蕊13~32枚。雌花序顶生,2~3簇生。果实长椭圆形,表面光滑。坚果长椭圆形,取仁较易,出仁率61%。核仁色浅至中色,三径均值4.4cm,坚果重13.3g,壳厚1.4mm。在陕西杨凌4月上旬萌芽,4月下旬雌花盛开,雄花散粉为4月下旬至5月上旬。雌先型,早熟品种。8月下旬果实成熟,10月下旬开始落叶。该品种适应性强,果型大,早期丰产,但土水肥差时种仁不饱满。有采前落果现象。该品系果个大,产量中等,可作为礼品核桃或大果型种质资源,可在西北地区立地条件好的地方局部发展。

**13. '川核1号'**

四川省林科院于1999年从当地晚实核桃中选出。原代号为'川核018',2001年经四川省林木品种审定委员会认定为优良品种并定名。树势强,树姿半开张,分枝力中等,1年生枝常呈黄褐色,节间长。顶芽呈阔三角形,顶叶较大,着生小叶5~9片。每雌花序着生雌花1~3朵,坐果1~3个,多双果,坐果率60%以上。坚果近圆形,果形端正,果顶具小尖,壳面多刻窝,较光滑,缝合线微隆起,结合紧密。坚果纵径3.96cm,横径4.02cm,侧径3.82cm,单果重17.3g。壳厚1.2mm,内褶壁退化,横隔膜膜质,易取整仁。核仁充实饱满,黄白色,核仁重10.2g,出仁率58.96%。含粗脂肪69.3%,蛋白质14.3%,风味香。在四川秦巴山区3月中旬萌动,4月中旬雄花散粉,4月下旬雌花盛花期,雄先型。9月下旬果实成熟,11月上旬落叶。该品种长势强,丰产性较好,坚果品质优良,适宜在四川秦巴山区核桃栽培区发展。

**14. '珍珠核桃'**

四川省林科院于2007年从当地核桃实生树中选出。2009年经四川省林木品种审定委员会认定为优良品种并定名,已在四川省内试种。该品种树势强,树姿较开张,分枝力中等,1年生枝常呈黄褐色,节间短。二次花现象普遍,早实型核桃特征明显。顶芽呈阔三角形,顶叶较大,着生小叶5~9片。每雌花序着生雌花1~4朵,坐果2~4个,多数3果,坐果率60%以上。坚果圆形,果面光滑,顶具小尖,缝合线较低平,结合紧密。坚果纵径2.53cm,横径2.44cm,侧径2.31cm,单果重4.51g。壳厚0.78mm,内褶壁退化,横隔膜膜质,易取整仁,核仁充实饱满,仁色浅,核仁重2.72g,出仁率60.3%。在四川省黑水县3月下旬萌发,4月中旬雄花散粉,4月下旬雌花盛花期,雄先型。9月中旬坚果成熟,

11月下旬落叶。该品种树势强,耐寒、耐旱,较丰产,宜加工休闲食品或带壳销售。适宜在川西北、川西南山地和盆地北缘和东北缘核桃栽培区发展。

**15. '强特勒'**

为美国主栽培品种,是'彼特罗'(Pedro)×'UC56-224'的杂交子代,1984年由奚声珂引入中国。目前在辽宁、北京、河南、河北、山东、陕西和山西等地有少量栽培。树体中等大小,树势中庸,树姿较直立,属于中熟品种。侧芽形成混合芽比例在90%以上。嫁接树2年开花结果,4~5年后形成雄花序,雄花较少。坚果长圆形,纵径5.4cm,横径4.0cm,侧径3.8cm。单果重约11g,核仁重6.3g,壳厚1.5mm,壳面光滑,缝合线平,结合紧密。取仁易,出仁率50%。核仁浅色,品质极佳,丰产性强,是美国主要的带壳销售品种,由于展叶晚,可减少黑斑病发生。在北京4月15日左右发芽,雄花期4月20日左右,雌花期5月上旬,雄先型。坚果成熟期9月10日左右。该品种适宜在温暖的北亚热带气候区栽培。

**16. '清香'**

河北农业大学20世纪80年代初从日本引进的核桃优良品种。2002年通过专家鉴定,2003年通过河北省林木良种审定委员会审定。树体中等大小,树姿半开张,幼树时生长较旺,结果后树势稳定。枝条粗壮,芽体充实,结果枝率60%以上,连续结果能力强。嫁接树第四年见花初果,高接树第三年开花结果,坐果率85%以上,双果率80%以上。坚果近圆锥形,较大,单果重16.9g。壳皮光滑淡褐色,外形美观,缝合线紧密。壳厚1.2mm,内褶壁退化,易取整仁。核仁饱满,色浅黄,出仁率52%~53%。核仁含蛋白质23.1%,粗脂肪65.8%,碳水化合物9.8%,维生素$B_1$ 0.5mg,维生素$B_2$ 0.1mg,嫁接亲和力强,成活率高。在河北保定地区4月上旬萌芽展叶,中旬雄花盛期,4月中下旬雌花盛期,雄先型,9月中旬果实成熟,11月初落叶。

**17. '薄丰'**

河南省林业科学研究院1989年育成,从河南嵩县山城新疆核桃实生园中选出。树势强旺,树姿开张,分枝力较强。1年生枝呈灰绿或黄绿色,节间较长,以中和短果枝结果为主,常有二次梢。侧花芽比率90%以上。每雌花序着生2~4朵雌花,多为双果,坐果率64%左右。坚果卵圆形,果基圆,果顶尖。纵径4.2~4.5cm,横径3.2~3.4cm,侧径3.3~3.5cm,坚果重12~14g。壳面光滑,缝合线窄而平,结合较紧密,外形美观。壳厚0.9~1.1mm,内褶壁退化。核仁充实饱满,浅黄色,核仁重6.2~7.6g,出仁率55%~58%。在河南3月下旬萌动,4月上旬雄花散粉,4月中旬雌花盛花期,属雄先型品种。9月初坚果成熟,10月中旬开始落叶。该品种适应性强,耐旱,丰产,坚果外形美观,商品性能好,品质优良,适宜在华北、西北丘陵山区发展。

**18. '薄壳香'**

北京农林科学院林业果树研究所(以下简称北京林果所)从新疆核桃实生后代中选出,1984年定名。树势强,树姿较直立,分枝力较强。1年生枝常呈黄绿色,中等粗度,节间较长;果枝较长,属中枝型。顶芽近圆形,侧芽形成混合芽的比率为70%。小叶7~9片,顶叶较大。每雌花序多着生2朵雌花,坐果1~2个,多单果,坐果率50%左右。坚果倒卵形，果基尖圆，果顶微凹。纵径 3.80cm，横径 3.38cm，侧径 3.50cm。壳面较光滑，色较浅；缝合线微凸，结合较紧。壳厚 1.1mm，内褶壁退化，横隔膜膜质。核仁充实饱满，浅黄色，核仁重 7.2g。出仁率 58%，脂肪含量 64.3%，蛋白质含量 19.2%。在北京 4 月上旬萌芽；雌、雄花期在 4 月中旬，雌花略早于雄花，属雌雄同熟型。9 月上旬坚果成熟，11 月上旬落叶。该品种适应性强，较耐瘠薄，较抗病，丰产性较强，坚果品质优，风味极佳，适宜北方核桃产区发展。

### 19. '北京 861'

北京林果所从新疆核桃实生后代中选出。1990 年定名。树势强，树姿较开张，分枝力较强。1 年生枝常呈黄绿色，中等粗度，节间较短；果枝较短，属中、短枝型。顶芽近圆形，侧芽形成混合芽的比率为 95%。小叶 5~7 片，顶叶较大。每雌花序多着生 2~3 朵雌花，坐果 1~3 个，多双果，坐果率 60% 左右。坚果长圆形，果基圆，果顶平。纵径 3.60cm，横径 3.40cm，侧径 3.40cm。壳面较光滑，色较浅，麻点小，个别有露仁；缝合线窄而平，结合较紧。壳厚 0.9mm，内褶壁退化，横隔膜膜质。核仁充实饱满，浅黄色，核仁重 6.6g。出仁率 67%，脂肪含量 68.7%，蛋白质含量 17.1%。在北京地区 4 月上旬萌芽；雌花期在 4 月中旬，雄花期在 4 月中下旬，属雌先型。9 月上旬坚果成熟，11 月上旬落叶。该品种适应性强，较耐瘠薄，较抗病，丰产性强，坚果品质优良，涩味稍重，适宜北方核桃产区发展。

### 20. '红仁核桃'

陕西商洛盛大实业股份有限公司从美国引进。早实品种。树姿直立或半开张，树冠呈半圆形。雄先型。树势健壮，发枝率强，枝条密集。嫁接苗栽植或高接后第 2 年即可结果。以中、短果枝结果为主，母枝平均发枝数 3.35 个，侧花芽结果率 83.4%，平均结果枝率 83.1%，果枝平均结果 1.56 个。每平方米树冠投影产核仁 0.39kg。萌芽期比'香玲'和'西洛 3 号'分别晚 8 天和 12 天。坚果卵圆形，纵径 3.94cm，横径 3.71cm，侧径 3.53cm，坚果平均重 14.42g。果面光滑美观，缝合线结合紧密。壳厚度 1.22mm，内褶壁不发达或退化，横膈膜膜质。种皮鲜红色，取仁极易，可取整仁或半仁。核仁黄白色，仁味油香，出仁率 53.59%。该品种适应性强，丰产优质，种皮鲜红，抗病虫避晚霜，适宜丘陵、川塬及秦巴地区良种建园。

### 21. '礼品 1 号'

辽宁省经济林研究所 1989 年从新疆晚实核桃'A2 号'实生后代中选出。树势中等，树姿开张，分枝力中等。1 年生枝常呈灰褐色，节间长，以长果枝结果为主。芽呈圆形或阔三角形。小叶 5~9 片。每雌花序着生 2 朵雌花。坐果 1~2 个，坐果率 50%。坚果长圆形，果基圆，果顶圆并微尖。纵径 3.5cm，横径 3.2cm，侧径 3.4cm。壳面光滑，色浅，缝合线窄而平，结合不紧密。壳厚 0.6mm，内褶壁退化，核仁充实饱满，黄白色，核仁重 6.7g，出仁率 70%。在辽宁省大连地区 4 月中旬萌动，5 月上旬雄花散粉，5 月中旬雌花盛期，雄先型优系，9 月中旬坚果成熟，11 月上旬落叶。该品种适宜在我国北方地区发展。

### 22. '礼品 2 号'

辽宁省经济林研究所 1989 年从新疆晚实核桃 A2 号实生后代中选出。树势中等，树姿半开张，分枝力较强。1年生枝常呈绿褐色，节间长，以长果枝结果为主。芽呈圆形或阔三角形。小叶5~9片。每雌花序着生2朵雌花，少有3朵。多坐双果，常在一个总苞中有2个坚果，坐果率70%。坚果长圆形，果基圆，果顶圆微尖。纵径4.1cm，横径3.6cm，侧径3.7cm。壳面光滑，色浅，缝合线窄而平，结合较紧密。壳厚0.7mm，内褶壁退化，核仁充实饱满，黄白色，核仁重9.1g，出仁率67.4%。在辽宁省大连地区4月中旬萌动，5月上旬雌花盛期，5月中旬雄花散粉，雌先型品种，9月中旬坚果成熟，11月上旬落叶。该品种抗病、丰产，适宜在我国北方地区发展。

### （二）泡核桃品种

**1. '大泡核桃'**

又称'漾濞泡核桃'、'茶核桃'、'绵核桃'。此品种为云南省早期无性优良品种，已有500多年的栽培历史。主要分布于漾濞、永平、云龙、昌宁、凤庆、楚雄、保山、景东、南华、巍山、洱源、大理、腾冲、新平、镇源、云县、临沧等地，垂直分布1470~2450m。树势较强，树姿较直立。树冠直径15m左右；分枝力盛果期为1:1.36，随树龄的增大而降低。新梢黄褐色，背阴面呈黄绿色，皮孔白色；新梢长6.2cm，粗0.9cm。顶芽圆锥形，第一、二侧芽圆形，基部侧芽扁圆形，贴生，无芽距和芽座。小叶9~13枚，多9~11枚，椭圆状披针形，顶端渐尖，顶端小叶多歪斜或退化。雄先型。雄花较多，雄花约长8~25cm，每雄花序有90~120朵雄花；每雌花序有雌花1~4朵，多为2~3朵，坐果率81%。以顶芽结果为主，侧花芽率10%以下。结单果占14.5%，结双果占45.1%，三果占39.1%，结四果占1.3%。坚果扁圆形，果基略尖，果顶圆。纵径3.87cm，横径3.81cm，侧径3.1cm，单果重12.3~13.8g。果面麻，色浅，缝合线，中上部略突起、结合紧密，先端钝尖，壳厚0.9~1.0mm。内褶壁及横隔膜纸质，易取整仁。核仁饱满，味香不涩。核仁重6.4~7.9g，出仁率53.2%~58.1%。核仁含油率67.3%~75.3%（不饱和脂肪酸占89.9%），蛋白质12.8%~15.13%。1年生嫁接苗定植后7~8年开花结果。丰产、盛果期株产坚果100kg左右，高者可达250kg，每平方米树冠投影面积产仁量为0.18~0.22kg。在云南漾濞，3月上旬发芽，3月下旬雄花散粉，4月中旬雌花盛开。9月下旬坚果成熟采收，11月上旬落叶。有枝干害虫轻度危害，无严重病害。该品种长寿高产，品质优良，是果油兼优的优良品种，也是云南省多年来大力发展推广和内销外贸的优良品种之一。目前，栽培面积已达150多万亩。适宜在云南省滇西、滇中、滇西南、滇南北部，海拔1600~2200m的地区栽培。

**2. '三台核桃'**

主要分布在云南省大姚、宾川及祥云等地，后来发展到新平、双柏、武定、昆明、楚雄、南华等县（市）。垂直分布在海拔1500~2500m的地区。树势旺，树体大，树姿开展。盛果期冠径达13.4~21.8m，结果母枝平均抽梢1.32个，新梢绿褐色，长8.0cm。顶芽圆锥形，顶端1~2侧芽圆形，腋芽扁圆形，无芽柄芽座。小叶7~13枚，多为9~11枚，椭圆状披针形，顶端渐尖。雄先型。雄花序较多，花序长10~25cm，每雄花序着生小花100朵左右；每雌花序有雌花1~4朵，以2~3朵居多，占75%。顶芽结果为主，侧花芽占10%左右。坐果率73.6%，每果枝平均坐果1.92个，其中单果31.2%，双果占45.2%，三果占23.2%，四果占0.4%。坚果倒卵圆形，果基尖、果顶圆，纵径3.84cm，横径3.35cm，侧径2.92cm，单果重9.49~11.57g。种壳较光滑，色浅，缝合线窄，上部略突，结合紧密，尖端渐尖，壳厚1.0~1.1mm。内褶壁及横隔膜纸质，易取整仁。仁重4.6~5.5g，出仁率50%以上。核仁充实，饱满，色浅，味香醇、无涩味。仁含油率69.5%~73.1%，蛋白质14.7%。1年生嫁接苗定植后7~8年结果。盛果期平均株产80kg，高产株达300kg，每平方米树冠投影面积产仁0.20kg左右。在大姚地区，3月上旬发芽，4月上旬雄花散粉，雌花显蕾，4月中旬雌花盛开，4月下旬幼果形成，9月下旬坚果成熟，11月下旬落叶。树干害虫轻度危害，无严重病害。该品种长寿高产，是果油兼优的优良品种，是云南省大力推广和内销外贸的优良品种之一。适宜在省滇中、滇西、滇西南、滇南北部海拔1600~2200m的地区栽培。

### 3. '细香核桃'

为云南省早期无性繁殖优良品种之一。主要分布在滇西昌宁、龙陵、保山、施甸、腾冲等地，分布海拔1650~2200m。树势强，树姿开张，成年树冠直径达13.5~21.8m。发枝力为1∶1.53，小枝黄褐色，长5.1cm，粗0.88cm。顶芽圆锥形，第一、二侧芽圆形。小叶7~11片，多为9片，椭圆状披针形，叶尖渐尖，顶端小叶多歪斜或退化。雄花先型。每雌花序着生雌花2~3朵。每果枝平均坐果2.5个。单果占13.4%，双果占28.9%，三果占51.8%，四果占5.99%。坚果圆形，果基和果顶较平。纵径3.3cm，横径3.3cm，侧径3.2cm，单果重8.9~10.1g。果面麻，缝合线较宽、凸起，结合紧密，尖端钝尖；壳厚1.0~1.1mm。内褶壁和横隔膜纸质，易取整仁。核仁重4.7~5.8g，出仁率53.1%~57.1%。核仁充实饱满、色浅、味香、含油率71.6%~78.6%，蛋白质14.7%。1年生嫁接苗定植后5~6年结果，盛果期平均株产约85kg，每平方米冠幅产仁0.18kg。在原产地，3月上旬发芽，3月下旬雄花散粉，4月上旬雌花盛开。9月上旬坚果成熟，10月下旬落叶。该品种坚果较小，外观较差，但丰产性好，仁味香醇，坚果出仁率及含油率较高，适宜作加工品种。该品种适宜在滇西、滇中、滇西南海拔1600~2200m的地区栽培。

### 4. '维2号'

实生中选出，是泡核桃树种的栽培实生优株，维西县塔城乡其宗村。丰产性能好，结实枝率高达77%，平均每枝结果数为2.18个。产量高，树体高大，每平方米树冠产仁量0.17~0.33kg。3月上旬芽膨大，3月中旬开雄花，3月下旬开雌花，为雄先熟型。9月中下旬果熟，11月上旬落叶。种个较大，三径平均3.84cm，单果重15.6g，比漾泡大。种形美观，种形正圆球形，种壳麻点少而浅，光滑美观。种子质量好。种仁饱满饱胀，易取仁，出仁率达54%，含油量高达75%，食味香醇。种子耐贮藏。种壳较厚，1.2~1.5mm，厚薄均匀，耐贮藏时间长，据测定放置1年的种子含油量为70.84%，比新鲜核桃含油量降低4.16%，食味尚好。放置3年核桃还可以食用。种子耐运输，由于种壳厚，耐挤压，运输后不会造成种壳破碎。适宜海拔1600~2400m。

### 5. '永11号'

'永11号'发现于永胜县片角乡水冲村，海拔2250m。21年生，树高11m，冠径12m，树势旺，树姿开张；坚果在10月中旬成熟。小叶7~13枚，多9枚，长椭圆披针形。4月

2 日左右开雌花，10 月中旬果熟，11 月中下旬落叶。开花习性为雄先熟。每枝结果 1~3 个，多 3 个，结果枝率达 75%。种子近纺锤圆形，种壳麻点中而深、不光滑，个中等，每千克 72 个，平均单果重 11.0g，三径平均值为 3.20cm，形状系数 1.0，种壳厚 0.9mm，种仁黄白色，饱满饱胀，内褶壁纸质，易取仁，可取整仁，味香，出仁率 52%~60%，核仁含油量为 71.2%。

**6. '云新 90301'**

由云南省林业科学研究院于 1990 年种间杂交育成。亲本为云南省大姚三台核桃（*J. sigillata*）和从新疆引进的早实核桃（*J. regia*）'新早 13 号'进行种间杂交。1995~2000 年进行无性系测定。2002 年 12 月通过云南省科技厅组织的专家鉴定。2004 年 12 月被云南省林木品种审定委员会通过品种认定。现已在云南省昆明、云县、凤庆、漾濞、新平、石屏、沾益、陆良、鲁甸、丽江等 10 多个县 8 个地州试验示范栽培。树势较旺，树冠紧凑，发枝力强，7 年生植株树高 4.05m，干径 10.1cm，冠幅 12.3m$^2$。短果枝类型，小叶 9~11 片，多为 9 片，呈椭圆状披针形，顶芽圆锥形，侧芽圆锥形。有芽柄、芽距，枝条绿褐色。花枝率 95.8%，每花枝平均着花 2.66 朵；果枝率 77.9%，每果枝平均坐果 2.31 个，侧果枝占 88%，坐果率 82%。坚果长扁圆形。三径均值 3.2cm；单果重 7.06g，仁重 5.0g，出仁率 65.07%，壳面刻纹浅滑，缝合线不突起，结合紧密。壳厚 0.81mm，内褶壁退化，横隔膜纸质，可取整仁。核仁饱满，黄白色，味香，含油率 68.4%。1 年生嫁接苗定植后 2~3 年结果，8 年进入盛果期，株产 10kg 左右。在昆明地区 2 月下旬发芽，雄先型。3 月下旬雄花散粉，4 月上旬雌花开放，8 月下旬坚果成熟，11 月中旬落叶。该新品种核桃早实、早熟、丰产、优质，树体矮化，耐寒，适宜性较广，上市早，是理想的鲜食和鲜仁加工品种，但必须采用集约化栽培管理措施才能丰产、优质。

**7. '云新 90303'**

由云南省林业科学研究院于 1990 年种间杂交育成。亲本为云南省大姚三台核桃与从新疆引进的早实核桃'新早 13 号'进行种间杂交。1995—2000 年进行无性系测定。2002 年 12 月通过云南省科技厅组织的鉴定。2004 年 12 月通过云南省林木品种审定委员会认定。现在云南省昆明、云县、凤庆、漾濞、新平、石屏、沾益、陆良、鲁甸、丽江等 10 余个县 8 个地州试验示范栽培。树势较旺，树冠紧凑。7 年生植株树高 4.5m，干径 17.6cm，冠幅 14.7m$^2$。短果枝类型，小叶 9~11 片，多为 9 片，呈椭圆状披针形；顶芽圆锥形，侧芽圆锥或扁圆形。有芽柄、芽距，枝条绿褐色。花枝率 96.4%，每花枝平均着花 2.93 朵；果枝率 84.5%，坐果率 84.5%，每果枝坐果 2.41 个，侧果枝率 87.4%。坚果长扁圆形。三径均值 3.4cm，单果重 10.6g，仁重 6.4g，出仁率 60.09%，壳面刻纹浅滑，缝合线不突起，结合紧密。壳厚 0.79mm，内褶壁退化，横隔膜纸质，可取整仁。核仁饱满，仁色黄白，味香，无涩味，含油率 68.6%。1 年生嫁接苗定植后 2~3 年结果，8 年进入盛果期，株产 6~10kg。在昆明地区 2 月下旬发芽，雄先型。3 月下旬雄花散粉，4 月上旬雌花开放，8 月下旬坚果成熟，11 月中旬落叶。该杂交新品种具有早实、早熟、丰产、优质，树体矮化及耐寒的特点，适宜性较广，上市早，是鲜食和鲜仁加工理想品种。要充分发挥好新品种的经济性状，必须采用集约化栽培技术措施。

### 8. '云新90306'

由云南省林业科学研究院于1990年种间杂交育成。杂交亲本选用云南大姚三台核桃与从新疆引进的早实丰产优株核桃'新早13号'进行种间杂交。1995—2000年进行无性系测定。2002年12月通过云南省科技厅组织的鉴定。2004年12月通过云南省云县、凤庆、漾濞、新平、石屏、沾益、陆良、鲁甸、丽江等10余个县、8个地州试验示范种植。树势较旺，树冠紧凑。7年生植株树高4.8m，干径14cm，冠幅16.23m²。短果枝类型，小叶7~11片，多9片，呈椭圆状披针形；顶芽圆锥形，侧芽圆锥或扁圆形。有芽柄、芽距，枝条绿褐色。发枝力1:3.86，花枝率96.7%，每花枝平均着花2.91朵；果枝率85%，侧果枝率占88.6%，每果枝平均坐果2.41个，坐果率85.4%。坚果扁圆形，三径均值3.5cm，单果重10.4g，核仁重6.4g，出仁率60.59%。壳面光滑，缝合线不突起，结合紧密。壳厚0.85mm，内褶壁退化，横隔膜纸质，可取整仁。仁饱满，仁色黄白，味香、无涩味，仁含油率68.4%。1年生嫁接苗定植后2~3年结果，8年进入盛果期，株产10kg左右。在昆明地区2月下旬发芽，雄先型，3月下旬雄花散粉，4月上旬为雌花盛期，8月下旬坚果成熟，11月中旬落叶。该杂交新品种具有早实、早熟、丰产、优质，树体矮化及耐寒的特点，适应性较广，上市早，是理想的鲜食和鲜仁加工品种，但必须采用集约化栽培技术措施，方能丰产、优质。

### 9. '云新云林'

种间杂交育成。亲本为从新疆引进早实核桃(*J. regia*)'云林A7号'和云南漾濞泡核桃(*J. sigillata*)进行种间杂交。1986—1990年进行无性系测定。1997年通过云南省科委组织的鉴定。2004年12月被云南省林木品种审定委员会通过品种审定。现已在云南省20多个县(市)9个地州试验示范栽植，并引种到四川、贵州、湖南、湖北等省试植。树势较旺，树冠紧凑，分枝力强，为中短果枝类型。复叶长46.5cm，小叶多为9~11片，呈椭圆状披针形。顶芽圆锥形，侧芽圆形或扁圆形，有芽距、芽柄。枝条黄褐色。侧花芽占70.1%，每雌花序多着生2~3朵，坐果率82.1%。为雄先型。坚果扁圆形，纵径3.3cm，横径3.5cm，侧径3.2cm，单果重10.7g，核仁重5.8g，出仁率54.3%，壳面刻纹大浅，缝合线中上部微突，结合紧密，壳厚1.0mm。内褶壁不发达，横隔膜纸质，可取整仁。核仁饱满，鲜仁脆嫩，仁色黄白，含油率70.3%，味香，不涩。1年生嫁接苗定植后2~3年结果，8年进入盛果期，株产10kg左右。在漾濞地区3月上旬发芽，3月下旬雄花散粉，4月下旬雌花成熟。9月上旬坚果成熟，比漾泡提前15~20天成熟并上市。该品种宜在滇西、滇中、滇东、滇东北及滇西北海拔1600~2400m的地区栽培，但必须采取集约化栽培管理措施才能丰产、优质。

### 10. '云新高原'

由云南省林业科学研究院于1979年种间杂交育成。亲本为云南漾濞晚实泡核桃(*J. sigillata*)和从新疆引进的早实核桃(*J. regia*)'云林A7号'进行种间杂交。1986—1990年无性系测定。1997年通过云南省科委组织的鉴定。2004年12月被云南省林木品种审定委员会通过品种审定。现已在云南省昆明、漾濞、双江、云县、凤庆、耿马、巍山、永平、丽江、永胜、个旧、石屏、新平、陆良、沾益、双柏、武定、鲁甸、宣威、安宁、保山、泸西等20多个县(市)9个地州试验示范栽植,并引种到四川、贵州、湖南、湖北等省试植。树势强健,树冠紧凑,分枝力较强,为中果枝类型。复叶长45cm,小叶多为9片,呈椭圆状披针形。顶芽圆锥形,侧芽圆形或扁圆形,有芽距、芽柄,枝条绿褐色。侧花芽占51%,每雌花序多着生2朵,坐果率78%,雌先型。坚果长扁圆形。纵径4.3cm,横径3.9cm,侧径3.3cm,单果重13.4g。核仁重7.0g,出仁率52%。壳面刻纹大浅,缝合线中上部略凸,结合紧密,壳厚1.0mm。内褶壁退化,横隔膜纸质,可取整仁。鲜仁饱满、脆香、色浅,核仁含油率70%左右。在漾濞地区3月上旬发芽,3月下旬雌花成熟,4月上旬幼果形成,8月下旬坚果成熟。1年生嫁接苗定植后2~3年结果,8年进入盛果期,株产10~15kg。该品种在滇西、滇中、滇东、滇东北及滇西北海拔1600~2400m的地区栽培,但必须采取适地适树、集约化经营管理措施,才能优质丰产。该品种成熟早,上市早,是目前云南省理想的鲜食及鲜仁加工品种。

### (三)砧木专用品种

**1. '中宁盛'**

由中国林业科学研究院林业研究所(以下简称中国林科院林业所)以北加州黑核桃(*Juglans hindsii*)×核桃(*Juglans regia*)杂交获得的种间杂交种。培育时间从1992年至2011年,母本材料的种子于1984年从美国加利福尼亚州引进,父本材料为实生核桃花粉,首次人工杂交时间为1992年,1999年筛选出优株,2000年至2013年已建成'中宁盛'试验林。繁育方法可采用芽接、枝接和扦插,成活率均大于90%。'中宁盛'树势强健,树姿较紧凑。干性通直,成龄树主干灰白色而浅纵裂;一年生枝黄褐色,皮孔长椭圆形,黄白色,不规则分布;奇数羽状复叶,小叶15~19片,披针形,先端渐尖,全缘,叶色浅绿色,羽状脉;腋芽三角形,顶端急尖,半离生;少结实或不结实;坚果极小,果顶稍尖,果基平,核壳浅褐色,壳面刻沟深,刻窝大小不规则,缝合线稍凸,壳厚,不易开裂,内褶壁发达,横隔膜骨质,取仁极难,核仁饱满,无胚或少胚。该品种在河南省洛宁地区物候期为3月底至4月初萌芽,4月上旬展叶,5月上旬雌花开放,11月中下旬落叶。'中宁盛'树体高大、树姿优美,枝叶繁茂,繁殖系数高,可作为优良的园林绿化树种;耐干旱、耐瘠薄能力较强,嫁接亲和力高,可作为优良的核桃砧木。适宜在我国西北、华北、华东、华南核桃适生区栽植。

**2. '中宁异'**

由中国林科院林业所以魁核桃(*Juglans major*)×核桃(*Juglans regia*)的$F_1$代杂交种子优选获得。该品种生长势强,速生,生长量超过亲本,萌芽力强,耐干旱、瘠薄。在河南洛宁县栽植,2年生扦插苗最高达3.3m,地径4cm,生长速度高于核桃1~2倍。可作为优良的核桃砧木或材用品种。大树树干通直,树皮灰色,粗糙,树冠半圆形;分枝力中等,分枝角度45°左右。1年生枝暗红色,皮孔黄色,不规则分布;叶芽圆形,冬芽大,顶圆,主、副芽离生。奇数羽状复叶,小叶轮生,小叶9~15片,叶片阔披针形,先端微尖,基部圆形,叶缘锯齿状,叶柄较短,叶脉羽状,叶片绿色,光泽感不强,似有柔毛感。雄花芽较多,雄花退化,无花粉,不结实或极少结实。该品种在河南省洛宁地区,于3月底4月初萌芽,4月上旬展叶,5月上旬雌花开放,11月上旬落叶。2年生扦插苗最高达 3.3m，地径 4cm。该品种适应性较强，而且耐干旱、瘠薄，适宜在我国西北、华北、华东核桃适生区栽植。

### 3.'中宁强'

由中国林科院林业所以魁核桃（*Juglans major*）为母本，核桃（*Juglans regia*）为父本，经过人工杂交获得。培育时间从 1992 年至今，母本材料的种子于 1984 年从美国加利福尼亚州戴维斯获得，父本材料为普通核桃花粉，首次人工杂交时间为 1992 年，1999 年筛选出优株，2000 年至今已建成'中宁强'嫁接和扦插试验林。该品种的繁育方法可采用芽接、枝接和嫩枝扦插，成活率均大于 90%。'中宁强'树干通直光滑，呈浅灰褐色，浅纵裂；一年生枝灰褐色，皮孔棱形，淡黄色，不规则分布；叶芽较小，长圆锥形，半离生；奇数羽状复叶，小叶 15~19 片，叶片披针形，叶缘全缘。少结实，胚败育。坚果圆形，直径平均 1~2.5cm，表面具纵向刻沟，缝合线突出，内褶壁木质发达，横隔膜骨质。该品种具有生长速度超出亲本，树干光滑，展叶期早（河南洛宁 4 月上旬），落叶期晚（洛宁 11 月下旬），少花果等特点。该品种干性良好，树姿美观，枝叶繁茂，繁殖系数高，耐干旱，耐瘠薄，可以成为优质用材树种和园林绿化树种。又由于与核桃有良好的亲和性，可以扦插繁殖，生长旺盛，抗性强，可以成为核桃新砧木类型。该品种适应性较强，适宜在我国西北、华北、华东核桃适生区栽植。

### 4.'中宁奇'

由中国林科院林业所以北加州黑核桃（*Juglans hindsii*）×核桃（*Juglans regia*）的种间杂交种，后经选优获得的生长势旺、抗根腐病和耐黏重土壤的优良品种，且与核桃的嫁接亲和力极强。该品种从 1984 年开始实生选优工作，杂交种由美国加州大学戴维斯学院经人工杂交获得，并赠与中国林业科学研究院林业研究所，1995 年从洛宁县选育出优株，此后开展无性系嫁接亲和力试验和扦插无性系试验示范等工作。'中宁奇'为落叶大乔木，树干通直，树皮灰褐色纵列，树冠圆头形；分枝力强，一年生枝干灰褐色，光滑无毛，节间长。皮孔小。枝顶芽（叶芽）较大，呈圆锥形；腋芽贴生，呈圆球形，密被白色茸毛；主、副芽离生明显。奇数羽状复叶，小叶互生，9~15 片，叶片阔披针形，基部心形，叶尖渐尖，叶柄较短。极少量结实，多无胚。坚果圆形，坚果表皮褐色，果顶钝尖，表面具浅刻沟，坚果厚壳，内褶壁骨质，难取仁。'中宁奇'与核桃有良好亲和性，嫁接和扦插繁殖率高，又由于其生长旺盛，抗性强，可以成为早实核桃的新砧木类型。该品种适应性较强，适宜我国西北、华北、华东核桃适生区栽植。

## 四、育苗技术

### 1. 播种育苗

（1）苗圃地的选择。交通方便，地势平坦，光照充足，排灌良好，地下水位低于地表 2m 以下，土层厚度应在 1m 以上的壤土或砂壤土，pH 值 6.5~8.0 之间。不宜两年以上重茬连作。

（2）圃地整理。秋冬季深翻 25~30cm，并拣净草根、石块等杂物。结合深翻亩施腐熟农家肥 2000~3000kg，及时耙平保墒。春季育苗前进行二次整地，深度 15~20cm，结合二次整地每亩施磷酸二铵50kg，用杀菌杀虫剂进行土壤消毒处理。

（3）种子选择。选择种仁饱满、大小均匀、无病虫、无霉烂、无空粒、充分成熟、自然干燥、未药剂漂洗的新核桃作种子。秋季青核桃育苗时，拣出黑果后直接播种。

（4）种子处理。春播需对种子进行催芽处理。种子处理采用以下3种方法，即沙藏处理法、流水浸种法和冷水浸种法。沙藏处理即在播种前50天，选择避风背阴、排水良好处开挖深60~100cm，宽100~120cm的长方体坑槽。将种子与湿沙以1:1的比例混合后放入坑内，上覆土高出地面20~30cm。当种子吸水膨胀微露种芽时取出播种。流水浸种法是将种子装入塑料编织袋，整袋放进河内无污染的流水中，上压石块，使种袋全部浸入水中。每隔2~3天翻袋一次，浸泡7~10天。捞出稍加晾晒，使种子缝合线2/3开裂即可播种。冷水浸种法是将种子放入水池内，用冷水浸泡7~10天，每天换水1次，待种子吸水膨胀后，捞出晾晒2~3h，种子缝合线2/3开裂即可播种。

（5）播种。秋播在核桃采收至土壤封冻前进行，春播在3月中旬至4月中旬进行。每亩播种量用种100~125kg。采取行状开沟播种，行距60cm，株距15cm，开沟深度12~15cm。种子在播种沟摆放时，种子的缝合线与地面垂直，种尖朝一侧。覆土厚度10~15cm。

（6）苗期管理。每年松土除草3~4次，遇天旱时及时灌水。6~7月结合灌溉，每亩追施核桃专业肥或磷钾肥复合肥10kg。同时做好病虫害防控工作。

**2. 扦插育苗**

（1）黄化复幼。采用反复嫁接的复幼处理方法所获得的具备生根潜力的一年生枝条，将插穗母枝平放并覆盖4~6cm河沙，经过一段时间插穗母枝上萌发基部黄化插穗的过程。

（2）插穗制备。选择待繁殖的核桃品种复幼发育枝或1年生嫁接苗干作为插穗母枝材料。采用普通日光温棚，棚宽6~8m，长60~80m。在温棚内建造深80cm、宽2m、长20m的催芽池，催芽池之间留作业道。催芽池填充洁净的粗河沙，棚内用0.3%高锰酸钾溶液喷洒消毒，每立方米粗河沙加入50%多菌灵可湿性粉剂100g充分混匀，铺入池底，厚度4~6cm。棚内温度保持白天：25~35℃，夜间：≥10℃，河沙含水量30%左右。2月中下旬，将插穗母枝移入温棚，水平摆放在催芽池内，枝条与枝条或苗木与苗木间隔2~3cm，然后用0.5%的高锰酸钾或800倍的50%多菌灵溶液均匀喷洒，上面用消毒后的河沙覆盖，发育枝和苗干覆盖厚度6~8cm，苗根加厚覆盖，促使干芽萌发。

（3）扦插。宜用普通日光温棚，应安装自动喷雾系统，保持棚内日间光强为全光照的38%以上，空气湿度≥85%，插壤温度15~25℃，含水率85%左右。扦插基质配置为锯屑或蛭石、腐熟有机肥和生黄土混合，过筛（20目），每立方米基质加入10%的甲基二硫代氨基甲酸钠100g，密封7~10天，然后散堆2~3天，再装入营养钵，营养钵规格8cm×15cm（直径×高）。采集4~6节位的半木质化状态嫩梢作插穗。剪去基部以上8~10cm内的全部叶片及复叶过长的部分叶片。用3000mg/kg吲哚丁酸（IBA）：萘乙酸（NAA）=2:1的混合配剂速蘸嫩枝基部，及时将插穗插入基质深5cm，并保持与基质紧实。

（4）插后管理。插穗生根前应保持棚内气温在25~35℃，空气相对湿度85%~95%。当生根率达60%~70%时，延长通风时间，降低空气湿度；插穗生根率达90%时，开放通风口，增加光照强度。开放通风口两周后，选择空气湿度高、光照强度弱和气温较低的时间进行苗木移栽，株行距50cm×80cm为宜（图1）。

（5）苗期管理。苗木移栽后及时浇水保持土壤湿润，待幼苗长出新叶，浅锄保墒，以后视土壤墒情及时浇水，遇雨季注意排水。苗木生长期，结合浇水追施氮肥，相隔15～20天追施1次，每次每亩追施7.5kg，8月上中旬每亩追施25kg磷钾复混肥。6月初至7月末，叶面喷洒0.3%尿素或0.3%磷酸二氢钾溶液2～3次。在苗木生长期中耕松土和除草2～3次。6月初至7月末，叶面喷洒10%吡虫啉4000倍液防治金龟子类和刺蛾类食叶害虫；叶面喷洒40%的多菌灵800倍液防治褐斑病等叶部病害。农药的使用应符合GB 4285的规定。

（6）苗木出圃。按GB/T 6001和GB 6000的规定进行起苗和苗木的分级。

图1　扦插育苗

### 3. 嫁接育苗

（1）芽接：砧木为1～2年生普通核桃实生苗，于早春萌芽前距地面3～5cm处平茬，萌芽后选留一个健壮新发枝，抹除其余萌芽和侧枝，5月下旬至6月下旬当新发枝基部直径达到0.7cm以上即可嫁接。从良种采穗圃或优良母树上采集当年生半木质化的发育枝作接穗。采后立即去掉复叶，置于阴凉通风处用树叶或湿布覆盖待用。嫁接时选择接穗中上部无芽柄、周围较光滑的饱满芽，先用双刃刀在芽子的上下分别横切一刀深至木质部，再用芽接刀在芽两侧纵割一刀，轻轻掰推下长4～5cm，宽2～3cm的芽片。将砧木欲嫁接部位用同样的方法切取比芽片略大的砧木皮层，将芽片嵌入砧木切口，使芽片切口与砧木切口密接，并在右下角处用手撕一长3cm的皮层作为放水口，用塑料薄膜自下而上绑扎。嫁接后保留接口以上2～3片复叶，剪除砧木上部。接后及时抹除砧木上的萌芽。当接芽新梢长至3～5cm时，从接芽上方2cm处剪除上部。接芽萌发10cm时解除绑扎带（图2）。

（2）枝接：砧木为1～2年生本砧实生苗，地径1.0～2.0cm。接穗于落叶后1个月或春季芽萌芽前1个月采集一年生发育枝，基部直径1.0～2.0cm，生长健壮、芽饱满，髓心小，充分木质化，无病虫为害，接穗剪下及时蜡封剪口，置于温度0～5℃、相对湿度80%的冷库中贮藏。砧木萌芽至展叶初期嫁接。采用劈接或双舌接法。劈接时在嫁接前于砧木距地面10～15cm处截掉上部，削平截面，用利刀在砧木截面中间垂直劈入，深度约5cm，

图 2　芽接育苗技术

接穗下部两侧各削长度为 4~5cm、对称的马耳形削面,然后迅速将接穗削面插入砧木劈口中。如接穗较砧木细时,应使一侧形成层对齐。再用塑料条将接穗和接口螺旋状缠绕绑扎。双舌接时,从根际以上 6~10cm 处剪掉砧木上部,接穗剪截成 15~20cm 长、带有 2~3 个饱满芽的枝段。用利刀将砧木的截面和接穗下部削成长 4~6cm 光滑的马耳形削面,在两个削面上部约三分之一处分别纵切深度 1~2cm 的切口,将各自的短舌面插入对方的切缝内,各自的长舌面覆盖于整个切面,并使形成层对准;用塑料条绑紧即可。苗木生长季节及时松土除草、施肥灌水、防病虫害等,当苗木达到规格时起苗出圃(图3)。

图 3　枝接育苗技术

## 五、培育技术与模式

**1. 立地选择**

园地应选择在背风向阳,地势平缓、排灌水良好的平地、丘陵或缓坡地中下部。年均温 9~16℃,极端最低气温 ≥ -20℃,极端最高气温 ≤39℃;年日照时数 ≥2000h;大于 10℃有效积温 ≥3000h;年降水量 500~1100mm,相对湿度 40%~80%。无霜期 ≥190 天。土层深厚肥沃,土层深度 ≥1m,pH 值为 6.5~8.0,土壤质地疏松、保水保肥性良好、地下水位低于地表2m以下的壤土、砂壤土或轻黏土。园地附近无大气、水质、土壤污染，环境质量要符合国家有关无公害生产环境要求。

**2. 整地**

（1）整地时间：春季栽植于前一年秋末冬初整地，秋末冬初栽植时于栽植前一个月整地。

（2）整地方式：采取沟状整地或穴状整地。立地条件较好的平地或台田，采用沟状整地。方法是用机械或人工开挖沟宽、深各为0.8~1.0m的长度以地形情况而定栽植沟，沟底压入适量秸秆。缓坡地采用穴状整地。即沿等高线开挖长、宽、深各1.0m的树穴，挖栽植穴时将表土和心土分开堆放，回填时穴底放入秸秆5kg。栽植前，将挖出的表土与有机肥（每穴有机肥25kg）混匀，回填穴内，栽植后逐步修成梯田（图4、图5）。

图4　'回字埂'整地

图5　'回字形'整地

**3. 栽植**

（1）品种选择：根据当地的立地条件因地制宜选择品种。主栽品种与授粉品种以8∶1的比例呈行状配置。核桃栽植集中区，一块地1个品种，可不配授粉树。同一栽培地内不宜超过3个品种。北方川道平地：优先选用'香玲'、'鲁光'、'辽核系列'等品种（图6）；海拔800~1000m的丘陵

图6　平地栽植

地：优先选用'中林1号'、'陕核5号'、'辽核'系列等品种（图7）；海拔1000~1200m的缓坡地：优先选用'强特勒'、'维纳'、'西洛3号'、'清香'等品种。西南山地海拔1600~2400m的昭通鲁甸－昆明－曲靖陆良地区，优选'云新'系列；海拔1600~2400m的昆明以南－玉溪东部，优选'大白壳'和'大沙壳'核桃；海拔1600~2400m的高黎贡山区－大姚县，优选'细香核桃'和'大泡核桃'；海拔1800~2200m的金沙江支流－鱼泡江流域，优选'三台核桃'；海拔2000~2400m的澜沧江流域－哀牢山区，优选'漾濞泡核桃'（图8）。

图7　丘陵地栽植　　　　　　　　　图8　山坡地栽植

（2）苗木选择：选用Ⅰ级以上良种嫁接苗栽植。其规格是苗高≥90cm，嫁接口上方直径≥1.2cm，主根保留长度≥20cm，>10cm的Ⅰ级侧数≥10条，嫁接口距离地面≤25cm，嫁接口愈合良好，充分木质化，无失水、无病虫危害。

（3）栽植密度：平地株行距5m×6m，每亩22株左右；丘陵和缓坡地株行距5m×5m或5m×6m，每亩22～26株；晚实品种宜于稀植建园或"四旁"栽植，株行距6m×10m，每亩10～12株。

（4）栽植时间：春季栽植在萌芽前进行，秋冬季栽植宜在落叶后至土壤结冻前进行。栽植前对根系进行修剪，剪去过长的主侧根，剪平起苗时造成的伤口，将苗木根系浸入水中24h或蘸泥浆。

（5）栽植方法：在坑穴中心挖一个深40cm的小穴，将苗木放入穴正中，边填土肥边抖动苗木边踏实，然后将心土覆盖在上部，栽植时埋土深度以高出原根际土痕3～5cm为宜。做到栽端扶正，根系舒展，埋土紧实，栽后每株灌一桶定根水，待水下渗后覆土保墒，高海拔地区栽后用1.2～1.5m$^2$的地膜覆盖树盘。

（6）栽后管理：建园后当年秋季调查成活率，对尚未成活者，用同品种大苗及时补植。寒冷地区栽植后对1～2年的幼树，于越冬前采取堆土、树干绑缚秸秆或涂抹防冻剂等措施防寒，春季发芽前10天左右及时扒去土堆，解除包扎物。栽后3年内及时摘除雌雄花和幼果，确保树体正常生长。

### 4. 抚育

（1）定干：栽植后当年或第二年进行，定干高度以树形和品种特性而定，一般早实品种定干高度为1.0～1.2m，晚实品种1.2～1.5m，剪口用封剪油或油漆涂封。

（2）间作：定植后至郁闭前（5年以内）进行适当间作，间作物要距树干1.5m以上。间作植物选择的原则是低干（高度50cm以下）、矮冠、浅根性、无攀缘作用，与核桃树无共同病虫寄主的作物。常用的间作模式为林粮间作"大豆、各种杂豆、花生、红薯、马铃薯等"、林药间作（丹参、板蓝根、白术、生地、苍术等）、林菜间作（白菜、草莓、萝卜、各种青菜等）、林肥间作（绿肥种类有毛苕子、豌豆、三叶草等），于现蕾期翻耕压青，增加土壤有机质含量。

（3）土壤管理：土壤条件较差的核桃园，每年秋冬季深翻1次，深度30～40cm；土壤条件较好或深翻有困难的地方可浅耕，深度20~30cm，结合深翻施入基肥。坡地核桃园结合深耕修筑直径为1m、内低外高的树盘。生长季节根据杂草的发生情况，结合施肥、灌水进行中耕除草，深度15~20cm，每年松土除草2~3次，使园地经常保持干净无杂草状态。

(4)灌水和排水：有条件的地方视其土壤墒情，在开花及果实膨大期，灌水1~2次，入冬前灌一次封冻水。降水量偏多的年份或降水集中的季节，要及时疏通渠道，排水防涝（图9）。

图9 灌水和喷灌

(5)科学施肥：根据核桃园土壤养分状况及树龄、树势、结果情况等因地制宜进行科学施肥。施肥时期为基肥和追肥。基肥果实采收后至落叶前后施入，基肥以有机肥为主，幼树每年25~50kg/株，初果树每年50~100kg/株；追肥于萌芽前后及果实膨大期各追施1次，用量为每年每平方米树冠投影面积施纯氮50~100g，纯磷和纯钾30~60g；有条件的地方在果实发育期和硬核期进行叶面喷肥3~4次。施肥方法常用条状沟施肥（行间或株间开挖两条平行的条形沟，沟长与冠径相等深30cm，宽25cm，将肥料均匀施入沟内，然后埋土覆盖）、环状施肥（围绕树冠投影外缘挖环状沟，沟宽、深各30~40cm，将肥料与表土混合均匀施入沟内，盖底土灌水）和放射沟施肥（以树干为中心，在距树干0.5m处向外至树冠外缘，均匀开挖6~8条深、宽各30cm的放射沟，将肥料均匀撒入沟内，然后用土覆盖）（图10）。

(6)整形修剪：修剪时期为秋季落叶后的1个月或次年萌芽前的1个月进行。生长季节进行补充修剪。干性强的品种整成主干疏层形，干性弱的品种整成自然开心形。主干疏散分层形，干高100~120cm，5~7个主枝，分2~3层配置，层间距80~100cm。基部三主枝，第二、第三层各留2个主枝，基部三个骨干枝最多可留1个侧枝，其他各层骨干枝不留侧枝。自然开心形，干高100~120cm，主干不同方位定3~5个主枝，每个主枝上着生2~3个侧枝，错生分布均匀。2~4年更新一次。幼树、初果树修剪的主要方法是采用疏枝、回缩、短截、摘心等修剪手法，培养各级骨干枝，使其形成良好的树体骨架，控制顶端优势和背后枝，调节骨干枝长势，充分利用辅养枝，培养结果枝组。盛果期树的修剪主要任务是疏除过密枝、控制二次枝、利用徒长枝、处理背下枝，对骨干枝萌发的背后或下垂枝，及时疏除或培养成结果枝组（图11）。

图10 条沟状、放射状和环状施肥

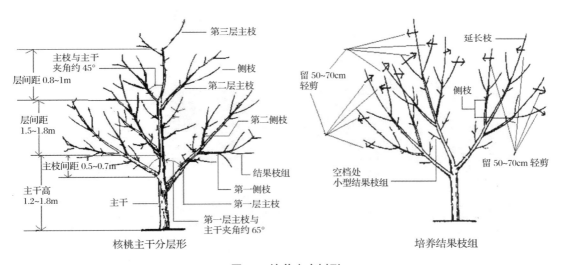

图11 培养丰产树形

(7)病虫害防控：核桃园主要病虫害有核桃举肢蛾、芳香木蠹蛾、横沟象、小吉丁虫、细菌性黑斑病等。防治时要坚持"预防为主，科学治理，依法监管，强化责任"的原则，贯彻"以农业措施为主，农业、物理、生物和化学措施相结合"的综合治理方针，采取"以树下合理间作、垦复扩盘、松土除草，清除枯枝落叶、树干涂白为基础；以拣拾深埋黑果、搬剪烧毁干枝、刮治病斑、刨土晾根、黑光灯诱杀、人工捕捉成虫为主要措施，以树冠喷药、地面药物封闭、药球堵塞虫孔为应急手段"的综合防控策略，力争把主要病虫害控制在经济受害水平之下。以核桃举肢蛾为主的果实害虫防治，采取早春或秋末垦复、扩盘、清园，消灭越冬虫卵；6~8月摘拾深埋黑果，减少当年和次年虫口密度；重灾区6~7月进行树冠喷药，消灭当年危害幼虫。药剂可选用50%的辛硫磷1500~2000倍液或2.5%的敌杀死4000倍液，每隔10天一次，共2~3次。以芳香木蠹蛾、横沟象为主的根、颈部害虫，采用春季刨土晾根，破坏幼虫生存环境；7~8月成虫产卵期，于树干根颈处涂抹石灰泥或沥青，阻隔成虫产卵，对已危害的树，刨开根颈部土层，撬开烂皮，给受害部喷洒50倍50%的磷铵，然后壅土埋实，杀死根颈皮层中的幼虫。以小吉丁虫、黄须球小蠹为主的枝芽害虫，防治时于4~5月成虫飞出前或秋季采果至落叶前，结合修剪彻底剪除干枝，并带一段活枝，集中烧毁。以黑斑病为主的叶果害虫的防治，发芽前或幼果期喷3~5度石硫合剂1~3次；发病期喷70%的甲基托布津500~800倍液2~3次；秋末冬初及时清园，烧毁病叶、病枝，消灭越冬病原菌。

(8) 晚霜冻害预防

熏烟法：按照当地气象部门提前预警和提示，在晚霜来临的黎明点燃核桃园内堆放可燃物或商品烟雾剂，使核桃园形成烟幕层，破坏霜冻灾害的气候形成，防止地面热量散失(图12)。

喷洒防冻剂：在低温冻害来临之前，对树冠喷洒防冻液(超敏蛋白免疫剂、M-JFN防冻液、多聚硼液等)，可起到一定的保护作用。

灌水法：有灌溉条件的地方，在霜冻来临前，给核桃园灌水，增加近地面层空气的湿度，保护地面热量不散失，提高空气的温度。

遮盖法：在核桃园内覆盖秸秆、杂草、草木灰等，提高地温，减少地面热量损失。

图12 防霜池和熏烟防霜冻

## 六、对策建议

近年来，我国核桃栽培面积发展迅速，产量逐年增加，已成为名副其实的核桃生产大国。但是由于坚果品质良莠不齐，国际市场的竞争力弱，产品供大于求，价格逐年走低，已经严重影响了生产者和经营者发展核桃产业的积极性。为此建议如下：

(1) 稳定面积，适地适品种，适度发展。在稳定现有面积的基础上，选择区域良种，在最适立地条件的地方，适度规模发展，避免不择条件，盲目扩张。

(2) 轻简栽培，提质增效。研发树相简化管理、营养诊断、精准施肥、节水灌溉、无公害病虫防控和水肥一体化技术，建立省力化采收技术，优化集成核桃优质轻简高效栽培技术体系，在优势产区示范推广，为核桃产业提质增效提供科技支撑。

(3) 发展加工业，延长产业链，增加附加值。创办一批核桃加工龙头企业，研发适合不同消费人群的深加工产品，延长产业链，增加产品附加值，形成核桃绿色无废料全值加工产业，实现经济效益最大化。

（4）加快营销平台建设，畅通销售渠道。面对目前信息不畅、销售受阻的局面，建设一批跨行业、规模适度、反应灵敏的核桃交易信息平台，实现生产者和销售者的无缝对接，拓宽和畅通销售渠道。

撰 稿 人：裴 东　张俊佩　王根宪
咨询专家：张俊佩　中国林业科学研究院林业研究所　研究员
联系手机：18601987166　010-62889677
电子邮箱：1054122493@qq.com　微信：1054122493

# 油 茶

## 一、概述

油茶是指山茶科山茶属（*Camellia*）植物中种子含油率较高，且有一定栽培面积的物种总称。我国油茶资源极为丰富，大面积栽培的物种有20多种，大部分分布在南方山地丘陵区，栽培物种主要包括普通油茶、小果油茶、浙江红花油茶、腾冲红花油茶、攸县油茶、宛田红花油茶、广宁红花油茶、西南红山茶等。

油茶与油棕、油橄榄、椰子并称为世界"四大木本油料植物"。茶油色清味香，营养丰富，不饱和脂肪酸含量高，是理想的优质食用油；油茶副产品在工业、农业、医药等方面具有多种用途。发展油茶生产对于国家粮油安全、脱贫致富等具有重大意义。

## 二、发展目标

2018年全国油茶产业总产值达到1024亿元，是2009年81亿元的12.6倍。茶油已经成为我国高端植物油的重要来源，在国产高端植物油中的占比达到80%。根据国家相关规划，到2025年，油茶种植面积将达到9000万亩，完成低产低效油茶林改造2000万亩，茶油年产量达到200万吨，产值达到4000亿元。

## 三、品种选择

自"六五"开始，经过几代林业科技工作者的不懈努力，已成功选育出油茶新品种300多个。通过国家审定的良种有65个，省级审定良种200多个，具有丰产性能好、果实性状优良、生长势强、适应性强和抗病力强的优点。在对各省良种生产效果初步评价基础上，通过油茶产业技术协作组专家审议，推出适应各省发展的主推良种，其中有'长林4号'、'长林40号'、'长林53号'、'华金'、'华鑫'、'华硕'、'湘林1号'、'湘林27

号'、'湘林63号'、'赣无2号'、'赣石84-8号'、'赣石84-3号'、'岑软2号'、'岑软3号'、'岑软22号'、'赣州油1号'、'赣州油7号'、'GLS赣州油4号'等良种。

我国海南省气候与大陆差别很大,海南岛油茶种植宜选用当地选育并审(认)定的良种进行生产。

以下是上述部分主推良种识别特征、适宜栽培地区及立地条件的介绍:

'长林4号':树势旺盛,枝叶茂密,树冠球形开张;叶宽卵形,花瓣白色;桃形果见阳光一面红色,背面青色。含油率高,产量高而稳,植株抗病力强。已在我国油茶主产区栽培。宜选择丘陵山地或缓坡地,水平带状整地。

'长林40号':树体圆柱形,枝条直立,枝叶稍开张;花瓣白色;梨形果,有3条棱,果实黄色。植株抗病力强,含油率高,丰产性能好。已在我国油茶主产区栽培。宜选择丘陵山地或缓坡地,水平带状整地。

'长林53号':树体矮壮,粗枝,枝条硬,叶子浓密,较厚大;花瓣白色;果实梨形,果柄有凸起,果皮黄色带红色。含油率高,丰产性能好。已在我国油茶主产区栽培。宜选择丘陵山地或缓坡地,水平带状整地。

'华金':树冠紧凑,树形多为纺锤形;果实较大,8~9月果皮为红色,成熟时为青色,椭圆形,果顶端有"人"字形凹槽。出籽率高,丰产。已在我国油茶主产区栽培。造林地宜选择海拔500m以下、坡度25°以下的背风向阳的阳坡或半阳坡,红壤、黄红壤,酸性至微酸性土壤。撩壕或挖大穴整地造林,适宜密植栽培。

'华鑫':树冠自然圆头形、树姿较开张;叶宽卵形,叶色深绿;花瓣白色;果实扁圆形,成熟时为青黄色,果壳较薄。出籽率高,丰产。已在我国油茶主产区栽培。造林地宜选择海拔500m以下、坡度25°以下的阳坡或半阳坡,酸性至微酸性土壤。撩壕或挖大穴整地造林,适宜密植栽培。

'华硕':树冠自然圆头形且较密,树姿半开张;叶尖渐尖;花白色;果实大,黄棕色,扁圆形。出籽率高,丰产。已在我国油茶主产区栽培。造林地宜选择海拔500m以下、坡度25°以下的阳坡或半阳坡,酸性至微酸性土壤。撩壕或挖大穴整地造林,适宜密植栽培。

'湘林1号':树势旺盛,树体紧凑,树冠自然圆头形或塔形;叶椭圆形,先端渐尖;花白色;果球橄榄形,红黄色;丰产性能好,出油率高。已在我国油茶主产区栽培。造林地宜选用北部山地海拔600m以下,南部山地800m以下阳坡土层深厚的缓坡、丘陵宜土层深厚的酸性黄壤。

'湘林27号':树冠自然圆头形;叶椭圆形;花白色,花瓣倒心形;果实球形或卵形,青红色。出油率高。已在我国油茶主产区栽培。造林地宜选用北部山地海拔600m以下,南部山地800m以下阳坡土层深厚的缓坡、丘陵宜土层深厚的酸性黄壤。

'湘林63号':树冠自然圆头形;叶椭圆形,先端渐尖;花白色,花瓣倒心形;果实球形,青黄色或青红色。出油率高,丰产。已在我国油茶主产区栽培。造林地宜选用北部山地海拔600m以下,南部山地800m以下阳坡土层深厚的缓坡、丘陵宜土层深厚的酸性黄壤。

'赣无2号'：树体生长旺盛、树冠紧凑；叶片矩圆形；果球形，果皮红色，皮薄，出籽率高。抗性强，结实早，丰产性能好。已在我国油茶主产区栽培。宜土层深厚的酸性黄壤。

'赣石84-8号'：树体生长旺盛，树冠紧凑；老叶叶色深绿，叶脉模糊，叶中部厚；果实橄榄形，红果。抗性强，结实早，丰产。已在我国油茶主产区栽培。该优良无性系喜生在海拔100m以下的低丘陵地区。

'赣石84-3号'：树体生长旺盛，树冠自然开心形；新梢青红相间；果实青色或青黄色，果形为肾形或圆球形，无果棱；抗性强，果皮薄，出籽率高。已在我国油茶主产区栽培。宜选择丘陵林地，带状或块状细致大穴整地。

'岑软2号'：冠幅大，树冠圆头形，枝叶细长，枝条柔软；花白色；果青色，呈倒杯状。有较强的抗病虫害能力，病虫害发生率小于1.5%。已在我国油茶主产区栽培，宜土层深厚的红壤、红黄壤和背风地带。

'岑软3号'：冠幅较紧凑，树冠呈冲天形，枝条短小；花白色；果青色、球形，成熟期为霜降。有较强的抗病虫害能力，在高山陡坡或低丘平地、土质好或较差的地方都生长良好。已在我国油茶主产区栽培。

'岑软22号'：冠形呈直立形，叶片椭圆形；花苞长椭圆形，多2枚对生，花白色；果球形，青黄色。已在我国油茶主产区栽培，宜土层深厚的红壤和背风地带。

'赣州油1号'：树冠开张，圆球形；叶片上斜着生；花白色；果球形，青红色。结实量大，出籽率高。已在我国油茶主产区栽培。造林地应选择海拔500m以下的低山丘陵或平原岗地地区，选择阳光充足、坡度25°以下、土层厚80~100cm、排水良好、交通便利的酸性土壤种植。

'赣州油7号'：树冠开张，圆球形；叶椭圆形，叶尖钝尖，近水平着生；花白色；果球形，果皮青色。结实量大，出籽率高。已在我国油茶主产区栽培。造林地应选择海拔500m以下的低山丘陵或平原岗地地区，选择阳光充足、坡度25°以下、土层厚80~100cm、排水良好、交通便利的酸性土壤种植。

'GLS赣州油4号'：树冠开张，圆球形；叶椭圆形，叶尖钝尖，近水平着生；花白色；果球形，果皮红色、皮薄。已在我国油茶主产区栽培。造林地应选择海拔500m以下的低山丘陵或平原岗地地区，选择阳光充足、坡度25°以下、土层厚80~100cm、排水良好、交通便利的酸性土壤种植。

## 四、育苗技术

当前生产上应用的油茶良种多为无性系良种，因为只有通过无性繁殖才能使种苗保持良种的特性。在众多无性繁殖方法中，中国林业科学研究院亚热带林业研究所于20世纪七八十年代发明的芽苗砧嫁接是目前油茶良种繁殖最快捷而有效的方法，即将优良品种穗条嫁接到砧苗上，这一方法既能快速成苗，又可以实现油茶良种繁育的工厂化。实践证明，油茶芽苗嫁接无论成活率、成苗率都比其他方法高，一般成活率可达90%以上。油茶芽苗砧嫁接和苗木管理调运技术主要包括以下8个方面内容。

**1. 芽苗砧的培育**

(1) 砧木的选择。砧木与接穗的亲和力是影响嫁接成活的首要因素。砧木与接穗亲缘关系越近，亲和力就越高，嫁接就越容易成活。根据实验观察，以普通油茶实生苗为砧木，在油茶分布区内进行嫁接都是适宜的。在北回归线以南，用越南油茶种子做砧种，越南油茶在适生环境下具生长快、生长势旺、愈合能力强等优点，是作砧木的理想选择。

(2) 砧苗的培育。作砧木用的油茶果要有3%~5%果实开裂，籽充分成熟后采收。采收后放在阴凉处阴干，待大部分开裂后筛选大粒种子用来培育砧木，一定要保持种子湿度，不能过分干燥。

一般在嫁接前45~55天时，先适当淋水催芽，待大部分种子裂口露白后，将种子播种到铺有12cm厚的沙床内，播后在种子上方覆细河沙10cm并压实，这样有利于胚茎生长粗壮，便于后期嫁接操作。播种后及时喷淋水分，并用塑料薄膜封盖沙床，保持沙床充分湿润，促进胚茎粗壮生长。由于嫁接时间较长，砧木播种可分批进行。

**2. 穗条的采集和处理**

嫁接多于5~6月采用当年抽生的半木质化或基本木质化的春梢作为穗条，选用的穗条要健壮不宜过粗，以免嫁接苗头重脚轻，影响愈合。穗条最好随采随接，分品种挂牌标明品种名，采下的穗条用脱脂棉裹住茎部，浸水后用塑料袋密封保湿。长途运穗要每天打开塑料袋换气、洒水一次。一时嫁接不完的，应放在阴凉潮湿处，并经常洒水保湿。少量穗条可放入0~5℃的冰箱中暂存，但同样需要保湿。

**3. 嫁接技术**

油茶芽苗砧嫁接育苗技术主要采用劈接法，嫁接工具主要为切刀、单面刀片和0.11mm厚的铝箔片。其嫁接程序如下：

起砧、洗砧：将沙床培育的芽苗细心取出后，洗净沙土、盖上湿布，放在室内操作台上备用。

断砧、劈砧：用利刀或剪刀在芽苗种子上方1~1.5cm处切断苗茎，随即用单面刀片从砧木正中髓心劈开，开口长约1cm。

套砧：铝箔片裁成约3cm长、1cm宽的长方形，做成口径略大于砧木直径的套筒，套在砧木上。

削穗：用单面刀片在接穗饱满芽叶柄下方1~2mm处左右两侧各削一个成15°、长约1cm的斜面，正交会于髓心，形成30°尖削度的楔形。再从叶柄上方2~3mm处截断，成为带一芽一叶的接穗，置清水中待用。每削30~50个接穗应随即接完。

砧穗接合：把削好的接穗插入砧木切口，接穗叶柄一侧皮层与砧木皮层对齐，再将铝箔套筒提至砧穗结合部并扣紧，使砧穗结合紧密牢固，接后即淋水保湿。

**4. 苗床准备**

整地施基肥作床：选择可排可灌的水稻田作圃地，在10~12月每亩施有机肥3000kg，复合肥50kg和过磷酸钙50kg，施肥后进行深翻整地，使肥土充分混合。在1~3月每亩再施50kg过磷酸钙，5~10kg硫酸亚铁均匀洒施后开沟作苗床，床面宽110cm，沟宽45cm，沟深25cm。嫁接前2天喷乙草胺防止杂草生长。大田育苗需要每2年轮作。

搭遮阴棚：宜用木桩或水泥桩作支架，上覆遮阳网搭建遮阴棚。遮阴棚一般高度以2m左右为宜，便于遮阴棚下管理操作。遮阴棚的遮阳网透光率要求在25%左右，遮阴棚西侧要用遮阳网全部遮住，减少西晒阳光对苗木的灼伤。

喷淋设施：自动或手工控制喷淋，喷头均匀布设，覆盖到整个苗圃。

### 5. 移栽技术

嫁接后尽快进行移栽。移栽密度株距3~5cm，行距约5~8cm，每亩育苗量控制在6万~8万为宜；栽后压紧，浇透水，最后喷施甲基托布津水溶液消毒。边移栽边将小拱棚塑料薄膜及时盖上。

### 6. 嫁接后的管理

嫁接后的管理主要包括保湿、防病虫、除草、揭膜、除萌、抹花芽、清沟、追肥、揭遮阴网等管理措施。

保湿控温：嫁接移栽后的保湿控温是保证嫁接成活的关键。裸根苗嫁接后栽入苗床或容器内，浇透水，苗床外做塑料拱棚，拱棚内应保持湿度为85%~90%，温度为25~28℃。嫁接苗培育早期，塑料拱棚上面用75%遮光率的遮阴网搭遮阴棚。

防病虫害：油茶苗圃病虫害对育苗成效影响很大。油茶苗期常见有非洲蝼蛄、蛴螬、苗木茎腐病、白绢病等病虫害，应随时观察，及时防治。

除草：及时拔除苗床中的杂草，揭膜除草后要及时盖回小拱棚薄膜，可边除草边回盖塑料薄膜。除草应做到除早、除小、除净，如果除草太晚、草长过大，除草时会引起土壤松动，影响成活率。

揭膜：当大部分接穗萌芽开叶时，即可拆除保湿拱棚塑料薄膜。揭膜时间以傍晚或阴雨天为宜。

除萌：嫁接芽苗移40天后要及时除萌，用小剪刀从基部剪除砧苗萌条，随后定期检查及时除萌，管理过程中一般需要除萌3~4次。

抹花芽：除草的同时，检查接穗花芽发育情况，对可明确辨别的花芽及时抹除。

除砧木：定期检查苗床，发现未嫁接成活的砧木植株及时拔除。清除的杂草、枝叶芽等要及时清理，不留在苗床上。

清沟：苗圃培苗期间，及时清理圃地主沟和辅沟的阻挡泥土，保证圃地排水通畅。特别注意汛期清沟排水。

追肥：揭膜后，每月洒浇一次浓度为3‰的复合肥+尿素水溶液，10月之后停止追肥。

揭遮阴网：9月气温下降以后，拆除遮阴网。

### 7. 移植容器苗培育

可在9月至冬季调运1年生苗木移植于育苗容器中进行轻基质容器袋苗培育，培育一年后形成轻基质容器苗。

### 8. 出圃与调运

苗木调运应在种植基地准备好且天气有利于种植时调运，调苗时要按品系分别包装并挂标签，保持根系完整，保湿运输，运到种植地后及时种植。

我国油茶育苗量大，许多地方采取异地采购，远程调运，影响造林效果。因此，对于规模发展的区域，宜就地建采穗圃和苗圃当地培苗，自繁自用。

## 五、培育技术与模式

### 1. 立地选择

生长在土壤深厚肥沃土地上的油茶，经济年龄可在百年以上，生长在瘠薄地的油茶会出现低产和早衰现象。因此，选择适宜的立地造林是十分重要的。

（1）土壤。由砂岩、页岩、变质岩、花岗岩和石灰岩母质发育而成的红壤、黄壤、黄红壤山地均可造林种植油茶，但以土层厚度在1m以上为宜，土壤厚度少于40cm的土地不宜作油茶造林地。用于种植油茶的土壤石砾含量应不超过20%，孔隙度在50%以上，以壤土、轻壤土、轻黏土为好。在降水量低于1000mm以下的地区，表土层疏松，表土的渗水力应不低于每小时20cm。油茶不耐水渍，在低洼地、土层50cm处有难于透水的黏结层或有未风化的成土母质的造林地里，会因雨季积水而导致油茶根腐死亡。

油茶是喜酸性的树种，一般宜在弱酸性土壤中生长。当土壤呈碱性时油茶生长受到抑制。在强酸性土壤中，镁及其他微量元素易于淋溶，油茶便会出现微量元素缺乏症。土壤中氮、磷、钾的含量高低是衡量土壤肥沃程度的主要指标之一，土壤中有机质、速效氮、速效磷和有效钾的含量高，油茶产量亦高，反之则低。

（2）海拔。油茶物种不同，对海拔的要求也有差异。普通油茶适应性较强，生态幅较宽，但以海拔低于800m的立地为好。云贵高原由于地形、气候复杂，在多个海拔梯度下都可种植普通油茶，故在云贵高原海拔1000~1950m的高度范围内也可种植。浙江红花油茶、腾冲红花油茶等物种适宜凉爽温和的高海拔环境种植。

（3）坡向、坡度和坡位。油茶在幼树阶段(1~5年)主要是营养生长，表现出一定的喜阴性。进入成年结实阶段(10年以后)，由于大量结果，对直射光的需求较多，如光照不足，对油茶产量影响极大。因此要保证油茶丰产，必须选择阳光充足的阳坡或半阳坡造林。特别是在峰峦重叠的山区，尤其要注意林地坡向选择，宜选南向、东向或东南向坡地。

根据坡度大小可将山地分为平坦坡(5°以下)、缓坡(5°~15°)、斜坡(16°~25°)、陡坡(26°~35°)、急坡(36°~45°)和险坡(45°以上)等几大类。坡度不同，光照强度有差异，水土流失程度差异也很大。油茶要经常中耕抚育，在各生长阶段需要对林地土壤进行不同程度的挖垦。坡度越大，水土流失就越严重。为了保持水土、涵养水源，油茶宜选择25°以下的斜坡或缓坡造林。

坡位有上坡、中坡和下坡三个部位；从坡的外形上可分凸形坡、凹形坡和直坡三种类型。坡位的变化，实际上也是光照、水分、养分和土壤条件的生态变化。坡位不同，土壤厚度、有机质积累与含量均存在差异，直接影响油茶的长势及开花结果。生长在山坡中下部的油茶，其长势、产量均优于山坡上部。因此，造林地宜选择下坡和中坡。

### 2. 整地

整地工作应在造林前3~4个月进行，这有利于土壤充分风化。江西、湖南、广西、浙江等地群众素有秋季整地、冬季造林，冬季整地、来春造林，夏伏整地、十月"小阳春"造林的习惯，效果较好。油茶整地方法有全垦整地、带状整地和鱼鳞坑整地三种，可根据林地条件，经营水平高低，劳力等情况因地制宜选用。

(1) 全垦整地。小于15°的缓坡宜用这种方法。凡坡度大，土层浅薄以及土壤结构松散的山地均不宜采用。整地时可顺坡由下而上挖垦，并将土块翻转使草根向上，防止其再成活。挖垦深度视土壤情况而定，一般30cm左右。挖垦后按规定的株行距定点开穴。

为了减少地表径流、防止水土流失，全垦后可沿水平等高线每隔4~5行行距挖开一条30cm左右的拦水沟。暴雨时可以减低流速，雨后可使贮水渗入土中，增加土壤湿度。全垦整地有利于间种经济作物，获得一地多用、以短养长的经济效益。

(2) 带状整地。适用于坡度在16°~25°的山地。有利于水土保持，便于林地管理和茶果采摘，也可进行短期间作。整地方式有以下两种。

水平阶梯整地：先自上而下顺坡拉一条直线，而后按行距定点；再自各点沿水平方向环山定出等高点开带。垦带采取由上向下挖筑水平阶梯的方法。本着"上挖下填，削高填低，大弯顺势，小弯取直"的原则，筑成内侧低，外缘高的水平阶梯，俗称"反坡梯地"，坡度3°~5°。阶梯内侧挖成深宽各20cm左右的竹节沟，以利蓄水防旱和防止水土流失。

水平阶梯整地方法应在土层较厚的山坡上应用。修建水平梯地时可先将表土堆于上坡，或分小段修建，将表土堆于两侧，待一段建成后，在梯带的中部开沟或挖穴，将表土挑回填入穴中，避免将表土堆于下坡，而将苗木栽于心土的做法。

水平阶梯整地的梯阶宽度视坡度、造林的油茶物种和营林目的而定。一般生产性的普通油茶林，带基宽度为3m左右。树体高大的越南油茶、广宁红花油茶等可宽一些。树体紧凑、树冠狭小的攸县油茶可窄些。计划长期间作也可以适当宽些。

斜坡带状整地：即在坡度较陡，土层较浅，易水土流失的山坡上采取隔行保留水平草带的整地方式。按造林的行距要求，横向划分水平带，带宽随坡度和造林行距而定。较陡的坡地，每2~3行造林带挖垦一带，缓坡每5~6行造林带挖垦一条宽带。每条挖垦带的下方保留1m宽的非垦带，并将垦带内挖出的草根树桩堆散于非垦带面上，用以拦蓄水土。挖垦的方法与全垦相同，只是每隔一定距离留有一条不垦的草带而已。

(3) 穴状整地。在坡度较陡，坡面破碎以及"四旁"植树时采用。先拉线定点，然后按规格挖穴，表土和心土分别堆放，先以表土填穴，最后以心土覆在穴面。此法虽然省工，但因整地范围小，改善林地条件的作用不如全垦和带垦整地效果好。

**3. 栽植**

(1) 造林季节。油茶造林一般以秋冬季至早春为宜。目前，大规模工程造林栽植时间多选在冬末至春初，即11月底至3月初，因为此时间段造林地土壤多可获得间断雨水，地温也逐渐回升且多高于气温，根系先于地上部分活动，有利于苗木成活和生长。

(2) 良种调配。目前油茶造林大力倡导使用优良无性系苗木，在选用和调购油茶种苗时要注意以下4点：

①通过省级以上审定或认定的且适宜当地发展的良种。由于各地气候及立地条件有差

异，不同的油茶优良无性系都具有一定的地域性，因此造林应选择适应本地区生态条件的优良品系。

②必须是无性繁殖的种苗，并优先选择采用芽苗砧嫁接培育的苗木。

③种苗供应单位必须具有省级林业主管部门颁发的油茶种苗生产许可证，且能出示通过省级或省级以上审定的林木良种证或良种证拥有者许可的良种使用证明。并核实穗条来源，签订种苗责任条款合同书。

④多系配合。油茶为异花授粉植物，异花授粉（指不同无性系间的授粉）坐果率高，产量大。选择花期、成熟期一致的无性系配栽是实现油茶高产稳产的关键。在此前提下，当前油茶造林一般采用 3~5 个以上无性系，实行每个无性系双行栽植。为了管理方便，可双行同品种成行种植。

(3) 密度。早期许多地方推荐的初植密度株行距采取 2m×3m，每亩栽植 111 株，到 7~8 年就郁闭需要调整。若不打算调整密度，可以考虑 3m×3m、3m×4m 等密度。为了配合林农间作与机械化经营，也可采用株行距 2m×4m 的密度，以便林间套种农作物，熟化改良林地，同时增加幼林前期收入。

(4) 挖穴、施基肥、覆土。按既定的规划密度定点后，在定植点进行挖穴或挖壕沟，稀植林地宜用挖穴，密植林地可挖壕沟。挖穴规格一般要求在 60cm×60cm×50cm 以上，壕沟要求深宽各 60cm 以上。为满足油茶生长对土壤养分的需求，促使油茶植株尽早投产并达到高产，挖穴后定植前可每穴施农家肥 10~20kg 或饼肥 3kg，复合肥 0.5kg 或钙镁磷肥 0.5kg，将肥施于穴底与土拌匀，然后回填表土，覆土高出地表 10~15cm，将穴填满呈馒头形。

**4. 种植**

(1) 裸根苗种植。造林最好选在阴雨天或下透雨后，要做到随起苗随造林，远距离运输过程中要注意保湿。栽植时要求苗木扶正，根系舒展，深浅适中，表土回填，踩实，最后在植株四周覆盖松土，填土应高出周围地表 10cm 左右呈馒头状，以防松土下沉积水。注意苗根不能和基肥直接接触。定植后，有条件的应浇透定根水。遇久旱天气，也应浇水，也可用含生根粉（GGR）50~100μmol/L 的黄泥浆蘸根后造林，成活率更高，幼林生长效果更佳。栽苗量较大时，栽植不完的苗木要开沟假植。

(2) 容器苗种植。当容器苗木长出 2~3 片叶后，每 15 天施复合肥一次，3~4 个月后即可上山造林。苗木装箱运输，要单层摆放整齐，不能堆集，空隙要挤紧，防止滚动造成根团破碎。搬运时要轻拿轻放。栽植坑宜小，坑底要平，忌挖成"锅底坑"，以保证容器底与坑底接合紧密。栽苗操作要细致，苗木要直立，位于坑中央。回填土要从容器周边向容器方向四周压实（切不可向下挤压容器），使土壤与容器紧密接合。

(3) 栽后覆盖。种后可在四周放稻草等覆盖物并压上薄泥土，以利于增温保湿。也可以铺上塑料薄膜，膜上再盖 3cm 泥土，保证湿度。

**5. 抚育**

(1) 追肥技术。油茶四季花果不离枝，有"抱子怀胎"的特点，每年都要从土壤中吸收大量养分；因此对油茶林施肥，补充土壤养分消耗，是改良土壤，提高肥力，增加油茶结实量，达到高产与稳产的重要措施。

随着油茶林分树龄的增长需肥量也逐年提高。为使油茶高产稳产，必须合理施肥，一般在每年3月上旬、5月初至6月下旬、8月初至9月中下旬各施一次追肥，以有机肥为主，化学肥料为辅，氮、磷、钾配合使用。现在劳动力数量少且价格高，施肥次数宜减少，基肥要求开沟深施。

幼林施肥：在施足基肥条件下，第一年可以不追肥，以防肥害，第二年可少量追肥。第三年开始每年追肥两至三次，冬季每株施农家肥5~10kg，在春梢萌动前可追施复合肥0.1~0.2kg/株，或在展叶期用0.25kg尿素兑水50kg的液肥叶面喷施，对树体生长有较好的效果。配方施肥能明显提高油茶优良无性系幼林单株年产果量，其中以隔年施肥、且施肥配比 N:P2O5:K2O 为 2:1:2 增产效果较好。造林当年还要特别注意防止化肥烧苗，可不施化肥或在20cm外施化肥，施用量不超过50g/株。肥料宜深施，不宜表层撒施。

成年油茶林施肥：大年以磷钾肥、有机肥为主，小年以磷氮肥为主。肥料的施用方式采用穴施、沟施均可。陡坡地要施在油茶树的坡上沿，如有雨水浸入肥料可随水流方向向下沿渗透，以使树根均匀受肥。一般株施复合肥 0.3~0.5kg，或尿素、钙镁磷肥各 0.3kg。加工有机肥隔年 3~5kg，基本可满足正常需要。但以冬春进行更好，进入盛果期油茶林分还应于每年的 2~3月，追施长果肥，以满足果实生长发育和花芽分化对养分的需要。

基肥配合复合肥对新造林早期树体快速生长具有重要作用。近年来，发展的油茶林分有相当部分采用缓坡地，但也有很大一部分通过土地整理发展油茶。这些立地条件相对较差，采用有机肥配合复合肥可使油茶在幼龄期快速形成树冠，促进林分结构较早形成。

（2）土壤管理技术。油茶林地除可通过隔年施专用基肥和化肥作追肥，以改良土壤环境增加土壤有机质和养分，使用方法上要求开沟深施，避免撒施和浅层施用。还要因地制宜，就地取材种植绿肥，广开肥源。可作油茶绿肥的有：各种绿肥作物、农作物秸秆、林内小灌木、杂草等。优良夏季绿肥有印度豇豆、日本菁、三叶猪屎豆等，适于间种的冬季绿肥有满园花、紫花苕子、紫云英、肥田萝卜等。采用撩壕垦复的，将上述有机质肥料埋入壕沟内，再覆土，效果最佳；全垦或带垦的林分，将上述有机肥料撒盖在土壤表面，任其腐烂，结合垦复时深翻埋入土中，效果也很好。现在林地条件和管理水平较高，也需要避免过度肥力导致旺长。

（3）间种技术。间种的目的是为了促进地力提高，加速幼林的生长发育，不能追求间种作物的经济收益。

适宜在油茶幼林内间种的作物很多，但要合理选择。高秆、藤本和旱季耗水量大的作物不宜选用。藤蔓作物易攀缠幼树，影响了幼树生长；高秆作物遮住阳光，使油茶生长纤弱；小麦、芝麻吸肥很强，消耗地力过大，对幼树生长不利；块根作物吸肥多，同时深挖次数增多，往往伤害油茶根系。这些作物都不适宜在幼林内间种。间种作物种类的选择，以不与油茶争光、争肥、争水为原则，同时还要求适应性强，不会给油茶幼林带来病虫害。油茶林地宜间种花生、豆类等作物，作物采收后应将作物秸秆及时压青。

（4）整形修剪技术。科学地进行油茶修剪，是保证油茶林高产稳产的一项重要措施。

但这项技术措施宜在密度调整基础上进行。油茶修剪缺乏成熟的技术，目前多以积累的经验来进行。成年油茶树喜光，全年花果不离枝，需要大量的营养物质和充足的阳光。实践证明，科学修剪的油茶树体结构合理，营养集中，通风透光，树形好，树势强，枝梢健壮，花蕾饱满，结果均匀，病虫害少，产果量和出油率高。根据试验研究结果，修剪过的油茶树比不修剪的增产30%~50%。

整形修剪时间：油茶树整形修剪，一年四季都可进行，但以油茶采摘后到春梢萌动前进行为好（一般在11月至翌年2月）。因为此时树体需要养分，水分相对减少，树液流动缓慢，伤口容易愈合。

整形修剪原则：整形修剪原则是幼树轻剪，老树重剪；大年重剪，小年轻剪。方法要因树制宜，先修下部，后剪中、上部；先剪冠内，后剪冠外。做到修剪均匀，上下不过分重叠，左右不拥挤。切口要求平滑，稍倾斜。整形修剪与品种特性有关，不宜机械套用。

修剪方法：油茶修剪应根据品种、树龄、林相和树形等综合考虑，选用科学的修剪技术，才能取得好的效果。如霜降籽分枝矮而密，中心徒长枝多，应适当疏删中心过密的徒长枝和脚枝，增加光照和通风，以利于开花结果。寒露籽树冠高，向上徒长，直枝竖立，侧枝多而细，应采取上控下促，促使其横向增宽的方法，短截冲顶枝，疏去短碎枝，以利于开花结果。许多地方出现高产示范林幼树过度修剪，没有试验机械套用果树的修剪方法，使树势弱化，投产期延后，适得其反。

**6. 果实采收贮存技术**

果实在完全成熟时采收，一般可以在行栽中看到有少量裂开就说明已达到成熟可一并采下。果实剥开后太阳晒干或烘干，并在干燥环境中贮藏待榨油。

## 六、对策建议

把控优良品种和纯度高的种苗是关键。选择优良品种，避免种植假苗是第一要务。采购苗木时除了对方证照齐全外，需要核查苗圃经营资质和苗木质量，如对苗木分系育苗的穗条来源、嫁接管理等质量管控情况进行全面了解，苗圃现场察看等；严格种苗合同制管理，在种苗合同中需要明确相关损失责任条款，并保留调苗档案、种植地块等技术档案和佐证人信息。提醒种植户注意避免的一种现象，即过分追求廉价苗，实际上商品种苗和工业产品一样，育苗户难以在过低成本条件下生产出优质遗传和品质优良的种苗。对于有产业规划、有一定规模或长期生产计划的地区，建议就地进行种苗生产，避免或减少商业化贩苗和长距离调苗。

利用天气条件和技术条件，把握末期种植窗口，抓紧造林，若已过了最理想造林季节且天气与技术条件不具备，建议最好等下半年适时种植。条件适宜地区要抢时机，并采用容器或大容器苗，并注意保护萌芽与刚抽出的嫩梢，避免长途运输损伤。如果需应急造林，可先将容器苗提前预调至造林地附近，完成林地整理后及时造林，并浇透水。其它如品种配置等主导技术方案也需提早准备到位；若采用大树移植造林，树苗务必带土球并适度修枝种植。错过最适时间且无应急技术措施的就不应强制抢种，避免不必要损失。

受疫情影响，今年造林总体较迟，需要采取相应的种后保活措施。油茶等经济林树种种植当年仍以保成活率为主。在亚热带地区，油茶适当深栽，梅雨季节雨后应实施根际培土，防止穴位积水，梅雨结束夏天来临之前采用穴盆培土、覆膜或盖草保墒等技术措施进行保护处理。防止夏天长期干旱失水，7～9月夏季高温期避免林地种植穴周边动土、埋青，避免因松动土壤影响根土密接。如杂草过于旺盛，可采用割草方式清除杂草，并遮盖幼苗周边保墒降温，使新植苗木露头即可。林间可以适度套种豆科、中药材等经济作物，避免套种高秆或藤蔓作物。

强化幼林施肥技术措施。造林后需要加强合理施肥等抚育管理。针对近年干旱频发，特殊气候造成损失，如2019年夏季长时间干旱，造成油茶大面积受损或局部区域干旱致死等现象，在追肥管理上提倡深施。有些地方确因劳动力不足的，可采用单侧开沟深施，引导根系向下生长，避免地面撒施化肥。

抓好现有投产林分管理。依据经济林生长和开花结实的特性及时开展林地与树体管理。春末夏初杂草生长快，及时除草，采用机械、人工除草相结合，清除遮光的恶性高大杂草，保留矮草保湿。采用隔年基肥与追肥结合方法，适度调控林地土壤肥力。根据林分郁闭情况，对于过密林应在果实采收后及时调控，可采取一步到位或逐步调整方法，同时加强树体和林地管理。低产林分应以密度调控、树冠修整复壮为重点，辅以林地施肥改良等技术进行综合改造，提高产量水平。

撰 稿 人：姚小华　王开良　任华东　张亚蕾
咨询专家：姚小华　中国林业科学研究院亚热带林业研究所　研究员
联系电话：13606608321　　0571 - 63310094
电子邮箱：yaoxh168@163.com

# 枣 树

## 一、概述

枣树为鼠李科枣属植物，原产我国的黄河中下游一带，是我国独具特色优势的重要果树。改革开放以来，枣树以其抗旱耐瘠、早果速丰、营养丰富、用途广泛等优点，受到种植者和消费者欢迎，得到了迅速发展。

目前，全国枣树栽培面积约200万$hm^2$，枣果年产量800多万t、居干果首位，占世界枣产量的98%以上，被国家林业和草原局、国家发展改革委和财政部确定为我国五大优势经济林之一。枣产业的年产值已达到1000亿元左右，成为山、沙、碱、旱贫困地区2000多万农民的主要经济来源和地方政府破解经济与生态协调发展难题的重要抓手。此外，枣果营养非常丰富，是我国著名滋补佳品和传统中药，为国家首批药食同源食品，在未来的营养健康产业和出口创汇产业发展中必将发挥越来越重要的作用。

## 二、发展目标

当前，我国枣产业整体上已由卖方市场转为买方市场，正在进入转型升级和高质量发展新时代。在新时代，应在目标导向上从规模数量型转为质量效益型，发展模式上从产区规模化转向枣园规模化，品种布局上从良种同质化转为良种多样化，栽培管理上从技术复杂化转为技术简单化，加工方式上从低档单一化转为高档多样化，在经营方式上从小规模家庭枣园单一从事红枣生产转为规模化经营、林下经营和一、二、三产融合发展，大幅度提高综合经营效益。

## 三、品种选择

应选择通过省或国家审定、适合当地立地条件的新品种，抗病、速丰、优质的新品种。

(1)'月光'：河北农业大学从河北省满城县发现的珍稀鲜食枣资源中系统选育而成。为极早熟鲜食枣优良品种(8月中下旬成熟)，早果速丰性强、果实中大(10～12g)鲜食品质优异、抗寒性强、裂果和缩果病轻，适宜栽培区域广泛，并适合设施栽培。2005年12月通过河北省林木品种审定委员会的审定(冀 S – SV – ZJ – 026 – 2005)。

(2)'金丝4号'：山东省果树研究所从'金丝2号'实生后代中选育而来，鲜食制干兼用，具有优质、抗裂、早实、极丰产特点，平均单果质量12.0g，果实9月下旬进入成熟期。我国南北方枣区均可种植。2017年通过国家林木品种审定委员会审定(国 S – SV – ZJ – 016 – 2017)。

(3)'雨帅'：河北农业大学和献县林业局从'金丝小枣'的大果型自然变异中选育出的较晚熟、早果丰产、极抗裂果和缩果病的优良制干品种，单果重11g，9月下旬成熟，适宜冀鲁环渤海平原区、太行山区及生态条件类似区域种植。2009年通过河北省林木品种审定委员会的审定(冀 S – SV – ZJ – 014 – 2009)。

(4)'圆铃1号'：山东省果树研究所从'圆铃'中选育而来。结果早，丰产，高抗裂果，制干品质优良，平均单果重18.0g，果实9月上中旬成熟。适宜种植范围与普通圆铃枣相同。2000年4月通过山东省农作物品种审定委员会的审定(鲁种审字第340号)。

(5)'临黄1号'：山西农科院果树研究所从木枣品种自然变异中选育而成的早果、丰产、抗裂、大果(22.8g)、优质的制干枣品种，10月上中旬成熟，适于晋陕黄土高原枣区发展。2014年通过省林木品种审定委员会审定(晋 S – SC – ZJ – 020 – 2014)。

## 四、育苗技术

**1. 苗圃建立**

选择土层50cm以上、排水良好的壤土或砂壤土建圃。每亩施腐熟农家肥3000～5000kg或相应的腐熟畜禽粪便，撒施后耕翻25～30cm深，作畦备用。南方多雨地区采用高畦，北方少雨地区采用平畦或低畦。

**2. 嫁接苗培育**

(1)砧木的选择。枣的砧木可选用酸枣、枣(本砧)和铜钱树，其中铜钱树可用于长江以南地区。

(2) 实生砧木苗培育

种子采集、处理与检验：砧木用酸枣等的果实充分成熟后采集，除去果肉，收集种核，对种核进行层积处理或用机械破壳后获取种子。有生活力的种子应达80%以上。

播种：将种子或层积后的种核，在春天地温上升到10℃以上后进行播种。北方一般播种时间为3月中下旬，可持续到4月下旬甚至5月上旬。提倡用种子播种和适时早播，以保证砧木苗整齐和有较长的生长期。播种时可以人工或机械点播、条播，行距35~40cm、点播时株距20~25cm，播种深度1~2cm。播种量为酸枣种核15~30kg/亩、酸枣种仁1.0~1.5kg/亩。播后覆盖地膜，幼苗长出1~2片真叶后放风。

苗期管理：幼苗期要注意防治立枯病等病害和地下害虫。当苗高3~5cm时进行间苗，苗高5~10cm时定苗。苗高40~60cm时摘心。幼苗期要注意及时灌溉防旱。

(3) 接穗的选择与处理。选直径(粗度)在5~10mm的1~2年生枣头一次枝或健壮的二次枝做接穗，以一年生枣头一次枝为最佳。接穗要求芽体饱满，生长充实，无病虫害。接穗一般在休眠季采集，以发芽前采集最好。采集后剪截，每段留一个饱满芽，即刻在100℃蜡液进行速蘸处理，待充分冷凉后，置于冷凉环境贮藏待用。

(4) 嫁接时期和方法。枝接在砧木萌芽前后进行，南方带木质部芽接在生长季离皮期间均可进行。采用劈接、改良劈接等枝接方法，在南方可采用带木质部芽接法。嫁接前1~2周完成浇透水和剪砧工作。

(5) 嫁接后管理。嫁接后3~4周检查成活情况，未接活者要及时补接。注意接穗和伤口保湿，及时除萌。早春发芽前施一次速效性氮肥。苗高达到80cm以后摘心、促其粗壮。提倡在15~20cm深处对主根进行断根，促进侧根生长。

**3. 苗木出圃**

苗木达一、二级苗标准(表1)后方可出圃。一般在休眠期出圃。起苗时要求根系完整，枝皮无损伤，并及时包装、运输、假植或栽植。

表1 苗木分级标准

| 级别 | 苗高(m) | 地径(cm) | 根系状况 |
| --- | --- | --- | --- |
| 一级苗 | ≥0.8 | ≥1.5 | 直径≥2mm，长≥20cm的侧根6条以上 |
| 二级苗 | ≥0.8 | ≥1.0、<1.5 | 直径≥2mm，长≥15cm的侧根6条以上 |

按品种和等级，每捆25~50株，包内外各放一标签，注明品种、等级、株数、产地、出圃日期。

出圃苗木要严防风吹日晒、根系失水。短途运输时对根部蘸泥浆并用草袋包裹；长途运输时增加湿草或锯末并包塑料保湿，同时用草袋包严枝干；长期放置的，进行假植或在冷库中贮藏。

出圃的苗木要求品种纯正，无检疫性病虫，茎干挺直、生长充实，枝干无机械损伤，根系完整；嫁接苗嫁接口愈合良好。

## 五、培育技术与模式

**1. 枣园营建**

（1）品种和苗木选择。品种选择当地传统地方良种或通过省级以上审（认）定、适合本地栽植的新品种。

（2）栽植地选择

地点选择：尽量选择地势开阔、光照良好、远离松柏等枣疯病转主寄主的地段。丘陵山区宜选择25°以下向阳开阔的缓坡地带，并修筑等高水平梯田或隔坡水平沟等水土保持工程，采取生草制和滴灌条件下可不修筑水土保持工程。

土壤选择：以砂壤土至黏壤土、土层50cm以上、pH值5.5～8.5、氯化盐低于0.1%、总盐量低于0.3%为宜。不能满足这些指标时，应先进行土壤改良。

（3）栽植密度及方式。平原地区采用南北行向栽植，山区沿等高线栽植，坡度20°以下的丘陵山坡可以顺坡栽植。栽植密度或株行距根据枣园类型、品种特性、立地条件、机械化程度而定。树体大的品种、立地条件好、机械化管理的枣园行距宜大些，反之宜小些。具体见表2。

表2　株行距

| 经营方式 | 株距(m) | 行距(m) |
| --- | --- | --- |
| 间作枣园 | 1～3 | 10～15 |
| 密植枣园 | 1～2 | 3.5～4.5 |
| 计划密植枣园 | 0.5～1.0 | 1～2 |
| 设施枣园 | 0.8～2.0 | 1.5～3.0 |

（4）品种配置要求。花粉败育或自花不实的品种，须配置适宜的优良品种作为授粉品种。

（5）栽植时期和枣园营建方式。1月平均气温高于-8℃的地区，既可春栽，也可秋栽。冬季严寒，1月平均气温低于-8℃的地区，只宜春栽。可采用苗木栽植、酸枣仁直播嫁接及利用野生酸枣嫁接改造等枣园营建方式。

（6）栽植建园

栽植方法：采用穴栽，穴深0.6m以上、直径1.0m左右。株距低于1.5m时适宜沟栽，沟深0.6m以上、沟宽1.0m左右。随取苗随栽植。肥料与表土混合后填压于下层，分层填土踏实，使根系与土壤密接。栽植深度以原根颈为准，使原根颈与地面相平，或高出地面3～5cm，灌水后下沉与地面持平。栽后及时浇透水，北方干旱多风地区栽后须在距地表30cm左右处截干。提倡栽后采取树盘覆膜和枝干套袋等保墒保湿措施。

栽后管理：栽后遇干旱要及时灌水。雨后及灌溉后，及时对树苗周围进行中耕除草，保持土壤疏松，缓苗后及时追肥和防治病虫。发现缺株，及时补栽。

（7）酸枣仁直播嫁接建园。有灌溉条件特别是有滴灌条件的地方以及春季酸枣仁播种期降雨充分的雨养枣区，可利用酸枣仁进行直播建立枣园。播种方式可以采用机械或人工点播。翌年酸枣苗萌芽前后，按照设计的株行距，采用劈接或改良劈接法嫁接优良品种接穗，接后注意及时除萌、补接、解缚、防风引缚和摘心，同时注意配合土肥水管理和病虫害防治，对于过密不需要嫁接的酸枣苗连根刨除或移栽他处。

（8）野生酸枣嫁接改造建园。在坡度小于25°、野生酸枣密度较大且分布比较均匀的地方，采用劈接、皮下接或腹接法，通过对野生酸枣嫁接枣优良品种，改造成新枣园。采用这种方式建园时，不强求株行距和行向，但必须通过间伐和及时清除多余的根蘖等，保持适当株行距和作业道，以保证良好通风透光条件并便于栽培管理。

**2. 栽培管理技术**

（1）土壤管理

耕翻和除草：土壤耕翻可在初冬进行，春季多风地区宜于风季过后进行土壤耕翻。耕翻深度15~30cm，树冠下宜内浅外深，不伤大根。雨后及灌水后，及时中耕除草、刨除根蘖。实行树下覆盖和行间生草的枣园，可隔几年耕翻一次。

行间间作和生草：树下不宜间作。行间可因地制宜合理间作，枣树与间作物之间要为枣树留出充足的营养带，不提倡间作玉米等高秆作物。提倡行间生草或种植豆科绿肥植物，达20~30cm高度时，及时进行刈割，刈割下的草可覆盖或翻盖于树下作为绿肥。年降水大于550mm或有灌溉条件的枣园，更适宜行间生草。

树下覆盖：提倡树下覆盖地膜、园艺地布或秸秆等。

（2）土壤施肥

肥料种类：包括有机肥、化肥、生物肥等。

施肥时期：基肥在枣果采收后施入。追肥在萌芽期、终花期和果实迅速膨大期施入。

施肥方法：稀植大树采用轮状沟或辐射沟施肥；密植枣园可沿行向树冠垂直投影外缘开沟施肥；施肥深度30cm以上。提倡利用滴灌、喷灌系统等水肥一体化施用。

施肥量：基肥用量相当全年施肥量的50%~70%，追肥用量每次相当全年施肥量的15%~25%。每产100kg鲜枣施氮（N）1.5kg、磷（$P_2O_5$）1kg、钾（$K_2O$）1.5kg左右。根据土壤肥力情况和产量目标，确定施肥量，避免过量使用化肥。

（3）叶面喷肥

时期：从展叶后到采收，全年可喷施5~10次，每次间隔2~3周。喷施时间避开中午阳光暴晒时间段和雨天。前期以氮肥为主，后期以磷、钾为主。提倡多次喷施钙、铁、锌、硼、锰、镁等多元素肥及氨基酸肥、沼液、腐殖酸肥等生物叶面肥。

浓度：喷施浓度，0.3%~0.5%尿素，0.1%~0.3%磷酸二氢钾和硫酸钾，1.0%~2.0%过磷酸钙浸出液，3.0%~5.0%草木灰浸出液。一般不宜多种肥料混喷或先进行混喷预备试验。

（4）灌溉及排水和防雨

灌溉：灌溉用水须符合NY/T 391中6.1的要求。枣树在萌芽期、开花前、幼果期、果实膨大期、越冬前遇干旱应灌水。水源充足的枣园施行畦灌或沟灌；提倡喷灌、滴灌、膜下滴灌等节水灌溉措施；山地枣园提倡修建聚雨水窖。

排水：平原低洼地或排水不良的枣园，要设置排水沟或暗管，及时排出积水，防止涝害。山区沟谷地在雨季要及时排水。

防雨：成熟期多雨的地区，可在易裂果枣品种的树行上方搭建遮雨设施。

（5）整形修剪

幼树整形：在宽行密植条件下，可按枣头型树形整形（图1）。经过5年左右的整形，整株枣树形似一个放大了的枣头，无主、侧枝结构。树高3~4m、冠幅1.5~2.0m，干高60~80cm，冠层厚2.5~3.5m。其中，中心干曲折上升（防止树势上强下弱），形似枣头一次枝；中心干上螺旋平衡分布15个左右水平方向弯曲延伸的结果枝组，顶端经摘心或短截使其不再向前延伸，形似顶端枯死不再延伸的枣头二次枝。完成整形后，每年只需清除多余的非延长枝新枣头，去除过密枝，并对过于衰弱和过于粗壮开始大量萌发新枣头的结果枝组及时进行回缩更新。

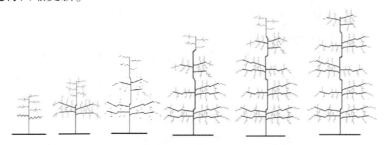

**图1　枣头型树形整形过程**

注：从左到右依次为整形第一年、第二年、第三年、第四年、第五年和第五年以后

盛果期树修剪：对主侧枝下部大型结果枝组弓背部位及树冠顶部抽生的枣头（徒长枝），如不作更新利用，及早从基部剪除；清除细弱枝、过密枝和病虫枝，即对树冠外围萌生的生长不到30cm、只有1~2条短小细弱二次枝或无二次枝、结果能力极低的细弱枣头，及时疏除，同时疏除树冠内的过密枝，疏除或短截交叉枝；在进入衰老期的结果枝组中、下部或近旁的骨干枝上，选留或目伤促发枣头，培养1~2年后取代衰老的结果枝组；对树龄较大，树势较弱，发枝少的树，应回缩衰老结果枝组1/2~2/3，刺激萌发健壮的新枣头，予以更新。

（6）提高坐果率措施。应根据当地实际情况，选用壮树开甲、新枣头摘心、花期喷水、喷肥、喷生长调节剂、枣园放蜂等技术措施。避免过度开甲和使用生长调节剂。

（7）有害生物防治

农业措施：合理修剪，疏除过密的徒长枝、交叉重叠枝、病虫枝，保持良好的树体通风透光条件；加强枣园管理，结合冬剪，刮除老树皮，清除园内杂草、枯枝落叶，并集中烧毁；合理控制产量，增施有机肥。

生物、物理措施：利用物理杀虫灯和树干涂抹粘虫胶等物理方法以及性诱剂诱捕器等生物方法进行杀虫。

药剂防治：在虫口密度过大及病害严重时，尽量采用生物农药、矿物农药（波尔多液、石硫合剂等）进行防治，必要时再配合采用高效低毒低残留的化学农药，并确保在枣果采收前的安全期限内停止喷施化学农药，用药种类须符合NY/T 393的要求。

（8）果实采收

采收时期和标准：根据果实的用途确定采收时期。制干用枣果在进入完熟期采收，加工乌枣、南枣用枣果在果实进入全红脆熟期采收，加工蜜枣用枣果在白熟期采收，鲜食用枣果在果实进入点红至全红脆熟期采收。

采收方法：鲜食和蜜枣品种的枣果宜采用分期采收，制干品种及加工乌枣和南枣的枣果均可一次采收；制干品种提倡用乙烯利催落采收和机械采收。

## 六、对策建议

一是要加大新品种推广步伐，推动品种换代升级。通过高接换头，重点示范推广抗病优质早果速丰的换代型优良制干品种和鲜食品种。

二是加速示范推广新一代高效栽培技术体系，推动栽培管理模式换代升级。集成示范推广融适地良种精准选配、无缓苗期高标准建园、病虫草害绿色综合防控、化肥化学农药和生长调节剂替代技术与全程机械化管理于一体，适于规模化企业化经营的优质安全省力高效新一代栽培技术体系，推动规模化企业化经营。

三是示范推广亚周年供应新一代鲜枣生产技术，加速鲜枣新兴产业发展。面向国内高端和国际化市场需求，示范推广融设施栽培专用良种选配、设施设备研制、环境精准调控、智慧管理于一体的鲜食枣防裂促熟优质高效设施栽培及冰温长期保鲜、货架期和长途运输保鲜技术于一体的鲜食枣亚周年供应技术体系，推动鲜食枣新兴产业发展。

四是推广新一代病虫绿色高效防控技术体系，保障丰产丰收和品质安全。以最大限度减少化学农药使用为导向，示范推广融高抗良种应用、营养和环境调控、生物和物理防控、动态监测和精准预报及机械化、自动化、无人机精准用药技术于一体的省力安全高效低成本病虫草害绿色高效综合防控技术体系。

五是示范推广新一代采后处理与加工技术体系，推动产品升级和采后增值。以改进枣果外观品质、保持内在营养品质和提高附加值为目标，示范推广融产品溯源、智能分级、自动包装、保质贮运、精准质控于一体，适应互联网和国际化营销的产后技术体系；以最大限度发掘和保全枣果特色营养及满足不同消费者需求为目标，开发融富含营养原料筛选（品种和产地）、主要营养高效保存、功能成分萃取组配和微生物转化于一体的新一代精深加工技术体系。

六是加强非传统领域增值开发，拓宽产业增值渠道。大力推广林下经济多种经营和一二三产业融合的枣产业发展新模式，实现多层面多领域综合增值；开发枣业增值新领域（食疗价值、生态价值、文化价值等）；积极引进现代营销模式，开拓国际市场，争取早日将木枣纳入期货市场，为枣业增值增效开拓新的渠道。

撰　稿　人：刘孟军
咨询专家：刘孟军　河北农业大学中国枣研究中心　教授
联系电话：13932262298　　0312 – 7528306
电子邮箱：lmj1234567@aliyun.com

# 板 栗

## 一、概述

板栗（*Castanea mollissima*）为壳斗科栗属植物，原产我国，栽培历史悠久，板栗抗旱和较耐瘠薄，可保持水土。由于板栗既有良种的生态效益又有较高的经济效益，在精准扶贫和生态文明建设中发挥了重要作用。截至2018年底，我国板栗栽培面积343.85万$hm^2$，年产量198.82万t左右，占据全球板栗产量比重的80%以上。

板栗是重要坚果，果实可生食、糖炒、烘食和罐制等。果肉含淀粉51%~60%，蛋白质5.7%~10.7%，脂肪2%~7.4%。坚果碳水化合物、蛋白质、脂肪含量与优质大米、小麦相近，而板栗粉质细腻，支链淀粉含量高，品质远非一般米、麦所能及。同时板栗坚果含多种维生素及矿物质元素等，营养价值高，是幼儿及体弱病人的良好食品，栗果在日本还被称为美容食品。栗树各部分均可入药，果实健脾益气、补肾、消除湿热、增强免疫力；栗壳治反胃、肚胀；树皮煎汤洗丹毒，树根治偏肾气，叶可作收敛剂，雄花序燃烧可驱蚊蝇，花是蜜源，叶还可饲养樟蚕和柞蚕。

## 二、发展目标

板栗是重要的木本粮食，铁杆庄稼，医疗保健作用也很突出。板栗产业发展的重点是进行低产林提质增效改造。北方重点解决抗旱问题，南方重点解决病虫害防控问题，大幅提高我国板栗产量。同时调整品种结构，解决集中上市问题，提高销售价格。

## 三、品种选择

板栗品种选择应以当地选育的优良品种为主栽品种，同时必须配置亲和力强的授粉品种，栽2~3个品种为宜，单一品种往往因授粉不良而产生空苞，密植栽培是板栗发展的趋势，品种需具有短截修剪后易抽生结果的特性，现有板栗园晚熟品种较多，适应市场需求，新发展板栗园和低产林改造根据不同食用要求，应以糖炒栗品种为主、适当发展优良的菜栗品种，既要考虑到外贸出口，又要兼顾国内市场需求。同时做到早、中、晚品种合理搭配，实现板栗市场的全年供应，同时加大晚熟大果形耐贮藏和加工品种的比重。除此之外，各地根据具体栽培条件选择适宜品种，北方注意选推抗旱品种如'紫珀'，南方注意推广抗桃蛀螟的品种如'处署红'。

## 四、育苗技术

### 1. 播种育苗

板栗砧木常采用实生播种育苗。

(1)种子的选择。选择优良单株作为母树，母树要求更丰产，抗性强，成熟期一致，籽粒整齐等。选择大粒种子，籽粒饱满，充分成熟的坚果，个大饱满的营养丰富，有利于幼苗的生长。

(2) 种子的存放及沙藏。板栗坚果怕干、怕湿、怕热、怕冻。板栗果实易失水，采后自然放置 20 天，可失水 50% 以上，发芽力降低，放置 70 天失去发芽力，温湿度过高易霉烂，又怕冻，受冻后种仁变质，失去活力，因此采收后，要注意保存。一般应存放在低温 0~2℃，湿度 90% 左右，通气，湿麻袋存放，亦可采用沙藏，先冷凉，背阴地方，或搭遮阴棚，防风吹日晒。沙藏时采用一层沙，一层栗(砂：果 = 2:1)，沙藏堆高 40cm，宽 1m，长视果量而定。沙洼水量 10% 左右，3~4 天翻倒一次，气温降到 0℃ 时入沟贮藏。板栗一般休眠 2~3 月，经贮存的种子，于 11 月底进行沟底沙藏。

(3) 播种。一般采用春播，土温 10~12℃ 时，种子萌发；15~20℃ 为萌发的最适温度。华北一般 3 月中旬至 4 月上旬播种，以晚播为好，因此早春可加厚沙藏沟覆土或放于冷凉处，以抑制发芽，尽可能推迟播种。

(4) 播种方法及播后管理。多采用条状点播，行距 30~40cm，株距 10~15cm。亩播种量 100~150kg。播种时种子平放，以利于出苗，覆土 3~4cm。出苗前不要漫灌，防止土壤板结和霉烂。低洼地及南方适于高畦播种。播后覆地膜；中耕除草；苗期追肥，出土 1 月后开始补肥(2~3 次)；灌水和排水；防寒和平茬；病虫害防治。

### 2. 嫁接育苗

(1) 接穗准备。选优良品种、优良单株，选壮枝壮芽。结果枝或结果母枝，长度一般 7~8cm，留芽 3~4 个。接穗应现接现采，或提前采集低温贮藏，嫁接前接穗蜡封可大幅提高成活率。

(2) 嫁接时期和方法。板栗嫁接主要在春季进行，一般砧木芽萌动至萌发期为嫁接适期，可持续 20 多天。气温 15~25℃，嫁接成活率高，尽可能选择晴天嫁接。

(3) 嫁接方法。春季嫁接常用劈接和插皮接。板栗的木质部呈齿轮状(有 5 棱)，用一般芽接，芽片内侧难愈合，近年来，秋季(9 月中下旬至 10 月上旬)带木质芽接，成活率可达 95% 左右。

(4) 嫁接后管理。注意随时抹除砧木上发出的萌蘖，将接穗绑上支柱。接穗成活后及时解除包扎物，萌发枝条生长到 60~70cm 时及时摘心。重点防治金龟子、栗大蚜、红蜘蛛等害虫。

## 五、培育技术与模式

### 1. 立地选择

板栗根系深广，适应性、抗逆性强，但要求微酸性(最适 pH5.5)、通透性好。当土壤的 pH 为 4.5~7.2 时，可以正常生长结果。当 pH 达到 7.5，总盐量达到 0.2% 时，植株生长势很差或难以成活。板栗在过于黏重、通透性差的土壤上生长发育不良。选择园址时要特别注意避开 pH 大于 7 的土壤和过于黏重的土壤。山区、丘陵地带建园，一般选择山坡的中下部阳坡。

### 2. 整地

山地建园要先修好等高梯田。无论山地或平地都要按宽 1m 深 0.8m 开沟或按长、宽各 1m，深 0.8m 挖坑。然后按先表土后生土回填，在回填的同时掺进有机肥、杂草作物秸秆，回填后要浇大水沉实。

**3. 栽植**

（1）栽植密度。通常集约栽培方式且管理水平较高，土地又平整肥沃的栗园，可每亩栽 30～40 株。山地、瘠薄栗园每亩栽 40～60 株。

（2）栽植方式。定植实生苗，缓苗 1～3 年嫁接成园，是建立新栗园的主要方法。其优点是建园成本低，品种配置比较容易掌握，便于根据当地条件选配品种，植株生长健壮，结果早，易丰产。一般嫁接第二年结果，第 3～4 年就可进入结果期。

定植嫁接苗建园应用日渐广泛，尤其是在那些没有栗树栽培经验的新产区。此方式优点是省略了嫁接环节，缺点是前期植株生长势弱，品种配植难度大，在目前育苗技术不规范的情况下，极易造成成园后需再行嫁接改造的不良后果。

**4. 土肥水管理**

（1）土壤管理。板栗树多栽植在山地上，管理粗放，土壤流失严重，肥水不足，产量低而不稳。要实现高产，必须做好深翻扩穴工作。

深翻：板栗园土壤深翻，可改善根际生长环境，有利于栗树的生长和结果，深翻分为春、夏、秋三季进行。春季深翻宜早，深度 10～15cm，有利于促进根系活动，春季干旱无灌溉条件地区不宜进行。夏季深翻一般在雨季，结合除草压绿肥深度 20cm 左右。秋季深翻一般也宜较早进行，北方多在栗子成熟前，结合锄草压肥进行，有利于捡拾栗子，深度 20～30cm。深翻或刨树盘要掌握里浅外深，少碰粗根。

扩穴：山地土质坚实，结构不良，栽树时往往挖穴过小，形成花盆式栽植，影响栗树生长，形成小老树，因此必须进行扩穴，改良土壤，扩穴一般从树冠外围开始挖深 60cm，宽 50～80cm 的沟，由外向里扩，扩大根较多的地方为止，不要伤 0.5cm 以上的根，注意要与栽植穴扩通，扩穴一般自幼树期起逐年进行。

（2）施肥。板栗虽然在瘠薄的山地、河滩地上能生长结果，但合理施肥是栗园丰产的重要基础。基肥应以土杂肥为主，以改良土壤，提高土壤的保肥保水能力，提供较全面的营养元素。施用时间以采果后秋施为好，此期气温较高，肥料易腐熟；同时此时正值新根发生期，利于吸收，从而促进树体营养的积累，对来年雌花的分化有良好作用。追肥以速效氮肥为主，配合磷、钾肥，追肥时间是早春和夏季，春施一般初栽果树每株追施尿素 0.3～0.5kg，盛果期大树每株追施尿素 2kg。追后要结合浇水，充分发挥肥效。夏季追肥在 7 月下旬至 8 月中旬进行。这时施速效氮肥和磷肥可以促进果粒增大，果肉饱满，提高果实品质。板栗为高硼植物，缺硼地区混入硼肥，有利于雌花分化、开花、结实，减少空蓬。

（3）灌水与保墒。板栗抗旱性较强，但充足的水分有利于高产优质，板栗需水的关键时期是萌芽前和花前，可促进雌花分化，开花结实，有利于枝条生长，提高产量。板栗多栽植在山地，绝大部分栗园无灌水条件，因此重点应在保水保墒上，主要措施有以下几项：

树盘覆盖：冬春干旱少雨多风常导致板栗雌花少、坐果率低，在秋季降雨后覆膜蓄水大幅缓解春季旱情，提高产量。

径流集水：在干旱或半干旱地区，虽然降水较少，如果将一定面积上的雨水集存起来，其水量仍然是不少的。

合理施肥：增施有机肥，利用水肥耦合效应提高肥、水利用效率。

**5. 整形修剪**

(1) 常用树形。板栗的适宜树形有主干疏层延迟开心形和开心形。

主干疏层延迟开心形：适于中等密度果园，其结构特点是干高60~80cm，主枝5个，第一层3主枝，间距25~30cm，第二层主枝2个，间距60cm，层间距80~100cm。第一层主枝角度45°~50°，上层主枝角度30°~40°，基部主枝上选留2~3个侧枝，上层主枝上选1~2个侧枝，第一侧枝距主干70~100cm，第二侧枝距第一侧枝40~60cm，树高5~7m。对于大树冠形树，可多留一层主枝即留7个，该树形分层通风透光好，结果面积大，立体结果产量高。

开心形：适于密植园主干高50~60cm，全树3个主枝，不留中心领导枝，各主枝在主干上相距20~30cm，主枝角度40°，各主枝左右两侧选留侧枝，两个背斜，一个背后为好，树高3~4m。开心形光照好，树体较矮，利于结果，便于管理。

(2) 幼树的修剪。主要是根据树形的要求进行整形，尽量少疏多留，促进树体扩大，提早结果。应注意的是栗树易发三叉枝、四叉枝和轮生枝，对这类枝要防止竞争，造成掐脖和偏冠。对这类枝条可疏一部分，极重短截一部，也可以在生长季进行摘心控制，培养枝组。

(3) 结果树的修剪。进入结果期后，修剪的任务是促进强壮结果母枝的形成，并使结果母枝的数量适当，控制结果部位外移，实现内外立体结果。

结果母枝的留量：结果母枝是结果的基础，一个结果母枝一般能抽出2~4个结果枝。强的结果母枝能抽出4个以上结果枝，弱的只能抽出1~2个结果枝。结果母枝数量太少，产量低；但若过多，营养分散，抽生的结果枝细弱，坐果不良或只能抽生雄花枝，且第二年形成的结果母枝也弱。亩产200kg，留8个母枝/m²；大果型留6个为宜。

结果母枝的培养：保持和培养一定数量的结果母枝是丰产稳产的关键措施。①保持结果母枝连续形成。板栗是壮枝结果，弱结果母枝抽生雄花枝，消耗大量营养。结果母枝在枝条前端形成，连续结果后越分越多，长势越来越弱，不能连续结果。因此要及时复壮。一般对前端枝疏剪和短截复壮。如果抽生较壮的4个结果母枝，可保留2个，疏除1，截1；如果抽生3个，则疏1，截1，留1；如果抽生2个，则截1和疏1，留1。要越弱越疏，越壮越留。短截一般在中部截，短截后有的品种能抽生结果枝，有的不能抽生结果枝，但仍要短截一部分，以减少雄花量，增加叶面积。每平方米留6~8个结果母枝。②弱枝变强。对于连续结果多年的内膛衰弱枝组，可进行局部回缩，进行小更新，复壮后部弱枝。③旺枝变弱(徒长枝利用)。摘心：30~40cm摘心，促发副梢，粗壮副梢可形成结果母枝。中截：促使形成结果母枝。改变角度，缓放。

细弱枝处理：弱枝很难转化成壮枝(结果母枝)，除一小部分作预备枝保留外，应全部疏除。

### 6. 虫害绿色综合防治技术

栗园自然生草和合理的种植密度能够减轻板栗红蜘蛛的危害。合适的株行距为 2m×3m、3m×4m、4m×4m。

使用1.8%阿维菌素EC和10%阿维菌素·哒螨灵EC能有效防治板栗红蜘蛛，其三个防治关键期分别为5月25日、6月15日、7月1日前后。使用粘虫胶涂抹树体基部不能够有效防治板栗红蜘蛛，使用杀虫灯和性引诱剂能有效防治桃蛀螟。

## 六、对策建议

### 1. 稳定面积，以市场为导向调整结构，进行低产低效林改造

稳定现有栽培面积，调整品种结构，解决集中上市问题，提高销售价格。适当增加晚熟大果形耐贮藏品种和加工品种的比重，保持早、中、晚熟品种合理搭配，实现板栗市场的全年供应。推广密植低产林树体改造、抗旱栽培、病虫害防控技术，大幅提高我国板栗单位面积产量。

### 2. 品牌策略

实行"公司+农户+商标"的促农增收新模式，积极推动农产品商标注册和地理标志保护和产品认证工作，培养板栗营销经纪人队伍，使板栗生产、销售良性发展。

### 3. 建立栗农合作协会

以联盟的方式将社会上的栗农、板栗经纪人、小商、小贩吸收进来，完善企业与栗农的联接机制，保障栗农的谈判地位，尽最大可能地保护处于产业链弱势地位的栗农的利益。

### 4. 培育龙头企业

加快建立集生产经营、销售运输、贮藏加工为一体的板栗生产龙头企业，推广板栗保鲜贮藏、保鲜技术，最大程度地保留板栗其固有的风味和营养成分。推进板栗产品开发向精深化加工方向发展。实现板栗加工技术、设计、包装上不断创新。

### 5. 积极拓宽销售渠道

在新冠疫情背景下，板栗出口受到冲击，开拓国内市场，加强网络销售，全方位多形式地拓宽流通渠道，扩大销售能力，进而形成辐射全国的销售网络。

撰　稿　人：苏淑钗
咨询专家：苏淑钗　北京林业大学　教授
联系电话：13552831600　　010 – 62336044
电子邮箱：568378121@qq.com　　微信：beilin – ssc

# 仁用杏

## 一、概述

仁用杏是以获得杏仁为主要生产产品的杏属（*Armeniaca*）植物栽培种质类型。主要包

括"大扁杏"和生产苦杏仁的西伯利亚杏(A. sibirica)、辽杏(A. mandshurica)、藏杏(A. holosericea)、志丹杏(A. zhidanensis)、洪坪杏(A. hongpingensis)和普通杏(A. vulgaris)野生类型的各种山杏。仁用杏是杏重要栽培类型之一，我国是杏的原产国，栽培历史非常悠久。远在春秋时代已有关于杏树的记载，在古代就与桃、李、栗和枣称为"五果"。

我国杏种质资源十分丰富，至今我国三北地区，特别是延长城一线仍然有大面积山杏原始次生林分布。仁用杏中的"大扁杏"品种有30余个，目前我国是世界上唯一栽培"大扁杏"仁用杏的国家。自然"大扁杏"的系列品种也是我国所特有的品种。

杏仁富含丰富的优质蛋白质、粗脂肪、糖，以及丰富的磷、钙、铁等矿物质。其脂肪中油酸和亚油酸为主，也富含棕榈酸和硬脂酸等不饱和脂肪酸。目前我国已经利用杏壳生产高级活性炭，杏仁提取维生素$B_{17}$、天然苯甲醛、天然苯甲酸、杏仁油、杏仁粉、杏仁蛋白粉、杏仁肽等产品。

我国甜杏仁(大扁杏)面积27.86万$hm^2$，产量2.22万t；苦杏仁(山杏)154.19万$hm^2$，产量7.26万t。主产区集中在"三北"地区，全国年产杏仁超100t以上的县(市)中河北占12个、北京3个、内蒙古3个、辽宁3个。仁用杏除苦杏仁每年有相当一部分国内医药公司收购需要用于制中药和作为杏仁深加工原料外，剩下几乎全部用于出口。我国每年杏仁生产量的90%用于出口，每年苦杏仁出口量在0.8万~1.1万t之间，"大扁杏仁"(甜杏仁)600~1000t。

## 二、发展目标

我国"三北"地区自然年降水量380mm以上地区，都有仁用杏分布，仁用杏抗旱抗寒耐瘠薄，是北方干旱条件抗旱造林的先锋树种。

近几年随着杏仁为原料加工产品的开发，对于杏仁的需求量逐渐增加。我国目前杏仁需要量不断增加，价格虽然也逐渐增加，但是与价值相比还是偏低(包括大扁杏仁)。由于山杏的产量低，一般都是生态林与经济林混合类型，因此在我国"三北"地区发展，即便再增加一千万亩也不会过剩。

## 三、品种选择

**1. '龙王帽'**

原产北京市门头沟区汪黄塔及龙王村的农家仁用杏品种，平均单果重11.7~20.0g，干核率12.7%~17.6%。干杏核出仁率为28%~30%。平均单仁重0.8g左右，仁饱满、香甜，仁皮稍带苦味。

**2. '一窝蜂'**

大扁杏的主要栽培品种之一，平均单果重10~15g。出干核率为17.5%，干核出仁率为30.7%~37%。平均单仁重0.6g左右。

**3. '柏峪扁'**

原产北京市门头沟柏峪村的一个农家仁用杏品种。平均单果重12.6~18.4g，干核出仁率30.95%，平均单仁重为0.8g左右。

### 4. '优一'

系河北省张家口地区林业科学研究所从山甜杏中选出的仁用杏品种。平均单果重 7.1~9.6g，出干核率 17.8%，平均单仁重为 0.53~0.75g。

### 5. '京仁 3 号'

北京市林业果树科学研究院选育的仁用杏品种，2016 年获得国家林业局植物新品种保护权。果实 7 月中旬成熟，平均单果重 26.7g。干杏核出仁率 36.3%。平均单仁重 1.10g，仁饱满、香甜。

## 四、育苗技术

### 1. 播种育苗

我国北方仁用杏栽培区主要是采用普通杏、西伯利亚杏、辽杏 3 个种类的种子作砧木。山杏种子要经过 1~5℃在湿沙中层积处理 90~100 天，然后进行种子催芽。播种前苗圃地要进行深翻熟化，然后做畦（一般按 1.2m 宽、10~15m 长）。播种可采用秋播，秋播可省去种核沙藏和催芽过程，但要求土壤墒情好。播种前应把种核浸泡清水中 3~5 天，然后播种。

可采用点播播种。即在畦内沿行每隔 5~7cm 点播一粒发芽的种子。畦内行距可采用宽窄行（30cm+60cm），也有行距均为 60cm，不分宽窄行，点播深度 3~5cm，秋播后一定要灌水，以便种子在苗田内度过休眠。也可采用条播播种，沿行向开成 3~5cm 深度的沟，然后撒入种子。种粒距离 5cm 左右，播种后覆土踏实。播种量应根据种核大小及发芽率确定，一般每亩 25~50kg。

幼苗出土后要及时松土，当苗长至 5~10cm 时，幼苗易得立枯病和根腐病，应及早应用 1500 倍甲基托布津和 300 倍硫酸铜等防治。对缺苗地段要及时从过密地段间苗补植，株距 5cm 左右为宜。在苗期要注意除草，待 6~7 片叶后，要注意追施复合肥。不要过量追施尿素，以免造成徒长。施肥后要及时灌水一次。我国北方 5~6 月雨量较少，若干旱时应及时补充水。7 月后一般雨水较多，要注意苗地及时排水，入冬前应浇一次冻水。

### 2. 嫁接育苗

仁用杏中的大扁杏的品种苗繁殖需要嫁接。嫁接可在春季进行枝接（切接、腹接、舌接、合接、劈接和插皮接）或在夏秋季节进行芽接（芽接或带木质部芽接）。

春季枝接的接穗在采集后要及时进行蜡封处理。在改接后要及时检查嫁接成活率。对未成活单株及时进行补接，对绑扎过紧者要及时松绑，以免绑缚物陷入皮层。秋季芽接的苗，翌年春萌芽前要从接芽上方 1cm 处剪除。剪砧后（或春枝接后）要及时抹除萌蘖。整个生长期要注意追施复合肥，及时松土除草和病虫害防治。

春季和秋季都可以起苗。起苗前要注意土壤墒情。墒情不好要及时浇水，以保证起出苗木有较多须根。起苗时一定要保护好根系，对起出的苗避免风吹日晒，最好就近随起苗随栽植。秋季起苗后不能定植越冬时应进行假植。

## 五、培育技术与模式

**1. 立地选择**

仁用杏由于其具有抗旱、耐瘠薄、适应性强特点，无论是山地、河滩、沙荒、平川均能栽培。在我国"三北"地区年降水量超过380mm以上的地区都能够栽培，只是生长与结果的表现因立地条件变化而变化。要收到理想效果，必须在适宜其正常生长发育的温度、水分、光照、地势和土壤等生态条件下建园。

(1) 温度。仁用杏树对温度适应性较强，在年平均温度5~12℃的地区为仁用杏的最主要栽培类型大扁杏的适宜温度栽培区。年平均温度4~12℃为山杏适宜温度种植区。杏树在冬季休眠期能抗-38.0℃低温，在新疆吐鲁番地区，夏天气温高达40℃以上，杏树仍然正常生长发育，可谓适应性非常强。杏树不同物候发育阶段能抵抗不利温度变化的范围，冬季休眠期抗低温能力强，随着物候顺延，抗低温能力减弱，杏花芽萌动期抗低温能力强，盛花期次之，幼果期抗低温的能力最弱。

(2) 水分。杏树是一个抗旱、抗瘠薄而很怕涝的深根系树种。在没有灌溉条件下，一般年份降水量为380mm以上地区杏树均能正常生长结果。但在早春和幼果期处于干旱的时节，应进行灌溉。特别是我国北方地区，雨季多集中在7~8月。前期干旱时应采取灌溉措施以补偿土壤水分，才能使杏树连年丰产。杏树不耐涝，水分过多对杏树生长也不利。因此，杏园雨季要注意排水。

(3) 光照。杏是喜光树种，光照充足，树冠开张，新梢生长充实，枝组寿命长，花芽发育好，结实率高，丰产、优质。反之，树体内膛光秃，枝条不充实，花芽不饱满，产量不高，果实品质下降，风味差。因此，发展杏树地块应该阳光充足。

(4) 地势。杏树对地势的要求不严格，在坡地、平地、河滩地，或者在海拔1000m以上的高山上都能正常生长。由于杏树开花早，山地谷底和山坡底部空气不流通的盆地等地形易集结冷空气，发生晚霜冻，出现冻花冻果等现象，影响杏树的产量。因此，在山地建园注意应选择背风向阳或半向阳的山坡中上部，避开风口和山坡中部的凹地和槽谷地，以免杏树花期遇到晚霜为害。

(5) 土壤。杏树根系强大，穿透力强，适应性也强。在黏土、砂砾土、砂土、盐碱土，甚至在岩石缝中均能生长。杏树砂壤土不喜黏重土壤。

(6) 避免重茬。凡是栽过桃、李、樱桃的地块，特别是栽过杏的地块，不宜接着再栽植杏树。如再建杏园，则应在栽植前深翻土壤，清除残根，进行土壤消毒，并增施有机肥料。

**2. 整地**

山地种植山杏可以采用鱼鳞坑直播种植，不但垂直根系发达，有利于树体抗旱，而且造林也节省人力物力成本。种植大扁杏(包括山杏)尽量要定植平坦一点的地块，也可以在已经整理好的梯田地栽植，有条件的可以在定植前平整土地，没有条件可以采用"一树一库"方式栽植，意思是定植单株为单位，按照树冠大小做一个四周有围埂的水平树盘即可，即便相邻树盘间也未必在一个水平高度，但是同一个树盘内一定要在一个水平面上。

### 3. 栽植

定植时除要正确选择品种外，还要注意配置授粉树，栽植密度多采用 2m×4m～3m×6m，每亩 40～83 株。春季、秋季均为栽植杏树的季节。我国北方干旱地区春季栽植杏树时，通常应用"三个一"技术（1m 的定植穴、1 桶水和 1m² 地膜）提高杏树定植成活。定植前苗木根系如果经过浸泡，能够明显提高杏树定植成活。

### 4. 抚育

（1）整形修剪。仁用杏杏园常见树形有自然圆头形、疏散分层形、自然开心形等。按照树形特点和要求，要有步骤地应用抹芽、摘心、拉枝、扭梢等夏季修剪和拉枝、短截、疏剪、甩放等冬季修剪措施进行整形修剪。

幼树阶段修剪的主要任务是培养好各级骨干枝，尽快建成坚固、丰产、稳产的树体结构。同时利用一切可以利用的辅养枝，使其尽早成花结果，为早期丰产打基础。采用的手法以"缓"为主。

盛果期是主要结果阶段。这一阶段的主要特点是树体营养生长缓和，生殖生长量增加。从局部来看，枝条（包括主侧枝延长头）的生长量减少。从树整体看总枝量，特别是中短果枝量增加。这些生长势缓和枝的增加使产量也迅速增加。产量增加削弱了树体萌发新枝和枝条的生长量。所以调节结果与枝条萌发、生长的矛盾，使其维持合理结果又正常营养生长的平衡关系，是这一阶段的主要修剪任务。

进入衰老期的树体，最大特点是枝条生长量变小，主、侧枝前端下垂，膛内和中下部光秃，中、小型枝组常发生干枯、死亡现象，产量明显下降。此阶段修剪的主要任务是更新复壮，维持树体有较高的产量。

（2）土、肥和水的管理。仁用杏杏园大多数被建在山地或丘陵地上，一般情况下土质瘠薄，结构不良，有机质含量低。这样的土壤条件不适宜杏树生长发育，需要进行土壤改良。

仁用杏树与其它果树一样，在其整个生命活动中要不断地从土壤中吸收氮、磷、钾、锰、铜、锌、钼等营养元素。但土壤中这些元素贮存的量是有限的，当大量富含丰富营养果品被采收后，土壤中必然由于营养元素的消耗而变得亏损。因此应用施用基肥和追肥的方式，采用环状、放射状和条沟等施肥方法，辅助以根外追肥来满足仁用杏对营养元素的需求。

仁用杏树是一个抗旱树种。在我国河北省张家口地区部分的山区县和山西省北部的部分地区，年降水 300mm 左右，在没有灌溉条件下杏树也能连年结果。但杏对水分供应的反应是十分敏感的。缺少水分枝叶生长缓慢，虽然连年结果但产量不是很高。水分过多造成土壤缺氧，影响根系生长和吸收养分，严重者造成烂根，整株死亡。因此仁用杏园灌水和排水对杏树丰产有重要作用。

（3）病虫害防治。仁用杏常见的病虫害种类有李小食心虫、桑白蚧、柿毛虫、天幕毛虫、桑天牛、小蠹虫、杏疔病及早期落叶病等，要根据病虫害的发生规律适时防治。

## 六、对策建议

仁用杏是我国特有的木本粮油树种，栽培历史悠久。今年发生世界范围的疫情，我国粮油自给是新闻热点。我们应重视木本粮油产业，为抗击疫情做出新贡献。首先要加大宣传发展仁用杏的好处。第二，发展和提高仁用杏栽培技术水平，同时注重搞好示范和推广工作。第三，开发好仁用杏加工研发，使初级产品升值才能够带动产业发展。

另外，对于仁用杏要按照立地条件设置期望值。年均气温 3℃ 以上，年有效积温 2000℃，无霜期 100 天以下地区，杏树能够生长，但不能结果，此山杏分布区称为山杏生态栽培区。年均气温 3~4℃，年有效积温 2000~2400℃，无霜期 100~110 天，此山杏分布区称为山杏生态经济栽培区。年均气温大于 4℃，年有效积温大于 2400℃，无霜期大于 110 天，此山杏分布区称为山杏经济栽培区。不要期盼非经济栽培区的仁用杏产生经济栽培区的效益，对于生态环境条件相对较差的杏园，其产量低是正常现象，作为生态林同样为环境做贡献。

撰 稿 人：王玉柱　孙浩元　杨丽　张俊环　张美玲
咨询专家：王玉柱　北京市林业果树科学研究院　研究员
联系电话：13601322080　　010 - 82592521
电子邮箱：chinabjwyz@126.com

# 香 榧

## 一、概述

香榧( *Torreya grandis* 'Merrillii' )是红豆杉科榧树属榧树种中的优良栽培品种的统称，为第三纪孑遗植物，属于国家二级保护植物。原产地为浙江，栽培范围跨越我国东南部的北亚热带到中亚热南缘的广大地区，现已实现在浙、皖、赣、贵、鄂、湘、川等 12 个地区规模化种植。

香榧坚果营养丰富，风味独特、口感香酥、余味浓郁，是最具特色的珍稀健康干果；种仁富含 17 种氨基酸，其中 7 种为人体必需氨基酸，19 种矿物元素，以及 VB3、VE 等多种维生素。蛋白质含量在 13% 左右，钾含量高达 0.70%~1.13%。种仁含油量约 55%，其中不饱和脂肪酸占比 80% 以上，人体必需脂肪酸 - 亚油酸的含量高达 45%，单位面积产油量可达 500~600kg/hm$^2$，既是特色干果又是高产优质的木本油料树种。其树形优美，四季常绿，树冠浓密、冠如华盖，在保持水土、涵养水源等方面效果明显，还是重要的生态经济树种和乡土观赏树种。此外，香榧假种皮内含芳香油脂，香精提取率在 2.5% 以上。枝叶中含有榧属植物特有的抗病毒活性成分榧黄素及抗癌活性成分紫杉醇等。

香榧经济收益长，千年古树仍结果累累，素有"养它十年、还你千年"之誉。经济价值高，近 5 年市场价格在 200 元/kg 以上，每亩年产值万元以上，栽培效益居山地经济林之首。香榧产业发展可以有效推动我国南方山区农业增效、农民增收，助力精准扶贫、乡村振兴战略，同时还对建立我国食用油战略储备等均具有重要意义。

## 二、发展目标

香榧坚果不仅营养丰富、富含不饱和脂肪酸,具有清除体内自由基、抗衰老、调节血脂、软化血管及益智补脑等保健作用,符合现代营养理念及阶段性营养均衡需求,具有重要的经济价值。然而,目前香榧栽培面积只有约150万亩,年产干果仅在7000t,有必要进一步扩大栽培区域。预期经10~15年发展,栽培面积达到300万亩,产量超3万t。在适度发展的前提下,通过进一步开发新产品,扩大销售区域,使丰产林分亩产值保持在10000元/亩以上,一、二产业产值超300亿元。

## 三、品种选择

香榧现有国家审定良种1个;浙江省审定良种3个,认定良种8个。国家审定良种细榧为原浙江省诸暨、东阳等地栽培的农家品种;'东榧1号'、'3号'及'立勤细榧'、'美林细榧'为细榧群体中选育的早丰品种,'龙凤细榧'为雌雄同株品种;'细珍珠'、'早缘榧'、'脆仁榧'、'东白珠'、'朱岩榧'、'丁山榧'均为实生榧树群体中选育而来。前期认定的'珍珠榧'、'象牙榧'虽已过认定期,但仍有相当多的榧农选择种植。

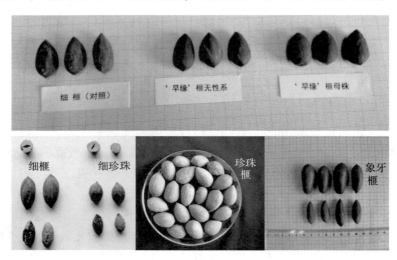

图1 不同品种榧籽籽形差异

因此,在生产上推荐种植品种主要为'细榧'、'东榧1号'、'3号'、'早缘榧'、'细珍珠'、'立勤细榧'、'美林细榧等','龙凤细榧'仅作为授粉品种;'原珍珠榧'、'象牙榧'亦可推广种植。'东榧1号'、'3号'、'立勤细榧'、'美林细榧'的叶形、籽形、营养组分与细榧类似。'细珍珠'、'早缘榧'、'珍珠榧'、'象牙榧'在品质整体性状或单个性状上优于'细榧'(图1)。'细珍珠'、'珍珠榧'籽形均为小圆形,单籽重1.5g左右,种衣极易脱,余味甜香。'珍珠榧'油脂含量略低于细榧,约为52%,种仁酥松度稍差;'细珍珠'风味优于'细榧',种壳较厚。'早缘榧'成熟期早于'细榧'5天左右,油脂含量绝对值高于'细榧'4%~5%,酥香、细腻程度好于'细榧'。'象牙榧'籽细长,种仁饱满,种衣易脱、风味近似'细榧'。

## 四、育苗技术

香榧苗木多以嫁接方式繁育，由于种子发芽慢、发芽率低，必须先进行催芽处理。因此，香榧育苗主要包括催芽、播种育苗和嫁接后培育三个阶段。

(1) 催芽：10月上中旬，采集成熟开裂的榧树种籽并及时脱除假种皮，用500倍体积的40%多菌灵溶液浸种5s，沥干后立即置于湿沙堆中(手握成团不散)层积催芽。催芽时，需在层积堆上覆盖塑料膜保湿，11月以后气温下降至20℃以下，需在催芽堆上搭塑料拱棚增温，通过增温加速种子萌发。次年1月上旬至3月初期间，分别翻堆2~3次，并挑拣已完成催芽的种子进行播种。

(2) 播种育苗：香榧忌积水，圃地要求选择疏松深厚的砂壤土，并在入冬时翻耕以风化土壤和消灭土壤中病虫害，用硫酸亚铁消毒。酸性土壤以1500kg/hm$^2$施加石灰，用来中和土壤酸度，同时兼具预防病虫害作用。春季作畦前先用草甘膦、二甲四氯等除草剂消灭圃地杂草，然后将土壤耙平，作东西向畦，宽1.2m，沟深30cm。对于排水不良的圃地，中沟及边沟要加深到40cm。而土壤黏重或砂性很强的土壤，在作畦前用腐熟的栏肥，或鸡、鸭、兔粪等以4000kg/亩施于地表，再平整土地作畦。

香榧栽培需用2+3(2年生砧木，嫁接后再培育3年)以上的嫁接苗，一般通过前密后疏的"三段法"培育。一年生实生苗采用密植集中管理，播种密度行距0.2m、株距0.1m，约30000株/亩；于当年11月结合断根移植，移植后密度为行距0.5m、株距0.3m，约4000株/亩。一年生实生苗一般于4~5月开始出苗，前期需用50%以上遮光度的遮阴棚进行遮阴，有利于苗木存活和后续生长。苗木培育过程中，一般要求遵守薄肥勤施原则，即根据苗木大小，每次施入复合肥7.5~15kg/亩，6月以后，可喷施2次0.3%磷酸二氢钾促进苗木木质化，入秋后施加有机肥200~250kg/亩。

(3) 嫁接：砧木苗地径约1cm时，可以开始嫁接。接穗应选择生长势旺盛(枝径在0.3cm以上)的1年生主枝延长枝、顶侧枝和粗壮侧枝的延长枝、顶侧枝及多年生枝节上萌发的新枝。春季采用切接法或劈接法嫁接，夏秋季则采用贴枝嫁接法嫁接。贴枝嫁接当年保留部分砧木枝叶供应营养，次年5月上旬剪砧；大砧一般采用切接或插皮接。小苗嫁接一般在当年8月左右解绑，大砧嫁接需提早解绑；嫁接后要及时清除砧木上萌发的蘖条。

## 五、培育技术与模式

(1) 立地选择：应选择海拔在100~800m(低纬度区域可至900m)之间的山地种植，低海拔区可选择阴坡、半阴坡种植，中高海拔则要求阳坡种植，忌在风口种植。花岗岩、石灰岩、凝灰岩、流纹岩、玄武岩等母岩发育的土壤最佳，土壤应疏松透气、土层深厚，pH在5.0~7.0之间。集中连片种植，且坡度应在25°以下。

(2) 栽培模式：香榧缓苗期约1年，前期生长量低，造林后10年内林分难以郁闭，适合与茶叶套种,或者林-粮、林-药、林-草间种。

(3)整地:缓坡地全面翻耕做宽畦水平带,宽5m,内沟深30~40cm,以利排水。15°~25°之间的坡地,做窄带宽坎水平带,带宽2m,带距3m,带坎具一定坡度并保持原有植被。25°坎以上的陡坡实行免耕,树干四周建鱼鳞形树盘,树盘下部、外缘砌石坎、打木桩或种茶叶以保持水土,施肥管理仅在树盘内进行。

(4)挖穴:实行缓坡宽带整地的,在畦中间偏外侧种植;中坡狭带整地的,于带的外侧1/3处种植,以便根系向外侧坡发展。应于种植前2个月挖种植穴,规格不低于70cm×70cm×60cm,穴内放置20kg有机肥以及周边杂草,回填至与地平待种。

(5)苗木选择、根系保护与种植前修剪:选择叶色深绿、根系发达无根腐病、地径2.0cm左右的健壮良种苗进行造林。大苗一般要求带土球,裸根苗在起苗、包装、运输、种植整个环节均需要注意根系保护,防止根系受损和根系失水。种植前应对苗木进行整形修剪,春季种植、根系受损严重的苗木修剪量可适当增大。疏剪部分下垂枝、细密枝、纤弱枝、竞争枝,开心形保留3~4个主枝,拟采用疏散分层形树形的应保留中心主干。

(6)种植:应在秋冬季无霜冻期(10月下旬至12月中旬)进行造林,有利于根系恢复。造林密度4m×5m,亩植33株左右,按1:20配植授粉树。严格按照浅栽植高覆土操作种植,即预先挖好种植穴后再次回填土至与地面平或稍浅于地面,踩实;将苗木放置于种植穴内(注意种植不返山,种植株弱侧朝外)后回填松土形成一个馒头包状,踩实后再适当回填松土,嫁接口稍露出地面。

(7)遮阴、除萌以及叶面肥施用:于造林后翌年5月上旬,用60%遮光度的黑纱遮住上方直射光,即四角桩覆黑纱遮阴,覆纱高度离香榧枝条的净高度应不少于50cm,东西方向适当黑纱下挂。造林后2年内要及时清除砧木上萌发的蘖条,应贴萌条韧皮部清除,不留桩。为促进根系发育、加速新造林生长,造林后第一年缓苗期应施用叶面肥,即在4~6月喷施3~4次0.3%磷酸二氢钾+0.2%尿素或多种元素叶面肥。

(8)树体生长结实控制:对于幼年嫁接植株,应采用前促后控管理技术,即前期通过施肥配比、扶枝、修剪弱枝、控制授粉等,促进顶端优势,快速扩大树冠;"2+3"(2年生实生苗嫁接后培育3年)嫁接苗种植5年后开始进入结实期,这一时期可通过打顶、拉枝、疏剪以及控制氮肥施加量,降低顶端优势和垂直优势,控制生长势以促进花芽分化,提早开花结实。

(9)林地管理技术:幼年期,采用年施有机肥1次复合肥2~3次相结合的方式,适当增施氮肥,且施肥量应根据树龄、长势和土壤肥力调整,一般10~20kg/亩。开始结实以后,应根据产量确定施肥量;根据香榧种子分析结果,每100kg种子(带假种皮)约需5~8kg复合肥,亩产500kg蒲果,复合肥施用量不超过50kg为宜。施肥时间分别3月中旬、5月下旬、9月下旬。由于南方酸性土壤一般缺乏钙、镁、磷等元素,pH值偏低,进而影响土壤微生物活动、酶活性和土壤营养的有效性,容易引起硼、钼等微量元素的不足,因此,盛果期林分应隔年补充钙镁磷肥以及少量硼肥。林地应用生草栽培法经营,造林初期集中清理五节芒、巴茅等禾本科植物以及各种藤蔓植物,保留菊科、豆科类植被。雨季结束及采收前人工刈割杂草覆置于树盘内,或选用野豌豆、白三叶类等开展生草栽培。

(10) 人工辅助授粉技术:由于雄株低矮,风媒花传粉效果差等因素,一般需通过人工辅助手段补充授粉。即在'清明'后(一般4月上中旬),雄球花发育成熟,花粉粒刚开始散出时,采集雄花枝;将雄花枝置于干燥阴凉处收集花粉,薄摊1~2天,使花粉相对干燥,袋装或瓶装放置干燥剂(变色硅胶)后保存于4℃冰箱。待雌株全树2/3以上的雌花出现饱满的传粉滴时,开始喷雾法授粉,花粉喷施配比1:500~1:750(一般15kg水,需花粉25g左右),配制好1h内喷施。充分授粉后,传粉滴会收缩并且不会再次吐露。因此在第一次授粉后间隔2天左右,可去观察首次授粉效果,如授粉成功率低于50%,则需进行第二次补充授粉。

(11) 促进二代果膨大技术:香榧从授粉至种籽成熟,共经过17个月,种籽在授粉第一年生长缓慢,次年4月初开始膨大。由于香榧开花、抽梢、膨大在同一时期,养分争夺激烈,次年种籽膨大率不足15%,因此,提高二代果种籽膨大率是丰产的基础。影响膨大率的因素主要有营养生长和生殖生长失衡、细菌性褐腐病导致二代果脱落、种籽发育初期长期阴雨,光合能力弱,养分积累少等。因此,提高膨大率重点在于树势调控、预防细菌性褐腐病、喷施植物生长调节剂等。对于营养生长过弱树需促进树势,即在1~2月对下垂枝、细密枝、纤弱枝进行修剪,以集中营养,改善修剪后枝芽的营养状况;尽早施用春肥,提升树体营养水平;施用叶面肥,快速补充树体养分;适当控制授粉,减少一代果坐果数量。而营养生长过强树的控制,则需调整施肥数量和配比(减氮增钾稳磷);秋季疏剪大枝、缓和树势,尽早开张主枝分枝角度;春肥适当推迟;充分授粉,留果压树势等。对于细菌性褐腐病防治,应在发病前的4月上、中旬(授粉前)和4月底至5月初(授粉后)各进行1次,即用500倍液稀释的5%菌毒清或0.3%四霉素500倍喷雾预防。植物生长调节剂的施用,一般采用1:4000~1:5000比例的爱多收,或浓度0.04mg/L(0.01%含量,配比是1:2500,一桶水15kg用量是6~7ml)的芸苔素内酯,于膨大期喷施,具一定的促进膨大效果。爱多收和芸苔素内酯可以和酸性杀虫剂、杀菌剂混用,不仅可加快吸收,同时具有杀虫杀菌效果。

(12) 病虫害防治:香榧病虫害主要包括根腐病、茎基腐病、细菌性褐腐病以及瘿螨、白蚁、介壳虫、硕丽蝽蟓、细小卷蛾、绿藻等。其中,根腐病、瘿螨、绿藻、细菌性褐腐病较为常见,其它少有爆发性病害。对于根腐病的防治,首先立地选择时应避免土壤过于酸黏、积水;其次种植不能过深,影响根系呼吸;对酸性重的土壤要在秋季结合施用有机肥,深施生石灰等改良土壤理化性质;药剂防治一般选用80%代森锌可湿性粉剂500倍液或25%甲霜灵可湿性粉剂800倍液加促根肥浇灌1~2次。对于瘿螨、绿藻的防治,主要方法是在秋季用较高浓度石硫合剂(波美度1.5以上)进行清园处理。

## 六、对策建议

香榧兼具重要的经济和生态效益,是浙江省近20年来发展最快的经济林树种。受浙江省适宜种植的山地资源限制,产业总规模仅为150万亩左右,产量仅为7000t左右。在全国多数经济林树种进入控量提质阶段时,香榧仍亟需加速推广,扩面增量。

根据香榧树种特性,适宜在石灰岩发育的土壤上生长。目前在贵、云、川、鄂等地的石灰岩发育山地小面积引种种植,生长结实良好,因此,今后的扩面增量可以结合产业扶贫,面向我国大西南广大的喀斯特石漠化山区发展。通过组织培训、参观、劳务交流,加快当地农户对树种的认知,掌握树种种植技术;集中扶贫资源,开展规模化引种;组织专家团队,对口持续推广种植加工技术,多举措推动产业发展。

经过浙江农林大学等科研院所20多年深入研究,围绕品种、繁育、高效栽培技术建立了坚实的前端技术支撑。但产业在标准化加工、新产品开发、深加工领域技术积累相对薄弱,仍需加大科技投入,加快研发,通过二产技术提升,进一步推动产业发展。同时随着农村劳动力资源短缺程度加剧,劳动力成本进一步提高,产业相对效益降低,因此有必要针对山地种植特点及标准化加工需求,研发各个技术环节的实用机械,降低劳动强度、提高劳动效率。

撰 稿 人:吴家胜　喻卫武　索金伟
咨询专家:吴家胜　浙江农林大学　教授
联系电话:13968030948　　0571-63732738
电子邮箱:wujs@zafu.edu.cn　微信:13968030948

# 山核桃

## 一、概述

山核桃(*Carya cathayensis*)属胡桃科山核桃属落叶乔木,高达20m,胸径达60cm;树皮灰白色,光滑;新枝、芽密被橙黄色腺体,后渐稀疏。奇数复叶,小叶5~7枚;叶片披针形或倒卵状披针形,长10~18cm,宽2~5cm,先端渐尖,基部楔形或略成圆形。雄花为葇荑花序,3条成1束,长10~25cm,总柄长1~2cm;雌花为穗状花序,直立,具雌花1~3(~5)朵。核果状坚果倒卵形,具4狭翅状的纵棱,外果皮干燥后革质,沿纵棱裂开成4瓣;果核倒卵形或椭圆状卵形,直径1.8~2.2cm,顶端具1短凸尖,内果皮淡灰黄褐色,厚约1mm;花期4月下旬至5月上中旬,果期9月上中旬(图1)。

山核桃是我国最有区域优势和特色的干果和木本油料树种。种仁营养价值丰富,保健价值高,含蛋白质9.14%(其中必需氨基酸2.84%、呈味氨基酸3.69%)、脂肪64.54%、淀粉4.11%、可溶性糖5.68%;α-Ve 13.50mg/kg、γ-Ve 241.50mg/kg、角鲨烯160.27mg/kg;脂肪酸中不饱和脂肪酸占92.63%,其中多不饱和脂肪酸27.06%;此外,富含K、Ca、Mg、Zn、Fe等矿质元素,含量分别为3235.48mg/kg、1804.60mg/kg、1405.03mg/kg、51.79mg/kg和37.54mg/kg。

图1 山核桃

## 二、发展目标

老产区实施山核桃产业生态化、规模化、专业化经营，保生态、保民生，着力分类经营，提高单位面积产量品质，实现山核桃提质增效。坡度＞25°地段的山核桃林全面实施退果还林；15°＜坡度≤25°地段的山核桃通过套种、套播乡土乔灌草，形成水平带状和网格状水土保持林带方式，固定阻挡泥沙、防止水土流失；坡度≤15°的山核桃林，适度培育发展林下经济，促进产业结构调整。

新产区应用良种、园艺化栽培、测土配方施肥、复合经营等多种技术，达到优质丰产高效生态栽培。

## 三、品种选择

### 1. '浙林山1号'

果蒲特大，成熟时鲜果黄绿色，籽粒大，果核直径2.11~2.36cm，218~240粒/kg，出仁率52.49%，果实品质好。

树势中庸，萌芽力较弱，丰产、稳产性好，抗性中等。

### 2. '浙林山2号'

果蒲大，果皮（蒲）厚，籽粒大，236~252粒/kg，出籽率30.2%，出仁率47.68%；性状稳定，果实品质好。

树势旺，萌芽力较弱，丰产、稳产性好，抗性中等。

### 3. '浙林山3号'

整个生长物候期明显提早，其中展叶期提早10~12天，花期提早4~5天，成熟期提早7天，果核中等偏大，260~290粒/kg，出籽率36.74%，出仁率49.6%，品质好。

树势中庸，萌芽力较弱，产量、抗性等主要性状中等偏上。

## 四、育苗技术

### 1. 砧木培育

（1）圃地选择和准备。圃地要求地势平坦，土层深厚，灌溉便利，排水良好；微酸性至微碱性的砂壤土或壤土，忌土壤黏重，忌前茬为蔬菜等农作物。精细整地，施足有机肥,对圃地进行翻耕,作床开沟、耙地、平整。

(2)育苗移栽。以湖南山核桃或薄壳山核桃做砧木,选择结实中等的壮年树,果实充分成熟时采收,种子经水选后置阴凉处晾干。采用秋季设施大棚增温催芽,冬季保温,次年春季进行芽苗移栽,移栽株行距10~15cm×20~30cm,培育至第3年春即可达到嫁接的要求。

(3)苗期管理。移植后,浇透水。移栽20天后开始施追肥,追肥以速效肥为主,行间开沟施肥,每隔20~30天施一次,9月初追施一次磷钾肥,苗木封顶前一个月停止施肥,控制灌溉。雨季前,必须清沟;雨季要内水不积,外水不淹。旱季前,进行清沟除草松土,以利于抗旱,及时灌溉。

(4)病虫害防治。病虫害防治应做到以预防为主,防治结合。加强肥水管理,增强抗性;做好圃地环境卫生,做到圃内无杂草,对可能发生的病虫害做好预防。主要做好小地老虎、蛴螬、立枯病、白绢病、根腐病等的防治。

### 2. 嫁接育苗

(1)砧木选择:选择生长健壮,地径≥0.8cm以上,根系发达的苗作砧木。

(2)穗条采集与贮存:选择省级以上审(认)定的良种采穗圃,在落叶后15~30天至萌动前15~30天采集树冠中上部外围粗壮、节间短,芽健壮、饱满的一年生枝条为接穗。穗条修剪后以100根为一捆,用塑料薄膜密封,贮藏于0~5℃冷库备用。

(3)嫁接:砧木萌动至小叶张开前均可嫁接。萌动早、展叶早的砧木嫁接成活率高,一般在4月上、中旬嫁接。采用切接,在砧木离地约10cm处截干,从横截面的1/5~1/4处纵切,深约3cm,在小切面木质部约3.0cm处,以约45°斜角斜向下切一刀,剔除木质部,保留韧皮部。接穗取单芽接穗,长约4.5cm,芽上1.0cm,芽下3.0cm,在接穗芽背面切长切面3.0cm,芽下0.5cm处切成浅切面(略带木质部),背面斜切一刀,呈楔形。接穗长切面形成层对准砧木两侧形成层,至少对准一侧。用塑料薄膜密封绑紧,绑扎时避免砧穗形成层移位,露出接穗短枝状芽(图2)。

(4)嫁接苗的管理:嫁接后砧木萌芽力强,要及时抹芽。在嫁接后的2个月内,每10~15天一次。松土除草、施肥灌溉、病虫害防治同砧木培育。

## 五、培育技术与模式

### 1. 立地选择

选择温暖湿润的气候条件,土层肥沃、厚度60cm以上、pH 5.5~7.0的砂壤土至轻黏土,排水良好的土壤条件,坡度20°以下,海拔50~1000m,光照充足的立地。

### 2. 整地

山核桃造林以山地为主,要求"山顶戴帽子,山腰扎带子,山脚穿鞋子",即山顶原始植被保持不开垦,山腰保留生土杂木灌丛带,山脚植被也保护好的方法。造林整地方式主要有:

(1)全面整地:即将造林地植被全部去除,全面开垦。全面整地适合于立地条件好、坡度在10°以下、土壤深厚肥沃的立地。栽培管理方便,可套种农作物,以耕代抚,但易

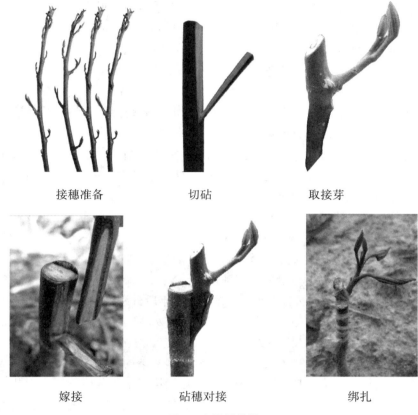

| 接穗准备 | 切砧 | 取接芽 |
| 嫁接 | 砧穗对接 | 绑扎 |

图 2　山核桃嫁接

造成水土流失。

（2）梯土整地：在山坡上按等高线修成水平梯带，梯壁一般可用石块和草皮混合堆砌而成。梯带间距不小于 3m，带面宽不小于 2m，梯带面应向内倾斜，在带面的内侧开竹节沟。坡度 20°以下的造林地适合采用此法。

（3）带状整地：由于梯土整地费工费时，在坡度大于 20°的山坡很难修建。因此，宜采用带状整地。带状整地是沿山坡等高线按一定宽度开水平带，水平带之间不开垦，留生草带，在水平带上植树，带间可保持低矮植被，起到水土保持作用。

（4）块状整地：一些坡度较大的石质山地，其他整地方式困难，可采用块状整地的方式。块状整地根据造林地地形地势以及种植间距确定定植点，在定植点周围 1~2m×1~2m 的范围内进行垦复、挖穴，其余保留原始植被，为幼年山核桃提供侧方遮阴。以后逐年挖大穴扩展山核桃根系，同时做鱼鳞坑保持水土。待山核桃进入结果期后逐渐砍除周围较高大的树木，保留杂灌木。

生产中要结合具体的立地条件，进行林下套种，修建台地筑坎、挖鱼鳞坑等措施全面做好山核桃林地水土保持工作。

**3. 栽植**

山核桃栽植季节在落叶后到次年 3 月下旬。冬季造林有利于提早发根和成活，但在气温低的山区，冬季造林易受冻害反而影响成活率；春季造林不迟于清明。栽植密度为18~22株/亩。栽植挖栽植穴长、宽、深80~100cm×80~100cm×60~80cm，每穴施腐熟栏肥50kg、缓释肥1kg和钙镁磷肥0.25kg，加表土拌匀后回填表土10cm。苗木扶正，回填表土至根颈处，将苗向上提10cm，踏实，再覆土至高出地面15cm，呈馒头状。

### 4. 抚育

（1）幼龄抚育。幼林期的特点是生长快，抗性弱，喜荫怕旱、怕日灼危害。该阶段的主要任务是在最短的时间培养良好树体结构。

山核桃幼年期喜荫怕日灼，侧方遮阴是保苗的重要措施。立地条件好、坡度小的新造林可套种玉米、高粱等高秆作物；造林4~8年的林地还可以套种中药材，豆科绿肥作物；立地条件差的林地应该保留林内杂灌木。

每年雨季后及时除草松土，将根际杂草刈割后覆盖于树干基部，以减少高温季节土壤水分蒸发。块状整地的林地每年要向外扩穴以增加山核桃根系生长范围，生长季节松土一般不超过10cm，深挖在冬季进行，一般2~3年一次，深约30cm。

幼树营养生长旺盛，应适当增加氮肥施用量，N、P、K的比例以5:2:3为宜。2~3年生，每株施复合肥0.5kg，腐熟有机肥15~20kg。4年后分别增加到1kg和20~30kg，于3月中下旬和9月初分两次等量施入。肥料施在树冠滴水线内侧，采用环状沟施，在沟底先施有机肥，然后施复合肥，以提高肥效。

通过整形修剪等园艺栽培技术的实施可以培养骨架结构牢固、枝条分布均匀、结果数量大的矮化树体结构。适宜山核桃树体矮化的树形结构有主干分层形和自然开心形。

主干分层形：主干高120cm定干，选留3~4个方向分布均匀的侧枝，选留一粗壮直立向上的主干延伸枝。定植第3年对第一层主枝进行拉枝，并辅以摘心以促发新枝，主干高约100cm时摘心，再选留3~4个分布均匀的枝做第二层主枝，第5年拉枝培养第二层主枝，对第一层直立枝进行拉枝。重复上述操作，培养第三层主枝。如此重复，培养成具有明显主干，层次分明，树高8~10m，三角状广卵型的树冠。

自然开心形：主干高80cm定干，选留呈120°角的3根主枝作为一级主枝，生长至80cm时摘心促萌，结合拉枝培养二级主枝，依次培养三级主枝、结果枝组，培养成高6~8m的杯状树型。具有树型紧凑，结果面积大的特点，适合密植。

（2）成林管理

施肥：施肥是保证山核桃高产的重要措施，采取测土配方施肥，提高肥料利用率，减少肥料使用量，开沟施肥后覆土，根据山核桃养分需求规律、树体长势、结果情况等施肥。山核桃投产树以株产10kg干果的树，测算年施肥量为腐熟有机肥20~30kg，硫酸钾型复合肥（$N:P_2O_5:K_2O$为15:15:15）0.5~1.0kg，尿素0.2~0.3kg。根据山核桃树体不同阶段，初果期以树冠扩展为主，兼顾产量，盛果期以产量为主，兼顾结果枝组的更新，初果期和盛果期N:P:K比例分别为5:2:3和2:1:2。根据山核桃不同阶段需肥特性，基肥以腐熟有机肥为主，占总施肥量的50%~70%；追肥以复合肥为主，占总施肥量的30%~50%。每年分三次施肥：①4月下旬至5月上中旬，以施速效肥为主，施肥量占全年总量的10%~20%；②7月下旬至8月上旬，以施速效肥为主，施肥量占全年总量的20%~

30%；③11月下旬，在落叶后，施腐熟有机肥为主，施肥量占全年总量的50%~70%。

主要病虫害防治：山核桃危害严重的虫害有山核桃花蕾蛆、蛀干害虫（天牛、咖啡木蠹蛾）、山核桃蚜虫、刺蛾类食叶害虫；危害严重的病害有山核桃干腐病和枝枯病，其中危害最为严重的为山核桃花蕾蛆和山核桃干腐病，主要病虫害及其防治方法概述如下：

①山核桃花蕾蛆。幼虫刺吸山核桃雌雄花序以及幼叶，受害雄花序弯曲、肿大、发黑，雌花总苞肿大，柱头枯萎凋谢，严重影响产量。

树冠喷药，4月上、中旬，当雄花序长约2cm，用5%吡虫啉乳油1000~1500倍液或25%广治乳油600~800倍液或50%潜蝇灵2000~2500倍液进行喷治，7天一次连续喷2~3次。

②蛀干害虫。山核桃蛀干害虫主要有天牛，包括桑天牛、云斑天牛和咖啡木蠹蛾。受害枝条或主干被蛀空，上部枝叶枯死。

蛀干害虫排泄孔明显，可用铁丝刺杀幼虫。树干涂白，可防成虫产卵。幼虫期用棉花浸蘸80%敌敌畏乳油，塞入蛀孔，再以黄泥封口。清除虫枝，并烧毁，减少虫源。危害严重的林分，用5%吡虫啉1:1进行打孔滴药，并在成虫期用黑灯光诱杀。

③山核桃蚜虫。刺吸危害山核桃嫩芽、树叶，受害严重的林分芽、树叶萎缩，雄花枯死，雌花开不出，树势减弱，产量下降。

3月下旬至4月初用5%吡虫啉乳剂1:1~1:3在树干胸高部位环状打孔滴药防治，每孔间隔10cm，孔洞的倾斜角为45°，孔洞深至木质部1cm以上，每孔滴药2ml。4月初喷5%吡虫啉或5%蚜虱净乳油1:1000~1:1500倍防治。

④刺蛾类食叶害虫。刺蛾类食叶害虫属鳞翅目，主要包括黄刺蛾、扁刺蛾、褐刺蛾、龟形小刺蛾、中华绿刺蛾。幼虫取食树叶下表皮及叶肉，随虫龄增大食叶量增加，危害严重时仅留叶柄或主脉，严重影响山核桃生长。幼虫具刺毛，触及皮肤可引起红肿和灼热剧痛。

结合山核桃林地冬季管理，人工挖除越冬茧；黑光灯诱杀成虫；幼虫危害期用2.5%溴氰菊酯乳油或20%杀灭菊酯乳油2000倍液喷雾防治。

⑤山核桃干腐病。发生于树干的中、下部，逐渐向树干的中上部和枝条上蔓延。初期病斑明显，出现水渍状，随病症的扩展，病斑呈黑色，后中心部不规则开裂，流黑色汁液，天气干燥时病部有褐色胶质物。皮层发黑腐烂，病斑大多为梭状或长椭圆形，木质部变黑，深达髓心。后期病部失水干陷，病健交界处产生愈伤组织，呈现一个明显的溃疡斑，后期在病部上有很多黑色小点。

采用凿破病斑喷药进行防治，喷雾前先用小尖斧把树干上包括枝条上的每个病斑都凿破，从病斑中心开始的一直凿到病健交界区。4~5月病害在皮层危害，凿破皮层即可，6~11月病害已危害到木质部，凿的深度应达木质部1cm为宜。两个时期均可选用30%苯甲·丙环唑或32.5%苯甲·嘧菌脂或30%苯醚甲环唑或75%肟菌·戊唑醇或50%喹啉铜1000倍液进行喷雾，4~5月为防治病原分生孢子再次侵染，要求一周喷一次，连喷2~3次；6~11月一次喷雾就可以。喷雾时不仅要把树干和枝条上所凿病斑全部喷湿，其他健康部位也要喷。秋冬季可进行涂干防治，涂白剂的基本配方为生石灰、石硫合剂、食盐、动物油和水比例 5∶0.5∶0.5∶1∶20，再任选上述 1 种杀菌剂按 1∶1000 的比例加入，进行树干涂白防治。

⑥山核桃枝枯病。病菌多危害 1~3 年生嫩枝，从顶梢开始，然后向下蔓延直到主干。受害枝上的叶片逐渐枯黄脱落。皮层开始变黄褐色，后呈红褐色，最后成褐色，皮层内木质部变黑。翌年在病枝上形成许多黑色子实体。

冬季或早春前，清除病枯枝，并集中烧毁，减少侵染源；加强管理，增施肥料，增强树势，提高抗病能力；每年 4~5 月，分生孢子释放传播期，可喷洒 70% 甲基托布津可湿性粉剂的 800~1000 倍液或 50% 杀菌王的 500 倍液，每隔一周喷一次，连喷三次，效果良好。

### 六、对策建议

建议山核桃下山北移。山核桃砧木的改变扩大了山核桃的适生范围，经前期的试验，薄壳山核桃为砧木的山核桃可在河南、安徽、江苏等省发展，结果良好。湖南山核桃为砧木的山核桃在贵州、云南和四川等省结果良好。

建议山核桃园艺化种植。山核桃短果枝结果，适合篱笆式园艺化种植模式。因此，结合机械作业和大数据，在近平原区域推动山核桃自动化、智能化生产，提高山核桃产业现代化水平。

撰　稿　人：黄坚钦　夏国华
咨询专家：黄坚钦　浙江农林大学　教授
联系电话：13968023269　　0571-63830262
电子邮箱：huangjq@zafu.edu.cn　微信号：13968023269

# 薄壳山核桃（碧根果）

### 一、概述

薄壳山核桃（*Carya illinoinensis*），又名美国山核桃，商品名碧根果，属胡桃科山核桃属，原产美国和墨西哥北部，是世界上著名的干果树种。与核桃和山核桃相比，薄壳山核桃壳薄、易剥取、出仁率高，果仁口感更好，无涩味，营养价值更丰富。薄壳山核桃含蛋白质 11%、碳水化合物 13%，含对人体有益的各种氨基酸，富含维生素 B1、B2，每公斤果仁约有 32 千焦热量，是理想的保健食品，也是面包、糖果、冰激凌等食品的添加材料。薄壳山核桃还是重要的木本油料作物，其油脂含量超过 70%，尤其是不饱和脂肪酸含量达 97%。薄壳山核桃油耐贮藏，是上等的食用油，有助于保护心脏健康，更得到了美国心脏协会认可，它含有的抗氧化物质含量要高于其他的坚果，有助于降低血压以及延缓衰老等，是名副其实的长寿果。薄壳山核桃还是优良的材用和庭园绿化树种。其木材纹理细腻，质地坚韧，是建筑、军工、室内装饰和制作高档家具的理想材料。因其树形高大，树势挺拔，也是深受欢迎的观赏、遮阴和行道树种。因此，薄壳山核桃是一个用途广、受益期长、经济效益高、社会效益和生态效益明显的优良经济树种。

## 二、发展目标

美国碧根果种植面积约300万亩，年产量20万t，约占全球产量的80%。我国对碧根果的需求约占全球总量的18%，而自产碧根果不到我国消费量的1%，主要依赖于美国进口。种植碧根果，经济效益显著，丰产期平均亩产量为200~300kg，每公斤平均价格在80元左右，亩产值在万元以上，在乡村振兴和精准脱贫过程中发挥着重要作用。全国现有碧根果面积约100万亩，可规划发展500~1000万亩。

## 三、品种选择

薄壳山核桃为雌雄异熟树种，自花结实率低。优良品种选择及授粉品种的合理配置是产业化发展的关键技术。目前国内的主栽品种主要为从美国引进品种。常用雄先型品种有：'波尼'(Pawnee)、'卡多'(Caddo)、'曼丹'(Mandan)等，常用雌先型品种有'马罕'(Mahan)、'威其塔'(Wichita)、'斯图尔特'(Stuart)、'尼科罗'(Nacono)、'金华'等。主栽品种数量约占造林株数的70%左右，同时配置3~4个授粉品种，为了生产管理方便，通常主栽品种与授粉品种隔行种植(图1)。

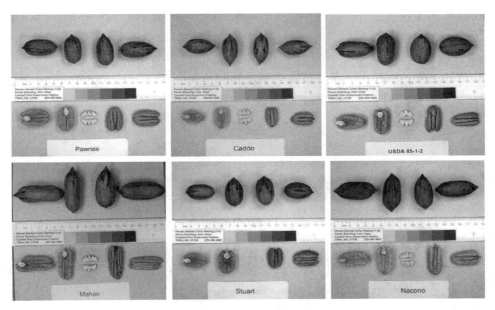

图1 主要栽培品种果实形态比较

## 四、育苗技术

薄壳山核桃主根发达、须根少，传统裸根苗造林成活率低、缓苗期长。育苗的关键是培育发达的根系。通过种子温床催芽、芽苗截根移栽培育富根容器苗作砧木，结合春季枝接和夏秋季方块芽接可实现薄壳山核桃当年播种、当年嫁接、次年出圃，使薄壳山核桃嫁接苗的培育周期从传统的3~4年缩短到两年,可实现薄壳山核桃优良品种嫁接苗的规模化生产,所培育的容器苗与传统裸根苗相比,具有造林成活率高、缓苗期短等优点。其关键技术主要包括:

**1. 砧木培育关键技术**

(1)种子处理:播种前先用0.2%的高锰酸钾溶液或500倍的多菌灵溶液消毒,然后用清水浸泡3~5天。

(2)层积催芽:在排水良好、地势平坦的地面上设置砂床,在砂床内垫上15cm的清洁湿河沙,把经消毒的种子均匀撒在沙子上面,以不重叠为度,再盖上5cm厚的清洁河砂,低温层积沙藏1~2月。

(3)播种:为了保证播种苗当年能嫁接,播种最好在温室或大棚的苗床内进行。

(4)芽苗截根移栽:当种子发芽真叶完全展开后(4月中旬)可从苗床移出并进行截根处理后移栽至容器中,加强水分管理,最好能进行喷灌,7月底当苗木地径达到0.5cm以上即可进行芽接。

**2. 嫁接育苗关键技术**

(1)砧木选择:一般选1~2年生长健壮的实生苗为砧木,枝接要求地径1cm以上,芽接要求地径0.5cm以上。

(2)接穗采集:接穗有枝接接穗和芽接接穗两种。枝接接穗采自粗0.6~1.5cm的当年生木质化枝条,接穗采好后应进行蜡封沙藏。芽接接穗应是当年发育的半木质化嫩枝,采集的接芽应饱满,芽接接穗,宜随采随用。

(3)嫁接时期:枝接在树液开始流动至开始展叶期,应在3月中旬至4月上旬;芽接应在7月中下旬至9月上中旬进行。

(4)嫁接方法

枝接:枝接一般采用切接法。

芽接:芽接一般采用方块芽接。用双刃刀在接穗上取3~4cm长、0.8~1.2cm宽的芽片,芽要位于芽片的正中间。用双刃刀在砧木上选择光滑处切取同芽片大小长度相同,宽度1~2mm的皮层,并把皮层取下。取皮层的同时在切口下方一侧撕下1~2mm宽,长约2cm的树皮作伤流口。把芽片贴在砧木口上,一侧靠紧,留出伤流口,并用薄塑料膜包扎密封,松紧适度,不要将伤流口包严,芽子外露。

(5)嫁接苗管理。枝接后20天左右,砧木上易萌发幼芽,应及时抹掉,以免影响接芽萌发和生长。7月中旬后芽接的可当年不剪砧,到次年萌芽前剪砧。当新梢长到10cm以上时,应及时追肥浇水,立秋后忌施氮肥,适量增施磷钾肥,注意防治病虫害。

## 五、培育技术与模式

**1. 立地选择**

薄壳山核桃喜光,树体对光的反应敏感,光照不足影响光合作用与树体生长,果实品质和产量均会下降;土壤酸碱度适应范围较广(在土壤pH值5.8~8.0之间也都能正常生长结果),以中性至微碱性(pH值7~8)最为适宜;薄壳山核桃主根发达,种植园土层应深厚；薄壳山核桃生长期需水较多，缺水容易导致落花落果严重，在山坡、丘陵地栽培必须能够利用池塘、水库、水窖等蓄水设施或地下水，采用漫灌、喷灌或滴灌等技术以保证果树生长需要。

**2. 造林整地**

春季栽植最好在上年秋末冬初整地，秋季栽植于栽植前一个月整地。平地采用块状整地或穴状整地；坡地采用沿等高线带状整地或穴状整地。整地时表土与心土尽量分开堆放，以便回填时将表土放在栽植穴底部，以利于树体尽快恢复生长。

**3. 造林季节**

最适造林季节是秋冬季，尽量在春节前完成造林任务。春节造林不能迟于3月下旬，宜早不宜迟。

**4. 造林密度**

定植前尽量挖大坑，深度0.8~1.0m。因品种习性、栽培方式、立地条件不同而制定相应的栽植密度。薄壳山核桃树体高大，建议采用大株行距。平原地区建议采用8m×10m的株行距；山地建议采用6m×8m的株行距。

**5. 栽后管理**

（1）定干除萌。薄壳山核桃定植后一般需定干，以利于树冠的早期形成。定干高度一般为0.6~0.8m，为防止剪口风干，应涂抹伤口愈合剂或油漆防腐保湿。萌芽后应及时抹除砧木上的萌芽以及定干高度下多余的侧芽，避免树体营养流失。

（2）施肥。应根据土壤进行施肥，要求多施有机肥料和生物肥料，结合冬季土壤管理，重施基肥，看苗追肥。薄壳山核桃栽植时施足有机肥，在定植后第2年及以后的4~5年，每年应追肥2~3次，以腐熟的农家肥为主，采用穴施方法较好，以后每年逐渐增加。定植的头几年，每年秋冬施用腐熟有机肥5~10kg/株，配合施用40%的优质复合肥0.1~0.3kg/株，随着植株的长大，逐年加大施肥量。

（3）林下套种。由于薄壳山核桃种植密度小，投产期长，早期应进行林下套种，既可防止杂草生长，有利于果园管理，还可增加前期土地收益。但在选择薄壳山核桃园套种经济作物时，应考虑核桃树所产生的核桃醌的化感作用。

（4）灌溉与排涝。尽管薄壳山核桃具有一定的耐旱性，但干旱缺水会严重影响其生长，壮果期遇干旱，得不到灌溉，则大量落果，即使未落果，空瘪率也会非常高。为保证薄壳山核桃生长良好，保证丰产稳产，有条件最好配套喷滴灌系统。薄壳山核桃虽然也较耐涝，但长期淹水也会严重影响其生长，因此如遇长期雨水，也需做好排涝工作，避免果树长时间积水。

（5）整形修剪。幼年期整形修剪的主要任务是定干和主枝的培养。传统的薄壳山核桃一般采用自然圆头形，但商业化果园建议采用主干疏层形。第一年定干，因其长势较强，在主干上部可抽生二次枝，从中选出第1层主枝2~3个，以后随着中央领导干的延长每1~2年选留1层主枝，秋季修剪时，将中央领导干短截，剪去当年生枝条长度1/4~1/3，中央领导干剪留的长度要明显高于其他骨干枝。经过5~6年的培育，可养成高6m左右、2~3层主枝的主干疏层形树形。

## 六、对策建议

### 1. 加强政府引导，编制产业发展规划

薄壳山核桃是一个外来树种，虽然引种已逾百年，但一度因品种资源和繁殖技术难题未能形成产业化，坚果市场也一直依赖于美国进口。随着国内产业化发展关键技术的突破，各地发展薄壳山核桃产业的积极性空前高涨。安徽省政府出台扶持政策，每种植一亩薄壳山核桃政府扶持3000~4000元，全省现已发展薄壳山核桃近50万亩。江苏省泗洪县把碧根果产业作为乡村振兴的支柱产业，全县规划发展碧根果10万亩。各地要树立立足长远健康发展的战略目标，以市场为导向，做到长远规划、合理布局、有序发展。

### 2. 充分利用现有种质资源，加快新品种培育进程

针对我国目前主栽品种主要依赖美国引进的现状，建议国家对薄壳山核桃的良种培育程序进行规范，薄壳山核桃新品种培育要从传统的表型选择育种向有性杂交制种与无性利用相结合的方向转变，利用我国特有的山核桃属树种资源开展杂交育种研究，加快薄壳山核桃新品种培育进程。

### 3. 加强科学研究，提升薄壳山核桃产业发展的科技含量

制约我国薄壳山核桃产业发展的关键还在于相关基础研究的薄弱及科技创新能力的不足。有关薄壳山核桃的基本生物学特性、成花机制、花芽分化与性别调控、雌花促成、产量品质的形成与调控机理等方面的研究尚未涉及，相应的品种配置与群体结构调控技术、水肥控制关键技术、高效复合经营技术等远不能满足产业化发展的需要。

### 4. 实行定向培育，完善配套栽培技术体系

薄壳山核桃是集果用、材用、观赏于一体的多用途树种。薄壳山核桃的资源培育应根据不同的培育目标，筛选出适宜的品种和优化的定向培育模式，形成与之相配套的栽培技术体系。

撰 稿 人：彭方仁
咨询专家：彭方仁　南京林业大学　教授
联系电话：13601465146　　025-85427995
电子邮箱：frpeng@njfu.edu.cn　微信：13601465146

# 油橄榄

## 一、概述

油橄榄（*Olea europaea*）是世界著名的木本油料树种，有4000多年的栽培历史，现已有40多个国家引种栽植油橄榄，其中98%集中于地中海沿岸国家。橄榄油是将新鲜油橄榄果实经冷榨而成的天然优质食用植物油，其不饱和脂肪酸、多酚类物质等含量比较高，具

有很高的营养保健功能,被誉为"液体黄金"。

我国引种油橄榄始于1964年,经过数十年的艰苦探索和广泛试验,现已初步确定了白龙江河谷区、金沙江干热河谷区和长江三峡低山河谷区为适宜引种区。这些地区都有30年以上的种植经验,部分油橄榄园产量达到地中海地区中等水平。近10年,我国油橄榄产业进入了快速发展期,已在9个省(市)生产种植,种植面积扩大到8万$hm^2$,定植株数迅猛增加到2000万株以上,橄榄油产量达到5000t左右,油橄榄种植面积和橄榄油市场消费量仍将继续增加。

## 二、发展目标

近年我国每年从西班牙、意大利等国进口橄榄油大约4万~5万t,国产橄榄油产量达到了5000t/年左右。随着我国社会经济的发展,广大民众和市场对橄榄油认识的提高,橄榄油需求量将会进一步增加。从目前我国油橄榄种植面积和市场对橄榄油供需现状看,我国油橄榄产业的发展目标应聚焦在两个方面:一是适生区油橄榄产业发展重点是如何实现丰产稳产,而不是单纯的面积扩张。近期的发展目标是产量达到1万t/年,中远期目标是3万t/年。二是我国油橄榄栽培面积、产量和价格无法与地中海流域相比,油橄榄产业发展必须走出一条高质量和多元化发展的创新道路,以提高市场的竞争力。

## 三、品种选择

我国油橄榄栽培区的气候条件与地中海完全不同,早产、丰产、稳产、优质和抗性强是品种选择的主要目标。目前我国生产上栽培的油橄榄品种有20多个,适合矮化密植栽培模式的品种有'阿贝基娜'、'豆果'、'科罗莱卡'、'奥托卡'等,优质高含油品种有'佛奥'、'莱星'、'皮削利'、'皮瓜尔'、'阿斯'、'中山24'等,果肉率高、食用味道好、果实大小均匀果用品种有'鄂植8号'、'皮瓜尔'、'科拉蒂'、'戈达尔'、'配多灵'、'小苹果'、'贝拉'等。

## 四、育苗技术

油橄榄育苗有播种育苗、扦插育苗和嫁接育苗3种方式,播种育苗、嫁接育苗主要在良种选育中应用,生产上主要是采用嫩枝扦插育苗。嫩枝扦插在春、夏、秋季均可进行,选择采穗圃或生产园中无病虫害、树龄应在5年生以下的母树,采集树冠中上部一年生充分木质化的枝条为宜。穗条采集宜在早上、傍晚或阴雨天进行,采集后的枝条分品种存放,并采取覆盖或喷水等措施防止穗条失水。若苗木繁殖规模较小或繁育圃与采穗圃距离近,插穗宜随采随插。截取插穗长度8~12cm,保留3~5个节,顶端留1~2对叶,上剪口距第1个节1~2cm平剪,下剪口宜剪成斜面。插穗扦插前采用高锰酸钾或多菌灵溶液消毒、生根剂(吲哚丁酸、ABT等)处理。扦插前将苗床疏松平整,采用直插法,扦插深度以外留2~3cm为宜,将插穗上部的叶片外露,行距4~6cm、株距1~3cm。扦插后应立即灌水,然后在苗床上搭建拱棚,并覆盖保湿遮阴物,苗床温度应控制在10~28℃。当扦插苗根系长到3~5cm时,分品种移栽到营养钵中,移至苗圃地排放。在移栽后进行遮阴,

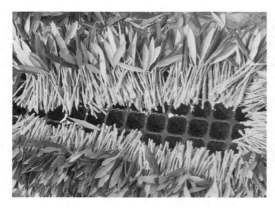

嫩枝插穗准备和处理

简易塑料温室嫩枝扦插

嫩枝生根苗陆地容器苗移栽

嫩枝扦插容器苗培育

防止日照过强而灼伤苗木。

## 五、栽培技术与模式

**1. 园地选择**

（1）油橄榄适生区气候条件：年平均气温为14~18℃，冷月平均气温5~10℃，极端低温≥-10℃，年降水量500~1200mm，年平均空气相对湿度<80%，年日照时数≥1200h。

（2）水源和交通条件：在油橄榄适生区选择相对集中连片、交通方便、水源充足的地方；附近有水源，具备扩堰、水库和排灌渠道等设施；交通方便，有利于栽培管理和生产资料及果实运输及时加工等。

（3）立地选择：油橄榄是喜光树种，在平地、坡地均可栽植，但以土层深厚、坡度平缓的浅山丘陵地较为适宜。在地形上，应布局在河谷阶地、丘陵、台地及低山中下部，有利于灌水、排水和机械化作业。在坡向上，宜选择阳坡或半阳坡的坡面，受光、受热条件较好，油橄榄生长旺盛，结果好，果实含油率高。在坡度上，宜选择缓坡，坡度不超过15°。

（4）土壤：油橄榄适生于土层深厚、疏松、排水良好、含石砾较多的砂质土壤，土层厚度≥60cm，砂粒含量（颗粒直径为2.0~0.002mm）为45%~65%，粉粒含量（颗粒直径为0.02~0.002mm）为10%~35%，黏粒含量（颗粒直径<0.002mm）为10%~35%。油橄榄最忌黏重土壤和不耐涝、忌水湿水渍的土壤，地下水位在2m以下。油橄榄适宜的土壤pH值为7~8，在中性或微碱性土壤中生长最好，不适宜过碱或过酸的土壤。土壤中全盐含量不超过1g/kg，有机质含量不小于20g/kg，速效氮含量不小于76mg/kg，速效磷含量不小于35mg/kg，速效钾含量不小于200mg/kg，钙不低于250cmol/kg，交换性镁不低于26cmol/kg。

**2. 整地**

(1) 整地时间：规划种植油橄榄的园地，不论荒地、熟地、林地或果园，栽植前应挖掉杂灌树木，清除残桩残物。农地或退耕地，在栽植前一年秋季或冬季进行整地；山坡荒地或坡改梯田，在栽植前两年的秋季或冬季进行整地。为防止青枯病的发生，种植过辣椒、番茄等茄科蔬菜的土地，不宜马上栽植油橄榄，需要改种豆类或粮食等其他作物2~3年，待土壤内病菌消失并严格进行土壤消毒后，再栽植油橄榄。

(2) 栽前土壤改良：基肥以有机肥为主（包括各种农家肥），配和磷、钾、钙肥，在建园前按照规划准备足够的肥料，每公顷施用有机肥量1500~2000kg，磷、钾、钙肥用量按照土壤理化分析数据和油橄榄所需矿物量而定。

(3) 整地方式：浅丘地采用局部带状（撩壕）整地，按照栽植的行距，顺水流向挖定植沟。低山丘陵地采用水平梯田整地，具有保水、保土、保肥、便于灌溉、利用耕作管理等优势，以梯田阶面的垄面为定植带，按株距挖定植坑。

**3. 栽植**

(1) 栽植时间：油橄榄一般在春季未萌动前，亦可以在秋季苗木停止生长后栽植。

(2) 栽植密度：根据立地条件（土壤、地形、气候等）、不同品种盛果期树冠大小、栽培目的、管理水平不同而合理确定。在地势开阔、光照充足的阳坡，栽植密度可以适当大些，而在半阳坡或平地密度则要小些；树冠开展、高大的品种，栽培密度小些，建议中等密度栽植，株行距可选3~4m×5~6m；早实、矮化、适于密植的品种，则栽培密度大些，建议高密度栽植，株行距可选用1.5~2.5m×4~5m。传统油橄榄园栽植适宜的株行距为4~6m×4~6m，即每亩栽20~40株。为了适应早期高产、高效，也常采用计划密植，如早期定植时采用株行距为3m×5m，有利于提高前期单位面积的产量，到树冠交错后可移栽调整株行距为6m×5m。

(3) 苗木质量：苗木质量符合LY/T 1937-2011油橄榄苗木一级标准，苗木检验和检疫须按GB 6000规程规定执行。同一地块栽植的苗木，宜选择大小一致的苗木，以便于管理，且林相整齐。

(4) 定植扶持：首先按预定的株行距确定定植点，以定植点为中心挖定植坑，大小以略大于苗木根系为宜。栽植容器苗时，先去掉容器后放入定植坑，边回填土边压紧，回土到根颈处为止；裸根苗栽植前，先剪除破损根、过长根，然后将根系蘸满泥浆后栽植。栽植时将油橄榄苗木舒展根系后垂直放入，防止根系弯曲和根尖向上，用细土回填覆盖根系，并向上轻提使根系舒展，与土壤紧密接触，边回填边压紧，回填到苗木根颈部为止。定植后设立支柱，固定苗木，防止被风吹动影响成活。也可在土盘上覆盖一层稻草或者地膜保湿和提高地温，利于根系愈合、生长，提高成活率。苗木定植后20天，检查栽植成活情况，对死、伤树应及时补植。补植时应选同龄苗和原有苗品种。

### 4. 园地管理

(1) 扩穴：幼树定植后，每年冬季采果后进行一次扩穴（可与冬季开沟施肥结合进行），随着树体的生长，逐年深挖扩穴，扩穴深度50~60cm，穴沟宽30~40cm，以适应根系生长发育的需要。

(2) 松土除草：每年结合除草对林间土壤深翻1~2次，以保持土壤疏松。每年在树冠幅内进行2~3次松土除草，松土深度小树宜浅，深度不超过5cm，松土范围距离树干20~30cm，成年树松土深度10~20cm。

### 5. 施肥

(1) 施肥量：幼树、成年开花结果树施肥量为厩肥10~50kg/株，磷肥0.25~0.5kg/株，尿素0.5~1kg/株、硼肥0.1~0.2kg/株、钾肥0.5~1.0kg/株，肥料与表层土壤拌和均匀施入扩穴沟内，覆土盖严。10年生以上开花结果树施肥量为秋季厩肥100kg/株，磷肥2kg/株、尿素0.5~1kg/株、硼肥0.2kg/株、钾肥1.0kg/株，在春季开花前20天到坐果，分2次施尿素1.0kg/株。

(2) 施肥方法：扩穴施（沿树冠周围挖施肥沟，沟深20~40cm，宽40cm）、放射状沟施（以树干为中心向外挖4~5条施肥沟，沟深20~30cm，宽20~40cm）、树根盘撒施和叶面喷施。

(3) 施肥时间：第1次在采果前后施基肥（冬肥），以有机肥为主，于每年11~12月进行。第2次在萌动期和花芽分化期追肥（花肥），以N、P、K肥为主，于每年3~4月进行。第3次在夏梢生长期和果实膨大期追肥（果肥），以速效复合肥为主，于每年6~8月进行。生长期还可以进行叶面补充施肥，用量和方法为：用0.1%~0.3%尿素和0.5%~1.0%过磷酸钙溶液，或磷酸二氢钾溶液及0.1~0.5%硼砂溶液，每10~15天喷施1次。

### 6. 灌溉

灌溉方式有沟灌、漫灌、喷灌、滴灌等。油橄榄在生长期各生长发育阶段都需要水，需水量最大时相当于年降水量850mm左右，各栽培点可根据当地的降水量状况决定灌溉量。第1次灌溉，选择在开花前3个月（即1月），其主要作用是促进花芽分化。第2次灌溉，选择在花期（5月上旬），其主要作用是保证花芽分化和开花结果所需的水分，提高授粉和受精率。第3次灌溉，选择在硬核期（8月上旬），该期如遇降雨不足或伏旱必须灌水，灌水量100mm，主要作用是保证果实发育及形成油脂所需的水分。第4次灌溉，选择在采收期（11~12月），主要作用是促进油脂形成和提高果实含油率。灌水后要及时进行松土或树根盘覆盖，以透气保墒。

### 7. 整形修剪

(1) 幼树的整形修剪：在苗木出圃前或栽植后第一年开始。通过幼龄阶段的修剪，控制树的高度和骨干枝的数目，使其形成一个强壮、均衡、透光的骨架。定干高度50~100cm，开心形骨架，以3~5个主枝为宜。

（2）结果树的整形修剪：在整形的基础上，通过剪枝、调整生长和结果的关系，使其充分利用空间，合理配置结果枝组，形成枝条不稀不密，通风透光，内外上下立体结果格局。在冬季休眠期、春季和夏季进行修剪。

（3）修剪方法：疏剪、短截、回缩、调整枝角、缓放。

（4）树形：主要有三大枝开心形、Y形、单圆锥形、疏散分层形。

### 8. 主要病害防治

油橄榄主要病害有肿瘤病、孔雀斑病、煤污病、炭疽病、青枯病等，主要虫害有金龟子、天牛、蠹蛾、介壳虫等，利用物理方法、化学方法和生物方法进行综合防治。

### 9. 采收

当70%~80%的油橄榄果实呈现出本品种的特征颜色，果肉开始变软后采收。油用油橄榄鲜果必须单品种采收，成熟期不一致的多品种油橄榄园，应根据不同品种的成熟度，分批随熟随采，避免采摘未成熟果。采收前在树下铺设采果布，用人工或机械采收，去除杂质和枝叶后装入采果筐。果筐应质轻坚固耐用、清洁干燥、无异味、无虫蛀、无腐烂、无霉变等，大小适宜，便于堆放搬运，随运随装。果实采收后必须单品种就地分级，当天加工完毕。

## 六、对策建议

一是强化优良品种选育，优化适生区良种布局和配置。我国自1964年大规模引种油橄榄以来，重点一直放在引种试种试验、适生区确定、划分及基地建设上，由于未重视油橄榄品种选育，致使许多地方种植的油橄榄到了结实年龄结果少甚至不结果，出现了很多低产园，经济效益不明显已成为油橄榄产业发展的"瓶颈"。国外油橄榄品种栽培区域明确，而我国尚未开展品种适应性评价。二是根据我国适生区气候特点，创新栽培模式。在栽培技术方面，国外实现了集约化、精准化、可持续经营管理，而我国油橄榄栽培在肥水精准化、生产标准化和机械化等方面尚处于起步阶段，需要进一步集成创新，特别是要针对降水量大、土壤酸性强、病虫害严重等特点，创新丰产稳产技术直接关系到我国油橄榄产业的可持续发展。

撰　稿　人：李金花　张建国
咨询专家：张建国　中国林业科学研究院林业研究所　研究员
联系电话：13701322109
电子邮箱：zhangjg@caf.ac.cn　微信：wxid-eikep0acliee32

# 沙 棘

## 一、概述

沙棘是胡颓子科沙棘属植物的总称,共有 5 种 7 亚种,落叶灌木或小乔木。沙棘耐寒、耐旱、耐盐碱、耐瘠薄,萌蘖能力强,是我国三北地区植被恢复造林先锋树种。沙棘富含维生素 C、维生素 E、类胡萝卜素、氨基酸、不饱和脂肪酸、黄酮类化合物、磷脂类化合物、甾醇类化合物等生物活性成分 200 余种,其中果实维生素 C 含量远高于猕猴桃、柑橘等水果,种子不饱和脂肪酸含量高达 80%,被誉为"陆地上的鱼油",在心血管病的防治、创伤治疗等方面效果极其显著,具有极大的药用价值,作为"药食同源"植物已被载入《中国药典》。近 50 年来,中国、俄罗斯、北欧等国家和地区非常重视沙棘的遗传改良和产品开发利用,选育的品种包括生态经济型品种和大果沙棘品种两大类。目前我国共审定沙棘优良品种 13 个,新品种 10 余个,开发的沙棘产品有食品、饮料、保健品、医药品、化妆品、肥料、饲料、化工原料等八大类 100 余种。

## 二、发展目标

根据沙棘属植物具有的生态经济价值特性,沙棘产业的发展目标定位在两大目标上,一是营建以实现防风固沙、防治水土流失和植被恢复为核心目标的沙棘生态经济型产业发展模式,二是构建以开发满足市场需求以经济效益为核心目标的沙棘经济林产业发展模式。

## 三、品种选择

目前我国选育的沙棘优良品种有两大类,即生态经济型品种和大果沙棘品种。生态经济型品种有从中国沙棘亚种中直接选育出的'森森'、'无刺雄'等优良品种,也有通过中国沙棘与蒙古沙棘杂交选育出的'白丘杂'、'中棘 3 号'、'红棘 1 号'等品种。生态经济型品种耐瘠薄、耐高温,生长势强,株高 3~5m,百果重 20~30g,适宜在内蒙古、辽宁、宁夏、河北、甘肃、山西、陕西、黑龙江、新疆等三北地区种植。大果沙棘品种是从蒙古沙棘亚种中选育的优良无性系品种,有'楚伊'、'橙色'、'棕丘'、'深秋红'、'乌兰沙林'、'草新 2 号'等,株高 1~3m,百果重 30~60g,耐瘠薄,不耐高温,适宜三北地区北纬 42°以北地区栽培。

## 四、育苗技术

生态经济型沙棘品种和大果沙棘品种育苗主要采用嫩枝扦插育苗方式。嫩枝扦插可在温室大棚或全光雾露地扦插育苗。在高寒区域,为保证苗床温度,主要以温室大棚育苗为主。为降低育苗成本,目前温室大棚扦插育苗逐步向全光雾露地扦插育苗转型。嫩枝扦插育苗最为关键的是建立一个具有一定规模的优良品种采穗圃,一般选择 2 年生健壮无病虫害、侧芽饱满、木质化程度良好的良种无性系苗木建立采穗圃，定植株行距可采用密植型 0.5m×1.0m 或稀植型 1.0m×1.5~2.0m，采穗圃定植苗木 3 年生时即可采穗，可连续采穗 3~4 年。全光雾露地嫩枝扦插苗一般采用高床扦插育苗技术，在相对寒冷的地区嫩枝扦插育苗还需要营建一个晒水池，提高水温，有利于促进插穗生根。嫩枝最佳采条季节一般为 6 月中下旬到 7 月上中旬。全光喷雾管理下，插穗 7~8 天开始有根原基形成，10~12 天约有 60% 以上的插穗生根，15~20 天生根率可达 80% 以上。嫩枝扦插生根苗应及时移植，最佳移植时间一般为 4 月下旬至 5 月上旬之间，移植密度株行距为 5cm×10cm，移植深度不低于前一年扦插深度。移植苗当年未达到标准时可原床再培育 1 年出圃。

## 五、栽培技术与模式

**1. 立地选择**

沙棘经济林栽培需选择水分及土壤条件较好的立地造林，降水量 400mm 以下地区需要灌溉条件。在满足光照条件下，一般选地势较平缓的河滩、河谷、撂荒地，或背风向阳、半阴半阳山坡地，或地下水位较高抑或有灌溉条件的沙地；积水地、漏沙地、重盐碱地不适宜营建沙棘经济林；选择没有风灾、水灾、雹灾等其它灾害的地块，防止自然灾害给沙棘带来的损失；要求交通便利和人口劳动力多而近，以减少采收损耗和交通费用。土壤要求砂性土或砂壤土，含盐量不超过 1%，土层厚度大于 60cm，并含有比较丰富的腐殖质和矿物盐。

**2. 整地**

整地前要根据沙棘园地形、坡向、道路、防护林带栽植等方面，进行平面图科学规划。提前整地可以大大提高造林成活率，特别是当年秋季整地，翌年春季栽植的效果最佳。

整地方式依地形地势及土壤类型而定。平地要深翻熟化，坡度在 5°以下，可以全面整地，也可以进行带状整地；5°~15° 的山坡地，要做好梯田、鱼鳞坑或撩壕，以防止水土流失；盐碱地要洗盐洗碱降低盐碱含量。

深翻不少于 30cm，打碎土块，耙平土表，以改善土壤结构，减少水分蒸发。在整地的同时应该施厩肥，一般每公顷施厩肥 22500~37500kg。在地下害虫严重的地方应施钾拌磷等农药进行防治。

**3. 苗木准备**

选择 2~3 年生、二级以上扦插苗，分别按品种、数量、规格落实到地块，苗木最好随取随栽，运输距离越短越好，如要作较长距离的运输，根部要带泥浆或粘上湿锯末，并用塑料布包裹，塑料布应留有透气孔；如根系过长，可根据栽植时栽植穴大小剪掉多余根系，以免窝根影响沙棘成活率。

**4. 栽植时间和方法**

裸根苗在苗木萌动前 1~2 周，春季土壤解冻达到栽植深度 25~30cm 时即可造林，做到适时、顶浆栽植；栽植顺序为先阳坡、后阴坡，先砂土、后壤土。容器苗可在春季或雨季栽植。株行距可选择 2m×3m，如采用机械管理的地块可选择 2m×4m，优点是可以降低管理费用。

沙棘雌雄异株，授粉树数量及配置方式直接影响结实产量。为实现高产，使每个雌株都能均匀接触到雄株，多选用8:1的方法配置，即雌的8株、雄的1株。栽植时按"田字排列法"定植，每栽植一棵雄株，则在四面8个点栽植8颗雌株；亦可栽植2行雌株，再栽植1行雄株，雌雄比例4:1。

栽植时按照沙棘根部长度挖穴，一般定植穴规格30cm×30cm或40cm×40cm，浇足底水，注意将心土、表土分开堆放，每株准备厩肥5~10kg，与表土充分混合施肥。

**5. 林地灌溉**

经济性沙棘品种对土壤水分非常敏感，在定植初期及干旱季节里，要尽可能地提高水分保证率，使土壤持水量依土壤成分的不同保持在60%~80%。特别是在花期和坐果期，更要保证水分的需要。为提高植株的越冬性能，秋天采果后封冻前要灌足水。一般采用移动水管灌溉，也可结合断根育苗采用沟灌。干旱缺水地区及丘陵山区采用穴贮肥水灌溉，采用喷灌、滴灌等节水灌溉方法更为理想。

**6. 施肥**

沙棘春季开始生长主要靠前一年的物质积累，在生长季前期，营养物质用于根系、枝条及果实的生长，需要补给氮钾营养。春季枝条放叶后到新梢快速生长期以追氮钾肥为主。生长后期，枝条生长停止，营养物质仅用于果实发育、花芽形成，这时补给磷钾营养，而不能施氮肥，此时施氮肥只能使枝条徒长而延迟木质化，不利于越冬。盛果期年追肥量为每公顷纯氮200kg，五氧化二磷180kg，氯化钾300kg，穴施或沟施。

**7. 中耕除草**

若条件许可沙棘行间可选用拖拉机带小型圆盘耙或绞地机进行中耕除草，深度为4~5cm，主要是清除杂草，疏松土壤，提高土壤透气性，使沙棘根瘤更高效地固定土壤空气中的氮气营养。需注意中耕不能过深，以免影响沙棘植株水平根系的正常发育，严重时会引起干缩病的发生。株间和留下的杂草可人工进行清除，把杂草控制在10cm以内；根据杂草生长情况，每年中耕作业3~4次。

**8. 整形修剪**

沙棘经济林树体整形修剪对于改善树冠通风透光条件、延长盛果期、提高沙棘果实品质和产量十分重要。

修剪方法主要有摘心、短截、回缩3种方式。为抑制生长，可进行摘心，即将新梢的幼嫩顶端摘除，利于积蓄养分，促进枝条粗生长及分枝，提高坐果率。短截是剪掉一年生枝的一部分，对枝条的生长有局部刺激作用，可以促使剪口下的侧芽萌发，增加分枝数目，在一定范围内，短截越重，局部发枝越旺。剪取多年生枝的一部分称回缩，用于控制树冠的扩大、多年生枝换头以及衰老树的更新，回缩可调整枝组的角度和方位，复壮和更新枝组。

沙棘和其他果树一样分为休眠和生长两个大的修剪期。为促进下年度枝叶早期生长，可进行冬剪，以促使春芽萌动，集中利用贮藏养分，使梢叶快速成为生长中心，冬剪越重，贮藏养分供应越集中，越能促进新梢旺长，俗称"促长修剪"。为促进结实，可进行夏剪，从萌芽抽枝开始到落叶之前进行的生长期修剪均为夏剪，夏剪在一定程度上对营养生长具有削弱作用，而对结果则有促进作用，故有"冬剪要枝，夏剪要果"的说法。

沙棘长到2~2.5m高时，为控制树势方便采摘，需进行剪顶作业。修剪要点是：打横不打顺，去旧要留新，密处要修剪，缺空留旺枝，清膛截底修剪好，树冠圆满产量高。春季剪干尖；夏季剪油枝（徒长枝）；秋冬季修剪"清基"除徒长枝，"剪顶"稳固树冠，"清膛"通风、透光，"换代"去旧留新促壮枝。

### 9. 农林间作

选择适宜作物进行间作，以耕代抚，促进林木生长，增加经济收入，以短养长，可选择一些豆科植物或薯类作物间种。

### 10. 防护林和围栏配置

虽然沙棘耐寒且属风媒传粉，为使效益最大化，需加强林带防护，有条件的地方要在沙棘经济林周界栽植3~6行防护林带。要特别注意考虑果实成熟阶段的风向，林带应与当地的主风方向垂直。围栏建立在沙棘林四周道路外侧，以方便园内交通，减少禽畜对沙棘林的破坏。

## 六、果实采摘

沙棘果实采摘方式有手工采摘及机械采摘两种，其中手工采摘主要有捋枝法、剪枝法、击落法及震落法，机械采摘主要在俄罗斯及德国，我国正在研制中。

（1）捋枝法。在果实完全成熟前采收，主要用于引进大果沙棘等无刺或刺少的沙棘良种，一般用手直接捋枝或借助简单的手提式工具捋枝采收果实，此类工具多带有一个手柄和两个夹筐以及收集果实的容器。采收时先在林下铺放垫布，然后两面夹住果枝基部，由里向外移动将果实捋下。

（2）剪枝法。对于杂交品种及中国沙棘良种等刺多的沙棘品种一般采用剪枝的办法采果，即剪取二年生结果枝，在劳动力缺乏情况下对引进大果沙棘良种亦可采用剪枝法采果。该方法会影响以后第二年、第三年的产果量，有时甚至把整株结果树破坏，采摘林分为天然林时容易造成优株基因资源流失。

（3）击落法。对于部分冬季不落果的沙棘良种或野生沙棘，在严冬季节选冷天的早晨，在树下铺上垫布，如塑料布等，然后用木棒敲击果枝，使果实脱落。其方法的缺点是果实过熟，果实营养成分会有不同程度的损失。

（4）震落法。使用的工具为手持式果实采收器，由振荡器、蓄电池、果实采收网筐（折叠式）组成。采果时，首先将采收网筐围绕树干展开、提起、闭合呈倒圆锥形，然后将结果枝放在振荡器的四个震棒之间，开启电源，震棒左右反复敲击结果枝，致使果实脱落。

## 七、对策建议

沙棘产业覆盖良种、栽培、产量、产品、市场等整个产业链，每个环节对产业的良性发展都是非常重要的，其中资源高效培育是基础。根据我国沙棘产业发展现状和存在的问题，需要进一步做好三个方面的工作：①加强沙棘良种推广应用意识，遵循良种及新品种适应性，避免栽种盲目性，强化良种无性繁育及壮苗培育，为沙棘产业发展提供良种壮苗保障；②加强沙棘资源果园化栽培管理，提高果实采收效率，提升现有沙棘资源产量与质量，为沙棘产业发展提供坚实资源保障；③加强沙棘产业规划布局，树立产业链意识，协调沙棘资源、加工及市场等产业要素，促进沙棘产业的可持续发展。

撰　稿　人：段爱国　张建国
咨询专家：张建国　中国林业科学研究院林业研究所　研究员
联系电话：13701322109
电子邮箱：zhangjg@caf.ac.cn　　微信：wxid-eikep0acliee32

# 榛 树

## 一、树种（品种）概述

榛子是世界"四大坚果"之一，位于人类"食物金字塔"的顶端。榛子仁含油率60%左右（其中90%以上为不饱和脂肪酸），是优质木本膳食油，是我国食用粮油安全的高端来源。榛子含有生育酚、β-植物固醇、角鲨烯等多种生物活性成分，不仅可以提高记忆力、判断力，改善视神经，健脑益智，还对动脉粥样硬化、前列腺肥大、抑制乳腺增生、糖尿病和癌症有辅助理疗效果，属于药食同源食品；榛子通常是原味或加工成各种风味的坚果炒货，坚果炒货成就了多家过百亿元的电商企业；榛子食用加工产品多种多样，如榛子油类、榛仁巧克力等糖果类、榛子乳等饮品类、榛仁焙烤食品等面点类、榛子酱类、榛子冰淇淋类、榛子粉类、榛子奶制品类、榛子休闲食品类等，产品具体种类可以有几百种，榛仁加工食品极具市场竞争优势。

我国科技工作者利用欧洲榛（个大、壳薄、丰产）和我国的平榛（抗寒、抗旱、适应性强）进行杂交，培育出了具有我国自主知识产权的新品种——平欧杂种榛（俗称"大果榛子"）。大果榛子具有大果、丰产、适生性强等的优点。自2000年开始在全国各地引种试种，2010年以后逐步推广种植，目前已在我国20余个省市推广，辽宁、吉林、黑龙江、河北、山东、山西、新疆等一些地方已经开始大规模种植，短短几年时间已经发展到150余万亩，并且每年在以20%~30%的速度递增。

## 二、发展目标

（1）榛子结果早、产量高、见效快、寿命长：大果榛子栽植第1~2年开始结果，4~5年进入盛果期，亩产干果300~400kg（高产地块超过500kg），结果期可达50年以上，每亩经济效益8000~1200元，是其他林果树种的2~5倍，是玉米等大田作物的5~10倍。

（2）管理简约、用工量少：榛子栽培管理简约，生产用工量是其他林果树种的1/4~1/3，管理简单、用工量少等特点在农林项目中具有巨大优势。

(3) 病虫害少：大果榛子病虫害极少，基本不打农药，因此除了节省生产成本、还避免了农药残留带来的食品安全风险。

(4) 坚果耐贮藏：榛子坚果在常温条件下可贮藏1年，在低温条件下可存放3~5年。

(5) 榛子坚果市场缺口大：全国大果榛子结果面积仅有20万亩，且处在初果期，产量1万t左右，国内榛子市场基本全靠进口，国产榛子严重短缺。根据市场发展趋势，我国大果榛子的栽培面积需要3500万~4000万亩，发展空间很大。

## 三、品种选择

选择适应当地气候特点的品种是大果榛子产业发展至关重要的基础，并且需要选择几个品种进行相互授粉。

### 1. 越冬性强的品种

(1) 适宜栽培区域。北纬32°~46°及我国西南部高海拔地区，年平均气温3.2℃以上（年平均气温3.2~5.9℃的地区，冬季需有雪覆盖3个月以上）。

(2) 品种简介

'达维'（育种代号84-254）：1984年杂交培育，1989年初次入选，1999年通过辽宁省林木良种审定。树势强壮，树姿半开张，6年生树高近3.0m，冠幅直径2.6m；坚果椭圆形，淡褐色，单果重2.5g，果壳厚度1.3mm，果仁饱满、光洁、风味佳，出仁率42.3%，脱皮率70%；丰产性、适应性强，一序多果，在山东安丘6年生株产3.45kg，在辽宁沈阳7年生株产3.2kg。山东安丘8月上旬成熟，辽宁沈阳8月中下旬成熟；越冬性强，休眠期可抗-35℃低温，适宜在年平均气温3.2℃以上地区栽培，为主栽品种（图1）。

**图1 '达维'品种果序及坚果成熟**

'玉坠'（育种代号84-310）：1984年杂交培育，1989年初次入选，1999年通过辽宁省林木良种审定。树势强壮，树姿直立，树冠较大，6年生树高2.6m，冠幅直径1.9~

2.0m；坚果椭圆形，红褐色，单果重2.0g，果壳厚度1.0mm，出仁率达48%~50%，果仁饱满、光洁、风味佳、品质上，脱皮率90%；丰产性强，穗状结实，在山东安丘6年生株产3.2kg，在辽宁沈阳7年生株产2.7kg。山东安丘8月上旬成熟，辽宁沈阳8月下旬成熟；适应性、抗寒性强，休眠期可抗-35℃低温，适宜年平均气温4℃以上地区栽培(图2)。

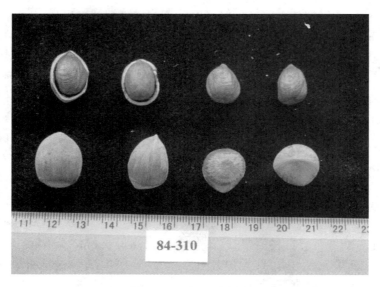

图2 '玉坠'品种坚果

'辽榛3号'(育种代号84-226)：1984年杂交培育，1989年初次入选，2006年通过辽宁省林木良种审定。树势强壮，树姿直立，6年生树高3.2m，冠幅直径1.8~2.0m；坚果长椭圆形，黄褐色，外具条纹，平均单果重2.9g，果壳厚度1.3mm，出仁率为47%，果仁饱满、光洁，脱皮率70%；丰产性强，在山东安丘6年生株产2.0kg，在辽宁沈阳7年生株产2.9kg。山东安丘8月上旬成熟，辽宁沈阳8月下旬成熟；越冬性强，休眠期可耐-35℃低温，可在年平均气温4℃以上地区栽培，但不宜在干旱地区栽培。

'辽榛7号'(育种代号82-11)：1982年杂交培育，1989年初次入选，2013年通过辽宁省林木良种审定。树势中庸，树姿开张，树冠中大。6年生树高2.8m，冠幅直径1.8~2.0m；坚果近圆形，红褐色，美观，单果重2.8g，果壳厚度1.4mm，出仁率40%，脱皮率65%；果仁饱满、光洁，果仁皮易脱落，风味佳；早果性、丰产性较强，定植后2~3年生开始结果，在山东安丘6年生株产2.1kg，在辽宁沈阳6年生株产1.9kg。山东安丘8月上旬成熟，辽宁沈阳8月下旬成熟；抗寒越冬性强，休眠期可耐-35℃低温，可在年平均气温4℃以上地区栽培。该品种易发生抽条，不宜在干旱、半干旱地区种植。

'辽榛8号'(育种代号81-21)：1981年杂交培育，1987年初次入选，2013年通过辽宁省林木良种审定。树冠较小，树姿开张，为矮化树形。6年生树高近2.0m，冠幅直径1.8~1.9m；坚果圆形，红褐色，外具纵条纹，美观，单果重2.5~2.7g，果壳厚度1.25mm，出仁率43%，果仁饱满、光洁，风味香并略带甜味；早产、丰产，2~3年生开始结果，穗状结实，一序多果，在山东安丘6年生株产2.1kg，在辽宁桓仁县6年生株产

3.1kg。山东安丘8月上旬成熟,辽宁沈阳8月下旬成熟,适于密植;抗寒性强,休眠期可耐-38℃低温,可在年平均气温3.2℃以上地区栽培,但不宜在干旱地区栽培。

**2. 越冬性较强的品种**

(1)适宜栽培区域。北纬32°~42°,以及我国西南部高海拔地区,年均气温8℃以上。

(2)主要优良品种简介

'辽榛4号'(育种代号85-41):1985年杂交培育,1991年初次入选,2006年通过辽宁省林木良种审定,2018年通过国家林业局林木良种审定。树势强壮,树姿开张,雄花序少,树冠较大,6年生树高2.4m,冠幅直径2.0m以上;坚果圆形,黄色,具条纹,单果重2.5g,出仁率46%,果仁饱满,较粗糙,脱皮率80%;丰产,在山东安丘6年生株产3.0kg,在辽宁大连7年生株产3.1kg。山东安丘8月上旬成熟,辽宁大连8月下旬成熟;越冬性中等,休眠期可耐-30℃以上低温,适宜在年平均气温8℃以上地区栽培,不宜在干旱、半干旱地区栽培。

'辽榛9号'(育种代号84-69):1984年杂交培育,1990年初次入选,2013年通过辽宁省林木良种审定,2018年通过国家林业局林木品种审定。树势旺盛,树姿开张,枝量大,树冠大;6年生树高近3.0m,冠幅直径近2.0m;坚果圆形,黄褐色,单果重3.2g,具条纹,美观,果壳厚度1.65mm,出仁率41.4%,果仁饱满、光洁,脱皮率70%;丰产性强,且稳产,在山东安丘6年生株产3.2kg,在辽宁沈阳8年生株产3.1kg。山东安丘8月上旬成熟。越冬性中等,休眠期可耐-30℃以上低温,可在年平均气温10℃以上地区栽培,不宜在干旱、半干旱地区栽培(图3)。

图3 '辽榛9号'结果枝及果序

**3. 适于中、南部栽培区的品种**

(1)适宜栽培区域:北纬32°~38°,年平均气温10℃以上。

(2)主要优良品种简介

'辽榛1号'(育种代号84-349):1984年杂交培育,1988年初次入选,2018年通过国家林业局林木品种审定。树势强壮，树姿半开张，6年生树高2.7m，冠幅直径2.0m左右；坚果椭圆形，灰褐色，具沟纹，单果重2.6g，果壳厚度1.3mm，出仁率为40%，果仁饱满、光洁、风味佳，脱皮率70%；丰产性强，一序多果，在山东安丘6年生株产2.4kg，在辽宁沈阳7年生株产3.0kg。山东安丘8月上旬成熟，辽宁沈阳9月上旬成熟；越冬性中等，休眠期可耐-30℃以上低温，适宜在年平均气温10.0℃以上地区栽培，不宜在干旱、半干旱地区栽培。

'辽榛2号'（育种代号84-524）：1984年杂交培育，1989年初次入选，2018年通过国家林业局林木品种审定。树势中庸，树姿开张，6年生树高2.6m，冠幅直径2.1m以上；坚果椭圆形，金黄褐色，美观，单果重2.8g，果壳厚度1.2mm，出仁率45%，果仁饱满、较光洁、风味佳，脱皮率60%；早实性强，2~3年生开始结果，丰产，在山东安丘6年生株产3.1kg，山东安丘8月上旬成熟，辽宁大连9月上旬成熟；越冬性中等，在年平均气温10.0℃以上地区栽培，不宜在干旱、半干旱地区栽培。

## 四、育苗技术

榛子具有萌蘖的特性，利用萌蘖进行绿枝直立压条是普遍采用的苗木繁殖方式，繁育的苗木为无性系自根苗木。选择立地条件较好的地块定植大果榛子母苗，一般定植后第3年即可进行压条育苗。早春榛树萌芽前，对待繁殖苗木的母树进行整形修剪，单株直立栽植的要留一个主干，主干尽量抬高到80~100cm，树干上的分枝全部剪掉，树干上端留3个主枝，重修剪，剪留枝长的30%~40%。在大连地区榛树绿枝直立压条的最佳时间为6月15日至6月25日，在沈阳是6月15日至7月5日，在北京应在6月10日即开始压条(图4)。

当大部分根蘖高度达到70cm以上时，剪除高度40~50cm以下的细弱根蘖，对保留的所有根蘖枝进行摘叶处理，摘除根蘖距

图4 嫩枝直立压条

地面25cm处的全部叶片。当摘叶工作完成后开始进行横缢处理，22号镀锌铁线是目前国内最常用的榛子压条横缢绑缚材料，也可以使用以镀锌铁线为芯材、PVC材料作外表涂层的绑扎线做榛子压条横缢绑扎材料，这种材料硬度小，操作容易。绑缚的最佳高度为萌蘖基部地面以上1~3cm处。绑缚完成后进行生根剂处理。生根剂有多种，如3-吲哚丁酸。3-吲哚丁酸易溶于酒精，难溶于水，常用浓度为1000mg/kg。最为经济有效的配制方法是先把1g 3-吲哚丁酸溶解在80~100ml的95%酒精中，再加入清水，达到1000ml，即配制成浓度为1000倍的3-吲哚丁酸溶液。在使用方法上可以采用毛刷涂抹的方式，也可以采

用喷雾器喷雾的方式，处理的部位为压条枝横缢处以上至 12cm 处的范围，生根剂无论采用涂抹还是喷雾的处理方式都必须保证周到而均匀。培覆压条基质是榛树绿枝直立压条处理的最后一道环节，培覆高度一般在 25~30cm，可以根据使用油毡纸及硬塑料等作为围挡材料，湿木屑质地疏松、透气保水，是一种非常理想的压条基质，但是成本较高。最经济实用的压条基质是砂壤土，采用就地取土的方式进行压条基质的培覆，一种经济有效的生产方式。苗圃地的栽培管理可参照栽培技术章节的内容。秋季落叶后进行起苗和保存。其他育苗方式如嫩枝扦插和组织培养等方式，对技术和设施要求较高，有条件的单位可以采用。

## 五、培育技术与模式

### 1. 立地选择

大果榛子适宜在年平均气温 3.2~15℃ 地区种植，休眠期可耐受 -38℃ 的低温。年降水量 700~1300mm，但在年降水量 700mm 以下的地区，需有灌溉条件。大果榛子喜光，需要日照时数 2100h 以上。对土壤要求不严格，适宜种植的土壤 pH 值 6.0~8.5，砂壤土、壤土、轻黏壤土为宜，山坡地、滩涂地、沙地均可种植，但忌黏土和涝洼地。

### 2. 整地

榛园园址选定以后，荒地、坡地等首先要进行园地清理，清理杂树、野草、石块等杂物，然后进行土地平整。落差不大的坡地一般采用人工平整，而坡度较大或凹凸不平的园地，则用推土机械平整。排水不良的平地应对园地深翻，深度 20~30cm，后修成矮台田，台田高 20~25cm，行间修排水沟。对坡度较陡的山地榛园，则应先修梯田，梯田宽度应考虑栽植的行距。缓坡地可以修水平沟，即沿等高线挖浅沟，每个栽植行可挖一条宽 40~50cm 的沟，沟深约 20cm，从上方挖土培在下方，筑成一条土埂。坡面不整齐的地势，要以定植点为中心，由上部取土培在下方，修成半月形的鱼鳞坑。水平沟和鱼鳞坑的作用是拦截雨水和上部冲刷下来的土壤及有机质。

定植穴的挖掘以定植前一年秋季挖好为宜，如来不及则与定植当年春季化冻后尽早开始挖定植穴。土质较好的园地，定植穴的大小可为直径 50~60cm，深为 40~50cm；土质较差的园地，应结合定植穴的挖掘改土，定植穴直径 60~70cm，深为 50~60cm。有条件的，每个定植穴放入 0.01m³ 以上的腐熟的优质有机肥。

### 3. 栽植

选用 1~2 个主栽品种搭配 2~3 个亲和性好的辅栽品种互为授粉树，主栽、辅栽品种的配置比例为 4:1~3:1。华北北部及以北地区以春栽为主，华北南部及以南地区秋栽、春栽皆可。栽植

图 5　结果枝丰产状

株距 1.5~3.0m，行距 3.0~4.5m。苗木运到栽植地点可分品种临时假植（用湿土培埋根系）。春栽时，有条件的可将苗木保存在冷库内，用湿沙培埋根系，库温 0~5℃。栽植前修剪根系，将根系泡水 12~24h。在准备好的定植穴中心挖一小穴，苗木根系放入并摆正，苗干与地面垂直。根系舒展，填土踏实，栽植深度以根颈距地面以下 6~10cm 为宜。栽植后及时浇透水。浇水 1~2 天后应用湿细土封树盘或定植沟，覆土厚度 1~2cm，树盘/沟内土表面平整。封堆后用黑地膜覆盖树盘或定植沟。栽后即可定干，单干自然开心形 50~60cm，少干形和丛状形 20cm 左右，剪口下应有 3 个以上的饱满芽。

**4. 栽培管理**

从 2 年生开始施腐熟有机肥。施肥时间为每年秋季果实采收后至土壤封冻前。施肥位置在树冠投影的外侧。采用环状沟法、放射状沟法、条沟法或穴施等均可，深度 20~40cm，有机肥与土混拌施入。每年每株榛树施肥量：2~3 年生 10kg，4~5 年生 20kg，6~7 年生 30kg，8 年生以上 40kg。施肥应符合 NY/T 496 的有关规定。栽植当年榛树不追肥。2 年生以上追施速效性化肥，选择 N∶P∶K 比例为 1∶1∶1 或 1.2∶1∶1 的硫酸钾复合肥为宜。追肥量应根据树势、土壤肥力状况确定，一般情况下追施复合肥数量可参照：2 年生每株 150g，3 年生每株 200g，4 年生每株 250~300g，5~6 年生追施 600~800g，7 年生以上 1~2kg。施肥方法：树冠投影外围开沟施入，沟深 20~30cm。栽植第 1 年，在 6~7 月中旬叶面喷施 0.2%~0.3% 尿素、氨基酸液和微量元素肥等叶面肥 2~3 次，7 月下旬至 8 月喷施 0.2%~0.3% 磷酸二氢钾等 1~2 次，间隔期 10~15 天。2 年生以上，可视树体营养状况酌情使用叶面肥。

年降水量在 700mm 以下的地区需灌水，根据土壤墒情和树体水分状况决定灌水的时期和次数。有条件的可采用喷灌、滴灌等节水灌溉措施或水肥一体化灌溉措施。干旱、半干旱地区，或干旱年份，在秋季土壤结冻前、早春土壤解冻后以及 5 月，各灌透水一次。确保榛园内不积水，平地榛园要有排水渠。山下或山脚坡地榛园要依地势规划导流沟，防止雨季时山上流水长时间在榛园内径流。

每年除草 3~4 次，保持园地较少杂草或无杂草，也可用割草机割草。用除草剂时，在风力 2 级以下，整形修剪在休眠期进行。

可根据栽植区域、土地类型、管理方式等选择以下树形之一进行整形：

单干自然开心形：第 2 年在主干上选留 3~4 个分布在不同方向的主枝，根据枝条长短分别做中轻度短截，剪口下第一芽留外芽；第 3 年在每个主枝上留 2~3 个侧枝，主、侧枝头中轻度短截；第 4 年在每个侧枝上留两个副侧枝，所有枝头均中轻度短截（图 6）。

少干丛状形：第 2 年选留 3~5 个分布不同方向的基生枝和/或根蘖做主枝，其余枝剪除。第 3 年在每个主枝上留 2~3 个侧枝，第 4 年在每个侧枝上选留 2~3 个副侧枝。每年各枝头均轻中度短截，剪口下第 1 芽留外芽。

丛状形：栽植当年保留所有基生枝和根蘖枝，休眠期选留生长旺盛的基生枝或根蘖枝条并进行轻短截，其余细弱枝条剪除。第二年生长期选留 3~5 根生长旺盛的基生枝或根蘖枝，其余基生枝或根蘖枝去除，一般要去除根蘖 2~3 次；第二年休眠期对选留的基生枝或根蘖枝进行轻短截。以后每年选留 3~5 个生长旺盛的基生枝或根蘖枝并进行轻短截，

图 6　单干自然开心形

图 7　丛状树形

并将超过 6 年生的老干从基部疏除，使每株丛的主干数量保持在 20 根左右（图 7）。

## 六、对策建议

应对疫情的主要技术措施：

### 1. 可进行萌芽后修剪尤其是夏季修剪

虽然一般要求在榛树休眠期进行冬季修剪，但是如果因疫情影响未能在休眠期完成冬季修剪，一是可在萌芽后继续进行修剪，榛子没有明显的"伤流"现象；二是增加夏季修剪以弥补冬季修剪的不足。

## 2. 应对不能按时栽植的技术措施

如果榛树不能在土壤化冻后至树体萌芽前进行栽植，补救措施包括：

（1）苗木低温保存：对于采用露天埋土越冬方式保存的苗木，应用棉被、草帘等保温材料对假植保存的苗木进行覆盖，以减缓地温的回升；对于采用苗窖方式保存的苗木，白天应关闭通风口，防止窖外高温空气进入窖内；有机械冷库条件的，可将榛树苗保存在冷库内，用湿沙土培埋根系，库温控制在0~5℃。

（2）适当浅栽：榛树是浅根系树木，适当浅栽有利于提高成活率。浅层土壤温度回升快，有利于根系活动。建议覆土厚度5~8cm。

（3）重剪：对于已经开始发芽的榛树苗，栽植后应采取重剪措施。1年生苗木栽植后应采取低定干措施，定干高度20cm以下；2~3年生苗木，栽植后对一年生枝条进行重剪，包括部分疏除和重短截等措施。

（4）浇水：栽植后及时、足量浇水，最好采用喷灌等节水灌溉措施，水分充足才能确保成活。

（5）地膜覆盖：栽植后用黑色地膜对定植穴盘或整行进行覆盖，以提高地温，促进根系活动。

以上主要是针对不能按时进行休眠期修剪和萌芽前栽植问题提出的应对措施。其他春季工作包括浇化冻水、施肥、病虫害防治等工作，都可以坚持到疫情过后再进行弥补。幼龄榛树园，为了弥补未结果和产量低的经济压力，可以进行套种（间作）。

撰 稿 人：王贵禧
咨询专家：王贵禧　中国林业科学研究院林业研究所　研究员
联系电话：13717781093　010－62889667
电子邮箱：wanggx0114@126.com　微信：w491629

# 第五篇
# 药用植物

# 杜 仲

## 一、概述

杜仲（*Eucommia ulmoides*）为第四纪冰川侵袭后残留下来的古生树种，我国是现有杜仲的唯一原产地，也是世界上杜仲种质资源最丰富的国家，中心产区在陕南、湘西北、川东、川北、滇东北、黔北、黔西、鄂西及豫西南等地。通过引种，国内28个省份300余个县、区内均有栽植。

杜仲是我国极具战略价值的工业原料树种。杜仲橡胶具有其他任何高分子材料都不具备的"橡胶－塑料二重性"，可开发出具有热塑性、热弹性和橡胶弹性等特性，以及低温可塑、抗撕裂、耐磨、透雷达波、储能、吸能、换能、减震、形状记忆等功能的新型材料，开发潜力巨大。杜仲种仁油α－亚麻酸含量高达67.6%，是目前发现的α－亚麻酸含量最高的植物之一，为橄榄油、核桃油、茶油的8~60倍，具有降血脂、降血压、增强智力、预防心肌梗塞和脑梗塞、增强智力、保护视力、抗衰老、抗癌等多种功效。杜仲叶是生产畜禽健康功能饲料的优质原料；杜仲木材纹理细腻，材质密度大、纤维长度长，握钉力强，是制造高档家具的优质材料；杜仲还是我国亚热带、温带优良的园林绿化树种。加快发展杜仲产业，既是培育实现解决天然橡胶资源匮乏的唯一途径，也是加快优质木本油料、现代中药和功能饲料等健康产业快速发展的根本措施。

## 二、发展目标

国务院和有关部门十分重视杜仲产业，2014年《国务院关于加快木本油料产业发展的意见》将杜仲列入重点支持的木本油料树种；2015年中央一号文件，明确启动天然橡胶生产能力建设规划；2016年国家林业局发布《全国杜仲产业发展规划（2016~2030）》；2018年国家卫健委将杜仲叶列为药食同源（食药物质）目录；国家发展改革委2019年将"天然橡胶及杜仲种植生产"列为鼓励类产业目录。到2030年，杜仲产业将建立起适于现代杜仲产业发展的新型杜仲资源培育体系，强化新技术应用，全面发挥经济、生态和社会综合效益，并充分发挥企业在杜仲产业发展的重要作用，全面实现杜仲种植、新技术研发、产品生产和加工、资源高效利用的产业体系，形成橡胶、木本油料、现代中药等供应相对稳定充足、综合效益显著的杜仲新能源经济和产业资源供给，成为我国中西部地区农民增收致富和改善地区生态环境的重要产业之一。

## 三、品种选择

'华仲11号'杜仲：优质，药用，雄花产量高。嫁接苗建园第2年开花，4~5年进入雄花盛产期，花簇紧凑，加工成雄花茶后，茶体美观，商品性能佳，雄花氨基酸含量达21.8%，适用于建立优质雄花茶园和花－叶兼用基地。2020年通过国家林业和草原局林木品种审定委员会审定（图1）。

'华仲12号'杜仲：为观赏型杜仲良种，叶片红色，叶片绿原酸含量高，达4.9%，适于各产区营建雄花、叶兼用丰产园以及城市、乡村绿化。2020年国家林业和草原局林木品种审定委员会审定(图2)。

'华仲13号'杜仲：为观赏型杜仲良种，果实千粒重70.8g，树冠圆头形，树叶稠密，冠型紧凑，分枝角度小，材质硬，抗风能力强。适于各产区营建果、叶兼用密植园以及城市、乡村绿化。2020年国家林业和草原局林木品种审定委员会审定(图3)。

'华仲14号'杜仲：良种果实大，果实千粒重105~121g，果皮杜仲橡胶含量16.0%~18.2%，种仁粗脂肪中α-亚麻酸含量61.0%~63.2%，适于各产区营建杜仲高产果园和果药兼用丰产林。2020年通过国家林业和草原局林木品种审定委员会审定(图4)。

图1　'华仲11号'杜仲良种雄花簇

图2　叶用和雄花用杜仲良种'华仲12号'

图3　'华仲13号'杜仲嫁接苗

图4　'华仲14号'杜仲良种果实

## 四、育苗技术

### 1. 播种育苗

(1) 圃地选择。圃地年平均气温7.5~20℃，年最低气温≥-20℃。

(2) 整地。每亩撒施有机肥3000~4000kg和氮磷钾复合肥150kg。

(3) 采种。选择长势健壮、种子饱满且无病虫害的杜仲母树，在种子充分成熟时采集，采集后放至阴凉干燥处晾干。

(4) 种子处理

湿沙贮藏催芽：在播种前 30~50 天，将种子与干净的湿河沙按 1∶3 的比例混合后沙藏，沙子湿度保持在 55%~60%。待幼根开始露白时播种。

温水浸种催芽：用 40~45℃ 温水浸种 24h，待种仁充分膨胀后播种。

赤霉素催芽：将种子用 30℃ 的温水浸种 15~20min，然后放入 20mg/L 的 GA3 溶液中浸泡 24h，捞出后即可播种。

(5) 播种

人工播种：采用条播法，行距 25~30cm。播种量每公顷 150~225kg。秋播深度 5~7cm，春播深度 3~5cm。根据土壤墒情，开沟后先顺沟浇部分底水，再播种。

机械化播种：采用条播法，行距 30~40cm。播种量每公顷 120~150kg。播种深度 5~7cm。

(6) 播后管理。春季播种后，没有喷灌或滴管条件的地方需盖膜增温保湿。苗木整齐出土后即可揭膜。在苗木长到 2~4 片真叶时，进行间苗，保持株间距 5~10cm。保持土壤墒情，注意抗旱防涝。

(7) 施肥。6 月上旬至 8 月上旬，每 15~20 天追肥 1 次，每亩每次施尿素 10kg、过磷酸钙 10kg、氯化钾或硫酸钾 5kg。黄河以北地区 8 月以后停止施用氮肥。

**2. 扦插育苗**

(1) 扦插时期。大田扦插在 6~8 月，温室扦插对季节要求不高。

(2) 插穗。一年生半木质化的良种嫩枝是杜仲大田扦插的最适插穗材料。插穗采得后剪成 10~12cm 的插段，上端保留半片或 1 整片叶片，剪口在节下 1~2cm 处。扦插前用 ABT 生根粉、吲哚丁酸或萘乙酸等苯氧乙酸类化合物对插穗进行处理。

(3) 插床制作。室外平畦或略高于地面，室内高畦或高架插床。插床长度根据扦插地情况而定，宽度 1.0~1.2m，常用基质有河沙、泥沙土、珍珠岩-腐殖土混合基质等，厚度 10~12cm。扦插前 1~3 天用 0.1%~0.3% 高锰酸钾、500~600 倍多菌灵溶液或甲基托布津进行消毒。

(4) 扦插。行距 10~12cm，株距 5~8cm，扦插深度为插穗长度的 1/3~1/2。扦插时勿使叶片相互重叠或贴地，扦插后适量浇水，保证插穗与基质充分接触。

(5) 扦插后管理。室外扦插及时搭棚遮阴，防止强光照晒和雨水冲刷，浇水次数根据基质类型而定，保持湿润即可。室内扦插空气湿度保持 85% 以上，温度控制在 20~30℃ 之间，插床温度在 24~28℃ 之间。每 7~10 天喷施 500mg/L 多菌灵水溶液进行消毒，每 10 天喷施 0.2% 尿素或磷酸二氢钾 1 次。经常松动插壤，及时抹芽。

**3. 嫁接育苗**

(1) 接穗。在杜仲良种采穗圃中选择生长发育良好且无病虫害的穗条。春季使用的接穗，于早春芽片萌动前 15~20 天采下，打捆并标记品种名称后，用塑料薄膜密封好，置于 2~5℃ 冷库或放入贮藏坑；夏秋季嫁接所用接穗，最好随采随接，采穗后立即剪掉叶片，留 3mm 左右的短柄，并注意保湿。

(2)嫁接时间

春季嫁接：嫁接时间因各地气候条件的差异而不同，一般在芽开始萌动时即可嫁接。

夏季嫁接：根据砧木生长和穗条成熟情况。5月上旬至6月上旬当年生枝条达半木质化以上，砧木地上5cm处粗度达到0.6cm以上时进行嫁接。

秋季嫁接：长江以南8月上旬至10月上旬嫁接；长江以北黄河以南8月上旬至9月中旬嫁接；黄河以北8月上旬至8月下旬嫁接。

(3)嫁接方法。采用"带木质嵌芽接"和"方块芽接"，嫁接位置离地面10~15cm。春季和夏季嫁接，接芽裸露；秋季嫁接，不露芽。

(4)嫁接后管理。春季嫁接的，在嫁接当年应及时剪砧、除萌和解绑；秋季嫁接的，宜在嫁接翌年树木萌动前剪砧和解绑，芽萌动后及时除萌。

(5)水肥管理。水肥管理同砧木培育。

## 五、培育技术与模式

**1. 果用杜仲栽培模式**

(1)品种选择。经国家和地方各级林木品种审定委员会审定（认定）的果用杜仲良种。

(2)苗木规格。达到嫁接苗二级以上苗木标准，其中一级苗数量80%以上。

(3)立地选择。土层厚度80cm以上的平地；坡度<20°的丘陵山地以及坡度>20°的坡改梯土地。土壤质地以砂质壤土、轻壤土和壤土为宜，土壤pH5.5~8.5。

(4)整地。挖穴或开槽整地，穴规格为60cm×60cm×60cm，每穴施农家肥20~30kg。

(5)品种配置。主栽品种与授粉品种配置比例为9:1~9.5:0.5。

(6)密度、方式和行向。单行栽植，肥水条件较好的平地、缓坡地，栽植密度3m×3m或3m×4m；肥水条件稍差的山丘地，栽植密度2m×3m或2m×4m。在平地、滩地栽植成南北行，丘陵、山地沿等高线栽植。

(7)栽后管理。栽植后及时定干，自然开心形、疏散两层开心形定干高度60~80cm；主干形定干高度80~120cm。

(8)适宜树形。高产果园适宜树形主要有自然开心形、疏散两层开心形和主干形。

自然开心形：定植后的幼树，选择分布均匀的3~4枝条作为主枝，呈开心形，树高2.5~3.0m。

疏散两层开心形：主干设置2层枝。每层3~4个主枝，控制树高3.0~3.5m。

主干形：在主干上着生结果枝，树高3.0~4.0m。

(9)施肥。杜仲果园专用N、P、K复合肥中N:$P_2O_5$:$K_2O$ = 1.00:0.90(~1.30):0.45(~0.70)。具体比例各地应根据当地土壤营养状况适当调整。每年杜仲萌动前15天、夏季5~7月给杜仲果园追肥3~4次。高接换优改造后的杜仲良种果园，建园后第1年每株每次施N、P、K复合肥100g，以后每年每株增加50~100g，建园6年后每株每次施肥量400g；通过嫁接苗新建的杜仲良种果园，改造后第1年每株每次施50g，以后每年每株增加50g，建园8年后每株每次施肥量400g。采用条状沟施肥法。在树冠垂直投影两侧各挖一条施肥沟，宽20~40cm，深20~30cm，沟的长度根据植株冠幅的大小而定，一般为植株冠幅的1/4。下一次施肥位置则在树冠另外两侧。

（10）采收。果实呈黄绿色时采摘，一般9月下旬至10月下旬采收。采收过程中注意保护结果枝组，禁止破坏树体。果实采集后宜自然晾干，含水率≤13%。晾干后置5～15℃干燥保存，保存时间不超过12个月。

**2. 雄花用杜仲栽培模式**

（1）品种选择。经国家和地方各级林木品种审定委员会审定（认定）的雄花用杜仲良种。

（2）苗木规格。达到嫁接苗二级以上苗木标准，其中Ⅰ级苗数量80%以上。

（3）立地选择。土层厚度80cm以上的平地；坡度＜20°的丘陵山地以及坡度＞20°的坡改梯土地。土壤质地以砂质壤土、轻壤土和壤土为宜，土壤pH 5.5～8.5。

（4）整地。挖穴或开槽整地，每亩施农家肥4～6m³。

（5）密度、方式和行向。采用单行栽植或宽窄行带状栽植方式。单行栽植，株行距以0.5m×2m、1m×2m、0.5m×3m、1m×3m、0.5m×4m为宜。宽窄行带状建园，以下种植密度为宜：宽行1.5m、窄行0.5m、株距1.0m；或宽行2.0m、窄行1.0m、株距0.5m；或宽行2.5m、窄行0.5m、株距1.0m；或宽行3.0m、窄行1.0m、株距0.5m；或宽行4.0m、窄行1.0m、株距0.5m。在平地、滩地栽植成南北行，丘陵、山地沿等高线栽植。

（6）栽后管理。栽植后定干，定干高度40～80cm。栽植后保持土壤水分充足，并根据土壤墒情及时排水。

（7）适宜树形。适宜树形为柱状、篱带状和自然圆头形。柱状和篱带状树形骨干枝培养时，定干后留3～4个主枝，每年春季将1年生枝条留4～8个芽短截，萌条后修剪形成柱状或篱带状，控制树高1.5～2.0m。自然圆头形的骨干枝培养时，定干后在主干上选留5～6个主枝，各主枝上每隔20～30cm留一侧枝，每年春季对侧枝萌发的1年生萌条进行修剪，控制树高1.5～2.0m。

及时疏除重叠枝、细弱枝、交叉枝等。其余枝条通过拿枝、拉枝等手法调整角度，使枝组分布合理，均匀受光。5～7月，对背上枝及影响树形的所有枝条进行拿枝。内膛、主干第一分枝以下等处的萌芽，以及短截后的多余萌芽，及时抹去。疏除过密枝、重叠枝。在大年的盛花期对一年生枝轻短截，控制萌条生长势，促进杜仲花芽分化。

5月下旬至8月上旬进行环剥或环割。环剥操作时，在主干或主枝上进行，环剥宽度0.3～1.0cm，上下刀口之间留一条宽0.5～1.0cm的营养带，环剥后用塑料薄膜进行包扎，环剥40天后解开包扎物，将剥面暴露。环割操作时，在主干或主枝基部以上10～15cm处进行，环状割伤2～4圈，刀口间距离0.3～1.0cm，深达木质部。

（8）水肥管理。生长季节及时中耕除草，保持园内无草荒。栽后保持土壤水分充足，根据土壤墒情及时排灌水。每年春季萌动前，结合施肥浇透水1次，生长季节根据土壤墒情及时补充水分。采用条状沟施肥法。在树冠垂直投影两侧与栽植行平行各挖一条施肥沟，宽20～40cm，深20～30cm。每年春季萌动前施肥1次，5月上旬、6月下旬、8月上旬施肥3次。新建园当年每次施氮磷钾复合肥50g/株，以后每年增加50g/株，建园第8年起每次施氮磷钾复合肥400g/株。

(9)采收。当雄花进入盛花期,雄蕊颜色由深绿变为浅绿、黄绿或紫红色时,采摘雄花。采摘时在一年生枝条基部留4~8个芽,将枝条剪掉采花。在阴凉处将花枝上的雄花摘下,冷藏或将雄蕊摘下后摊晾至含水率70%~80%时进行加工。

**3. 材药兼用杜仲栽培模式**

(1)苗木规格。达到杜仲良种嫁接苗Ⅰ级苗木标准。

(2)立地选择。海拔2000m以下,坡度25°以下的平地或坡地,避开风口。壤土、砂壤土或可改良土壤,土层深厚,土壤肥沃,土壤pH 5.5~8.5,排灌便利。

(3)整地施肥。平地栽植区进行全垦;坡度<15°的栽植区修筑水平带,水平带宽度≥2m,梯面挖成外高内低,内外高差20~40cm;坡度在15°~25°的地块进行鱼鳞坑整地。按预定栽植株数挖穴,0.6~0.8m见方,每穴施基肥10~15kg。

(4)栽植密度、方法。株距2~5m,行距3~6m。栽植前将肥料与表土混匀后填入沟穴内,至离地表15cm为止。栽植时保证苗木根系舒展,纵横行对齐成一条线,使嫁接口对准主风方向。回填土提苗,扶正苗木,用脚踩实四周,保证苗根与土壤密接,栽植后及时浇透定根水。

(5)幼树期管理。建园1~3年内,在生长期及时抹除主干整形带以下萌发的幼芽、主干分枝以下萌芽以及疏枝剪口处萌发的幼芽。幼树期每年土壤施肥2次,春季萌动前10~15天施尿素1次,7月上旬至8月上旬施氮磷复合肥。通过挖环形沟法撒施,施肥量在定植第一年每株100g,以后幼树期内逐年增加100g。结合施肥和灌溉及时中耕除草。

(6)成树期管理。根据树势强弱,对树体进行轻短截至重短截修剪。轻短截剪去枝条长的1/5~1/4;中短截剪去枝条长的1/3~1/2;重短截留基部6~10个芽或剪掉枝条长的4/5左右。

(7)施肥。成树期每年春夏两季各施肥1次,每株每次施氮磷复合肥500~800g。

**4. 叶用杜仲栽培模式**

(1)良种选择。经过国家或省级林木品种审(认)定的杜仲良种。

(2)苗木规格。选用嫁接苗Ⅱ级苗以上。

(3)立地选择。海拔2000m以下,坡度15°以下的平地或丘陵地。壤土或砂壤土,土层深厚,土壤pH 5.5~8.5,排灌便利。

(4)整地施肥。对栽植区进行全垦,结合整地每公顷施农家肥30~50t。

(5)栽植密度、方法。栽植密度0.4m×0.8m~0.5m×1.5m;或宽窄行带状栽植,宽行1.0~1.5m,窄行0.5m,株距0.4~0.6m。

栽植前将肥料与表土混匀后填入沟穴内,至离地表15cm为止。栽植时将苗木放于沟穴中间,保证苗木根系舒展,嫁接口对准主风方向。回填土提苗,扶正苗木,用脚踩实四周,保证苗根与土壤紧密接触,栽植深度掌握苗木嫁接口与地面平。栽植后及时浇透定根水。

(6)整形修剪。宜采用丛生状树形。栽植当年不进行修剪,让幼树自然生长,冬季在幼树嫁接口以上10cm处短截。建园第二年春季萌芽后,当萌条长达5~10cm时,每株选留生长健壮、位置分布均匀的萌条3~4个,培养成丛生状,其余抹去。建园6~8年以后,萌条部位外移明显，可进行回缩。

（7）施肥。每年杜仲芽体萌动前 10~20 天施尿素 1 次，5 月下旬至 8 月上旬追施氮磷复合肥 2~3 次。定植第一年每公顷每次施尿素 150kg，从定植第二年开始，每公顷每次施尿素和复合肥 200~300kg。采用沟施法，在栽植杜仲两行或宽窄行的宽行间开挖施肥沟，开沟深度 15~20cm，宽 10~15cm。

（8）采收。定植第一年在秋季霜降后采收。第 2 年开始，每年夏季 6~7 月采收 1 次，秋季霜降后第 2 次采收。夏季采叶采用短截的方法，在萌条 1.0~1.5m 处进行短截，将采下的叶片及时烘干。霜降后采集的叶片和树皮自然晾干或烘干，干燥保存。

## 六、对策建议

加快建设一批杜仲良种产业示范基地。在河南、山东、河北、山西、湖南、安徽、陕西、新疆等重点产区建立省（自治区）级杜仲良种产业园，建设杜仲良种资源培育基地，积极建设一批杜仲高产橡胶种植示范园、杜仲橡胶产业化示范基地、杜仲资源综合利用示范基地。

加快培育一批杜仲龙头企业。创造条件积极鼓励一批具有带动效应的龙头企业，支持探索国内外杜仲造林碳汇管理交易模式，实现采用高新技术生产高品质的杜仲橡胶、杜仲雄花和杜仲亚麻酸油等系列产品的综合利用。

加快培育杜仲产业化联合体。鼓励资源培育、橡胶、亚麻酸油、中药、功能饲料等产业环节企业整合、融合与重组，开展杜仲产业一体化示范。以市场为导向，以企业为主体，围绕杜仲资源培育基地建设与产业化开发利用，推进原料培育、加工生产和利用以及设备制造各环节的专业化、集约化、规模化、市场化发展，培育壮大杜仲文化和生态旅游产业，精心做大做强杜仲全产业链，形成以产养林、以林促产的杜仲产业一体化集群发展格局。

加快建设杜仲大数据信息平台和现代物流体系。建立全国杜仲产业基础数据库和杜仲产业信息系统，全面提高杜仲产业发展预测、预警，重视杜仲产品监测分析，加强杜仲产业重点企业、市场动态监控和杜仲产品市场产销存预警预报能力。依托杜仲产品专业市场，积极搭建杜仲产业大数据服务平台和电子商务交易平台，构建从杜仲种植到杜仲加工、包装、仓储和运输一体化的现代物流体系。

撰　稿　人：刘攀峰　杜兰英　王璐　杜庆鑫
咨询专家：杜红岩　中国林业科学研究院经济林研究开发中心　研究员
联系电话：0371-86139032
电子邮箱：dhy515@126.com　　微信：duzhongduzhong

# 沉 香

## 一、概述

沉香树主要包括瑞香科（Thymelaeaceae）沉香属（$Aquilaria$）或拟沉香属（$Gyrinops$）树种，能生产沉香的树种约34个，其中瑞香科沉香属树种26个。高质量沉香主要产自沉香属树种土沉香（$A.\ sinensis$）、厚壳沉香（$A.\ crassna$）和马来沉香（$A.\ malaccensis$）。我国人工林种植的主要是土沉香。

土沉香为自然分布于华南地区北纬24°以南、海拔1000m以下的丘陵和平原台地的常绿乔木，高可达30m，径可达1m以上。树皮暗灰色，几平滑，纤维坚韧。小枝圆柱形，幼时被疏柔毛。叶近革质，长圆形，有时近倒卵形，顶端锐尖或急尖而具短尖头，基部阔楔形，侧脉15~20对；叶柄长约5mm，被毛。花淡黄色，伞形花序，密被黄灰色短柔毛；萼筒浅钟状，两面均密被短柔毛，5裂；花瓣10，鳞片状，着生于花萼筒喉部；雄蕊10枚，排成1轮；花药长圆形，子房卵形，密被灰白色毛。蒴果，卵球形，幼时绿色，顶端具短尖头，基部渐狭，密被黄色短柔毛，2瓣裂，2室，每室具有1粒种子；种子褐色，卵球形，先端具长喙，基部具有附属体；果实成熟后，果壳裂开成2片，底部长出1条丝线，将种子（1~2颗）悬挂空中。

沉香为一种具有芳香成分的高价值的心材，是沉香树在外界刺激或内在受胁迫后，薄壁组织细胞内产生一系列的化学变化形成的倍半萜、2-（2-苯乙基）色酮和芳香族类物质（三萜、甾体等），凝集在受胁迫部位周围即结"沉香"。沉香因其油脂类化合物含量高，能沉入水中而得名。天然林分中，仅有7%~10%的大树可以自然结香。由于沉香价格高，高质量沉香稀缺，导致20世纪末在天然林中掠夺性采收，造成天然林资源急剧减少。近年来，人工林资源不断增加，我国已种植沉香人工林100万亩以上（图1）。

图1　7年生沉香人工林

## 二、发展目标

我国的大部分沉香人工林是有树无香。通过人为的刺激和伤害，尽快地结出品质达到预期目标的沉香将是沉香产业界的重要目标。

### 三、立地与品种配置技术

土沉香存在有易结香单株或品种，有些人夸大称之为"奇楠沉香苗"或"奇楠沉香树"。其实奇楠沉香是沉香的最高等级，质量好且价格高。目前市面上各种"奇楠沉香苗"价格奇高，是否能接出奇楠级沉香尚没有得到试验验证，是基因控制还是体内微生物控制结香质量也不清楚。但比较肯定的是，由于单株之间遗传上的差异，造成一些单株比较容易结香。目前普通土沉香实生苗大面积发展要谨慎，很多林农由于盲目发展目前正面临结香困难的问题。易结香品种嫁接苗、扦插苗和组培苗可以大力发展，实现优良沉香品种拯救沉香种植产业。

土沉香可种植在华南地区绝对低温高于0℃的低海拔地区，在0℃左右就会有明显的寒害。土沉香对土壤适应性强，在酸性土壤上均可以生长，比较喜好砂壤土。土沉香天然分布多在沟谷和山体中下部，喜湿润环境，在年降水量>1200mm的地区生长良好，湿度大有利于结香。选择土壤水肥条件好、空气湿度较大的沟谷或坡下地段造林，不同经营模式造林密度有所不同。

### 四、良种壮苗

#### 1. 播种育苗

选择6年以上生长良好且无病虫害的优树作为母树进行采种。土沉香果期为7~8月，果壳开裂种子会自行脱落。种皮呈黑色时种子已充分成熟，可进行采收。对于果壳未开裂但果皮已呈黄白色的果实，可以采收果实，置于阴凉处风干1~3天，但不能曝晒，待果壳完全开裂后捡取种子。树上自行脱落的种子成熟度高，发芽率较高，也更耐贮藏。由于种子含油率较高，易腐烂而失去活性，不耐贮藏，需及时播种。若不能及时播种，可采用沙藏，将种子与干沙以1:3的比例混匀置于阴凉干爽处贮藏，但贮藏时间不宜超过10天，否则种子发芽率将急剧下降。

选好苗圃地，搭建透光度为50%~60%的遮阴棚，做好苗床。播种前用0.2%高锰酸钾或多菌灵800~1000倍稀释液对播种苗床进行消毒处理，在土沉香根结线虫较多的地区，还需用1.8%阿维菌素乳剂按500~1000ml/亩的用量处理苗床。将种子集中处理后统一撒播在苗床上，然后按幼苗发芽的先后顺序分批移栽到营养袋内。由于种子含油率高并且易腐烂，所以应选择透气性较好的基质作苗床，如细河沙:黄心土=3:1的混合基质，同时要求稀播、浅播。播后覆盖透气性极好的细沙，以不见种子为度。待幼苗长到2对真叶时，及时移植到容器中（图2~3）。移栽前可剪去幼苗主根顶端，以防窝根，同时可以促进须根的生长。

幼苗不耐旱，一般情况下移苗后要早晚各浇水1次，以保持土面充分湿润，阴雨天不浇水，并注意防涝、排水。根据苗木各个时期的生长特点，结合浇水进行施肥，前期用氮肥，中期用复合肥，后期用磷、钾肥，以0.1%~0.3%的水溶液喷施。沉香幼苗前期透光度控制在50%~60%为宜，当苗高长至20~30cm时，可以逐渐增加光照直至揭去遮阴物。

图 2~3　播种育苗

## 2. 嫁接苗培育

嫁接一般在春季或秋季进行。选择生长健壮的地径 0.5~1cm 的实生苗作为砧木，在 10cm 左右切断。在侧面进行劈接，接入当年生带有芽的易结香品种茎段，用胶纸绑实。然后用薄膜覆盖苗床或单株保湿，定期淋水，注意清除砧木萌发的新芽，1~2 年后嫁接苗可出圃（图 4~5）。但在种植后，地上部分为易结香品种，树头为一般土沉香。扦插育苗生根难度大，目前基本没有商业化生产。

图 4~5　土沉香苗木嫁接

## 3. 造林前苗木的检查

土沉香苗木的大小同造林成活率密切相关，实生苗建议选择 2 年生以上，高度在 80~110cm 的苗木造林（图 6）。一年生以内苗木高度在 30~50cm，造林后容易被杂灌覆盖，不及时抚育将影响成活率。苗木如有土沉香根结线虫，种植后幼树将大量死亡，应抽检确认苗木不带根结线虫。有条件时进行修苗，剪除下部侧枝及叶片，以减少叶片蒸腾，从而达到提高

图 6　沉香苗木

成活率的目的。栽植时要求苗正、根舒展,种植后踩紧压实。

## 五、培育技术要点

### 1. 抚育管理

植后每年松土除草2次,除去穴内杂草,做到不影响土沉香树采光即可。抚育时间以每年的5~6月伏旱前和9~10月秋末冬初为宜。将清除的杂草铺盖于根际周围以提高土壤熵值。结合抚育进行追肥2次。第一次在春梢萌动期(3~4月),追施复合肥,以促进抽梢发芽。第二次的追肥时间应安排在9~10月,采用沟施的方法,施入腐熟的有机肥或复合肥。造林当年追肥量约为200g/株,随着树龄的增大,施肥量相应增加到300g/株。

造林后可根据树木生长情况进行修枝。修枝应选在春季进行,部分树木在修枝后伤口处可少量结香。秋冬季修枝留下的伤口将影响幼树的抗冻性,遇到低温后伤口周边树皮坏死,严重时导致整株幼树死亡。种植密度不大,台风危害不严重的地方也可以不修枝。在上述管理条件下,6~7生树木平均胸径可达10cm以上,这时可以选择部分树木进行人工促进结香。

在种植当年和种植后第二年食叶害虫较严重,经常将全部叶片吃光,成年沉香树相对有所减轻。虫害以卷叶蛾类为害最大,每年秋季卷叶蛾幼虫吐丝将叶片卷起,在内蛀食叶肉,可在几天之内吃光整株树树叶乃至整片土沉香林树叶,严重影响土沉香的生长。有时一片林分在一年内2次以上发生食叶害虫吃光树叶,导致部分树木死亡。以化学防治效果较好,可在虫害卷叶前或卵初孵期用25%杀虫脒500倍液进行叶面喷洒,每5~7天1次,连续2~3次。

### 2. 人工促进结香

为了实现沉香资源的可持续利用,人工促进结香十分必要,也越来越被广泛应用。从目前的研究结果来看,结香是土沉香树体在受到外部伤害或内在胁迫时的应急反应导致的结果。土沉香结香的过程中,呼吸作用增大,树木体温增高,消耗树体内的淀粉类物质,首先转化为糖类物质和脂类物质,然后再转化成倍半萜、2-(2-苯乙基)色酮和芳香族等活性成分,在受伤部位木质部导管内累积,使导管孔径变大、导管密度变小,把受伤部分和正常生长部位隔开。目前已经报道的2-(2-苯乙基)色酮类成分绝大部分是从沉香中分离得到的,又可在沉香中聚合形成2-(2-苯乙基)色酮聚合物。色酮一词源之于希腊词"chroma 有颜色的",所以沉香树白色木材变色多为结香。2-(2-苯乙基)色酮和2-(2-4-(甲氧基)苯乙基)色酮,在加热裂解时,会分别产生两个芳香族化合物苯甲醛和对甲氧基苯甲醛,而产生持久香味。

人工促进结香不外乎就是外部伤害和内在胁迫,外部伤害一般称为物理造伤法,包括在树干上开香门(开一个方形伤口,伤到木质部)、树干打钉、树干钻孔(图7~8)、火烧树干、半断或全断树干、树桩断老根移植、敲皮等方法(图9~10)。内在胁迫主要有非生物试剂法和生物试剂法。非生物试剂法包括无机盐、酸性物质、植物激素等。生物试剂法主要是注入树体内有效的内生真菌,可以促使土沉香结香。真菌接菌促进土沉香结香的方法可概括为两类:一类为在沉香树体上凿孔,一般为螺旋形,间隔的垂直距离约为20cm,

**图 7~8　没结香的沉香树干和打火孔结香树干**

直接将菌丝体或培养液封入孔中；另一类即为通体结香输液法，需要将菌种的培养液，经过滤后，装入输液袋中，用针管滴注入土沉香树干中。有时为了有利于菌种培养液的扩散，配合使用氯化钠等其它试剂。在天气晴朗时，将液体菌剂分装于输液器具中，在土沉香树干的同一高度的东西两侧分别钻孔，将输液器具中的菌液经钻孔以滴注方式输入树干中。输液器具包括输液袋、输液软管和针头，输液软管固定在输液袋下方，呈倒"Y"形，上方为主液管，下方为两个分支输液管，主液管上设有流速控制器，分支输液管末端连接针头，通过主液管上的流速控制器控制菌剂从输液袋流出的速度，从而控制菌剂由针头输入钻孔中的流速。为防止浪费，钻孔时控制孔径的大小尽量与针头的孔径相当。一般以夏季接菌效果更好，主要是夏季树液流动快，促进结香长度增加。

生物和非生物制剂促进结香一般在一年左右收获，如不及时收获已有的结香部分还会逐渐减少，称之为"走香"。收获后需要拣香，就是把结香的部分和不结香的部分分开。拣香费时费力，在劳动力成本不断上升的情况下，导致沉香种植和经营利润下降。拣香后质量不好的香还会在一定期限内失去香味，称之为"散香"。物理伤害造香法可根据具体方法和沉香的目标用途确定结香期限，莞香一般是 3~5 年后收获树蔸上部断面或开香门创口面结香部分，然后再移植树蔸。对于物理造香法来说，结香期限长短同沉香的含油量和质量成正相关。

没有最好的结香方法，只有最适合目标产品的结香方法。通常来说，物理促进结香方法需要等待较长的时间，但沉香质量相对较好；非生物试剂法、生物试剂法以及生物和非生物试剂混合法等待结香时间短，但沉香质量相对较差。虫结只能靠虫子钻，等待时间长，产量不确定。如果是生产闻香类产品，可以不考虑试剂的化学残留，建议用非生物和生物试剂促进结香。入药和食用类沉香，建议以物理促进结香和菌种促进结香为主。收藏级沉香要求质量高、结香时间久，以虫结和自然结香为主。

图9~10 火烧树皮和打火孔刺激结香

## 六、对策建议

### 1. 长短结合发展模式

首先是选择立地条件较好的山地，按 2m×2m 或 2m×3m 的株行距挖穴，种植穴的规格为 40cm×40cm×30cm 或 50cm×50cm×40cm 打穴。用 2 年生苗木造林，连续抚育 2~3 年。6~8 年后，土沉香的平均胸径为 10~13cm。

这时选择一半的树木进行吊注结香剂促进结香，0.5~1 年后，采伐树木，把树干带到拣香车间拣香，没有结香的树干部分用于培育蘑菇。4~5 年后，再选择留下树木的一半吊注结香剂促进结香。最后留下的树木，用于物理伤害后仿天然结香，在开香门或打火孔 2~5 年后采收。该模式时间需要差不多 20 年左右。

但在生产上结香剂质量不稳定，有的结香剂价格高且效果差，甚至不促进结香，导致林农损失很大。近年来有企业介入，可能会产生出一批价格合理促进结香质量稳定的结香剂。

### 2. 物理促进结香模式（莞香模式）

该模式的特点是人工带蔸移植树木，是莞香的传统经营方式。

首先是选择立地条件较好的山地，按 2m×3m 或 3m×3m 的株行距挖穴，种植穴的规格为 50cm×50cm×40cm。用 2 年生苗木造林，连续抚育 2~3 年。7~10 年后，土沉香的平均胸径为 12~15cm 开始移植结香（图 11、图 12）。

选择一半的树木进行带蔸移植促进结香。沉香树的大树移植难度中等，需要一定的技术支持。首先应选择合适的季节移植，早春是最佳时机，其次是春夏雨季。一般是挖直径

图11 移植在园地的沉香

图12 移植的树木开香门

50~60cm、深度50cm左右的树蔸,绑实后砍掉树木2.5m以上的树冠,然后搬运。种植前施用促进生根剂有利于树木成活,然后在树干上开2~3个香门。在2~3年收获开香门部分后,再次移植树蔸,以后主要是依靠树蔸顶部结香(图13,图14)。

图13 树蔸结香

图14 树蔸上表面结的香

该模式历时较长,但收益较高。由于沉香质量稳定,一般在10000元/kg左右,产量可达1kg/亩,第一次移植后每隔2~3年就可以收获一次。但该模式的缺点是移植技术较难掌握,树蔸移植成本高。整个结香过程长,容易被盗。

撰 稿 人:徐大平
咨询专家:徐大平　中国林业科学研究院热带林业研究所　研究员
联系电话:13602725980　　020-87033626
电子邮箱:gzfsrd@163.com　微信:18902225228

# 青钱柳

## 一、概述

青钱柳（*Cyclocarya paliurus*）又名摇钱树、山麻柳等，系胡桃科（Juglandaceae）青钱柳属植物，为我国特有的单种属植物。主要分布于我国亚热带地区的江西、浙江、安徽、福建、湖北、湖南、四川、贵州、广西、重庆等地，河南、陕西和云南也有少量分布。青钱柳多生于海拔420～2500m山区、溪谷、林缘、林内或石灰岩山地。大树喜光，幼苗幼树稍耐荫，适生于湿度较大的环境，在土壤干旱瘠薄的地方生长不良，耐涝性差。据《中国中药志要》记载，青钱柳树叶具有清热解毒、止痛功能，可用于治疗顽癣，长期以来民间用其叶片做茶。现代化学和药理研究表明，青钱柳含有丰富的黄酮类、三萜类、多糖、甾醇、酚酸、氨基酸等有机成分和钾、钙、镁、锰、铁、铜、铬、锌、硒、钒、锗等无机成分，具有降血糖、降血脂、抗氧化、抗肿瘤、增强机体免疫功能、抑菌作用等药理活性。青钱柳木材纹理直，结构略细，硬度适中，适宜于做家具、农具、小船、茶叶盒、火柴杆、胶合板、建筑及包装材料等。其气干密度在含水率为12%时达0.552g/cm$^3$，比我国传统的枪托用材胡桃楸高6%，而与优良家具、枪托和机模用材的黄杞很相近。青钱柳为羽状复叶，树姿优美，果似铜钱，也是优良的观赏绿化树种，可用于景观和四旁植树。因此，青钱柳是集药用、保健、材用和观赏等多种价值于一身的多功能珍贵树种，开发利用前景广阔。

## 二、发展目标

自2013年青钱柳叶被列为新食品原料以来，我国发展青钱柳叶用林及开发其保健和药用价值的积极性显著增加，已成为贫困山区乡村振兴和脱贫致富的重要树种之一。据不完全统计，截至2020年1月，青钱柳人工种植面积已近35万亩，叶用林投产面积约20万亩。青钱柳用途广泛，以药用和保健为主，集药、材、四旁绿化等应用为一体。各地应根据当地自然环境和社会经济条件开展多目标培育，可发展叶用林、用材林或叶材兼用林。

## 三、品种选择

目前尚无可在全国范围内推广的品种。根据造林区域的立地条件和培育目标，用材林培育应尽量选择从当地的青钱柳优良单株（林分中干形通直的优势木）采种育苗。叶用林应选择从当地的青钱柳优良单株（重要次生代谢物质含量高及叶生物量大）采种育苗。如当地无天然或人工林，可从气候和立地条件相似的区域调拨种子或苗木，尽量采用经过选育的家系或品种造林。

通过种质资源收集和早期选择，已初步筛选出一些优良的地理种源/家系和优良单株，正在开展进一步的评价和区域化造林试验：优良药用家系有江西庐山2#、湖北鹤峰11#、安徽舒城 4#、浙江安吉 5#、福建漳浦 5#等；优良材用家系有云南昆明 2#、贵州剑河 1#和贵州剑河 2#等；优良叶用单株有 LC1、CP3、LC4、CR6 等。其中，LC1 具有嫩叶较红、叶片回甘与苦涩味浓郁、叶片大、9 月总黄酮和黄酮单体含量高等特点，适于秋季采叶做茶或用于黄酮物质提取和相关产品精深加工。CP3 具有嫩叶稍红、叶片大、9 月黄酮和三萜含量较高等特点，适于秋季采叶做茶或用于黄酮和三萜物质提取及相关产品精深加工。LC4 具有嫩叶微红、叶片大、干形直、5 月和 9 月黄酮、三萜和多糖含量均较高等特点，为初选叶材两用优良单株，可于春秋两季采叶做茶，或于秋季采叶进行活性物质提取和相关产品精深加工。

## 四、育苗技术

**1. 播种育苗**

（1）种子处理：9~10 月待果实由青转黄时进行采种，干燥后去翅，清水浸种或赤霉素浸种后层积催芽。

（2）大田播种育苗：宜在 2 月下旬至 3 月进行，当 10%~20% 的种子露白时进行播种；采用条播，行距 30cm、沟深 3~5cm。播后覆土 1~2cm，轻轻镇压，用作物秸秆或类似保温材料覆盖，浇水。播种量依据种子质量而定，育苗密度约 10000~12000 株/亩；播种后约 30 天，揭除 1/2 的覆盖物，5 天后全部揭去；幼苗长至 7~10cm 时，进行间苗和补苗，苗木株距 20~25cm 为宜。

（3）容器苗培育：待种子露白播种到容器中或待芽苗长至 4~7cm 高时取芽苗移栽到容器中。育苗容器以口径×高度为 8~10cm×10~12cm 的无纺布袋较佳，营养土配方以黄心土：珍珠岩：草炭土：有机肥＝2:2:4:2（体积比）较优。为防止苗根穿透容器向土层伸展，可架空排放或定期挪动容器进行重新排列并截断伸出容器外的根系，促使容器苗在容器内形成根团。

**2. 嫁接育苗**

因青钱柳为单种属树种，目前以同科不同属的枫杨或核桃为砧木进行嫁接，常表现为前期有部分成活，但后期逐渐死亡。因此，采用青钱柳本砧嫁接成本虽高，但砧穗亲和力强，嫁接苗造林后成活率高。针对青钱柳主根发达、须根少的特性，通过培育优质青钱柳容器苗作为砧木进行本砧枝接或芽接，可快速高效培育砧穗亲和力强、根系发达、移栽成活率高、无缓苗期的良种青钱柳嫁接苗，切实解决目前以其他树种为砧木嫁接青钱柳难以成活或后期不亲和等问题。其关键技术主要包括：

（1）砧木培育关键技术：同容器育苗。

（2）嫁接育苗关键技术

砧木选择：一般选 1~2 年生长健壮的实生苗为砧木，枝接要求地径 1cm 以上，芽接要求地径 0.6cm 以上。

接穗采集：枝接接穗采自粗 0.6~1.5cm 的一年生木质化枝条。芽接接穗采自当年发育的半木质化嫩枝，采集的接芽应饱满，芽接接穗宜随采随用。

嫁接时期：枝接在树液开始流动至开始展叶期，应在 2 月下旬至 3 月中旬；芽接应在

7月中下旬至9月上中旬进行。

嫁接方法

①枝接：一般采用切接法。

②芽接：一般采用方块芽接。在接穗上取3~4cm长、宽0.5cm以上的芽片，芽要位于芽片的正中间。在砧木上选择光滑处切取同芽片大小相同的皮层，并把皮层取下。取皮层的同时在砧木一侧的纵向刀口延长出1.5~2.5cm，撕下1~2mm宽的树皮作伤流口。把芽片贴在砧木口上，用薄塑料膜绑扎芽片，留出伤流口，8月底前嫁接芽露在外面，9月嫁接则不露芽。

嫁接苗管理：枝接后20天左右，砧木上易萌发新芽，应及时抹掉，以免影响接芽萌发和生长。7月中旬后芽接，在砧木接口以上留2~3片复叶为接穗秋季生长提供养分，并提高接穗的冬季越冬抗寒能力，其余枝条全部剪去，避免可能对接穗生长造成的抑制；待春季接穗芽萌动后剪除砧木上的所有枝条。

## 五、培育技术与模式

### (一) 立地选择

青钱柳喜生于肥沃，排水良好的酸性红壤、黄红壤之上，适生于温暖湿润的环境中，在土壤干旱瘠薄的地方，生长不良。因此，青钱柳人工林的造林地宜选择河岸冲积土、山地缓坡、土层深厚肥沃，排水良好的迹地，背风湿润沟谷和山坡中下部等立地作为造林地。要求土壤有效层厚度在0.5m以上，土壤容重在$1.4g/cm^3$以下；在平原地区造林，常年平均地下水位大于1.0m，土壤含盐量宜在2.0‰以下。

### (二) 主要造林技术

(1) 造林整地。在造林前一年的秋冬季或造林当年早春整地。栽植前挖穴，穴的规格一般为0.3m×0.3m×0.3m，可根据苗木的大小适当调整，将穴内土块打碎，拣出杂物。

(2) 造林季节。具体造林时间视气温、土壤温度、土壤墒情以及苗木类型而定。采用裸根苗造林，一般以春季造林为宜，根据区域在2~3月青钱柳芽萌动前进行；采用容器苗造林，造林季节可在春季、雨季和秋季或冬季进行，可根据区域具体确定适宜造林季节。

(3) 种植技术。青钱柳造林均采用植苗造林，栽植深度20~30cm。造林密度或株行距视人工林定向培育目标而定，具体见栽培模式部分。

植苗造林时，一般使用1年生大田播种苗或容器苗。当造林地杂草、灌木石砾较多，坡度大于20°时，建议采用1年生容器苗或2年生移植苗造林。

### (三) 主要栽培模式

**1. 叶用林定向栽培模式**

(1) 适地适种源(家系、品种)。根据造林区域的立地条件和药用植物栽培的"道地性"性原则，尽量选择从当地的青钱柳优良单株(重要次生代谢物质含量高及叶生物量大)采种育苗；如当地无天然或人工林，可从气候和立地条件相似的区域调拨种子或苗木，尽量采用经过选育的叶用林家系或品种造林。

(2) 造林密度与配置。青钱柳叶用林主要以收获叶生物量为目的，以营造纯林为主，且进行矮化经营（以便采摘叶子）。根据立地条件和经营集约度，造林密度控制在1111~2500株/hm$^2$，株行距2m×2~3m×3m之间（图1、图2）。

(3) 经营管理措施。叶用人工林经营需采用集约经营，并按照GAP的经营原则和要求进行。新造林地苗木，风雨过后出现歪倒现象时，应及时扶正培土。新培土应达苗木土痕以上1~2cm，踏实苗根部，不伤苗、不伤根、不漏抚。

松土除草：造林后1~3年，以种植穴为中心，在穴面上进行松土。每年2次，分别于4月和9月进行，第一次松土在原穴范围内松土深度5~10cm，扩穴部分松土深度10~15cm；第二次松土时，可加深至15~20cm。有条件的区域，可以采用农林间作以耕代抚，尽量减少除草剂的使用。一般间作年限为2~4年（视造林株行距）。

施肥：采用环状施肥，沿树冠外缘垂直投影处开环状沟，沟深20~30cm，将肥料均匀施于沟内，盖土压实。造林后1~3年，每年休眠期施基肥一次，每株施用商品有机肥1.0~1.5kg。造林3年后，每年在生长期采收后和休眠期各施肥一次，每次每株施用商品有机肥1.5~2.5kg。

整形修剪：造林次年休眠期进行第一次截干处理，保留30~40cm高主干，选留3~5个开张角度大的侧枝，定期抹去多余的萌芽；第二次留干高度50~60cm，每个侧枝上选留2~3个分枝；第三次留干高度70~80cm；此后每年休眠期进行截干修枝，留干高度80~100cm，同时剪除过密枝、细弱枝和病虫枝等。

病虫防治：青钱柳幼林期常见的病害有枝干溃疡病，主要的害虫有木蠹蛾、蜡蝉、尺蠖和刺蛾等。应采取预防为主，综合防治的措施。重视整形修剪工作，并及时清除病死株、重病株，集中销毁。初冬和立夏前进行树干涂白。在成虫危害期，每1~1.5hm$^2$范围安装一盏太阳能防虫灯，安装高度1.5~2.0m。提倡使用生物源农药、矿物源农药和仿生农药。使用化学农药应严格按照要求控制施药量与安全间隔期，并注意轮换用药，合理混用。防治溃疡病可在发病期用50%多菌灵500倍液喷洒枝干。木蠹蛾的防治可在幼虫期用

图1　青钱柳叶用林定向培育　　　　图2　青钱柳叶用林复合经营（林-禽复合经营模式）

磷化铝毒签或直接用蘸50%杀螟松原液棉签塞入虫孔并封堵虫孔。蜡蝉若虫发生盛期，用2.5%高效氯氰菊酯乳油2000~3000倍液叶片喷雾。尺蠖幼虫危害期，用4.5%高效氯氰菊酯乳油2000~3000倍液叶片喷雾；刺蛾幼虫发生初期，用4.5%高效氯氰菊酯乳油1500~2000倍液叶片喷雾。

叶收获产量：造林后第3年开始采收叶片。4~5月，每隔20~30天采收一次，采摘时每枝上保留1/3~1/2叶片，每次采收总量控制在全树叶量的50%以内。秋季叶色尚未变黄前，保留树冠上部1/10~1/5叶片，其余叶片全部采收。采后宜及时加工处理。

**2. 用材林定向栽培模式**

(1) 适地适种源(家系、品种)。根据造林区域的立地条件，尽量选择从当地的青钱柳优良单株(林分中干形通直的优势木)采种育苗；如当地无天然林或人工林，可从气候和立地条件相似的区域调拨种子或苗木，尽量采用经过选育的材用林家系或品种造林。

(2) 造林密度与配置。用材林主要培育大径材，需根据经营模式确定造林密度。营造纯林，造林密度控制在625~1111株/$hm^2$，株行距3m×3m~4m×4m；营造复合经营林(如青钱柳－茶叶复合经营)，造林密度控制在360~500株/$hm^2$，株行距4m×5m~4m×7m；营造混交林时，可选择南方红豆杉、楠木、杉木等树种与之混交，混交比例为1:1，造林密度控制在625~1111株/$hm^2$。

(3) 抚育管理措施。抚育年限为5年，每年抚育2次，每年4月初、9月初各抚育1次，抚育内容有割草、割灌、松土除草、整形修枝。

松土除草：种植穴中心1m内的杂草和灌木割除掉，将其平放在幼树的周围，但不得压倒幼树，杂草灌木过多可堆置行间。草灌留存高度不得超过20cm。

人工松土以植株为中心，在穴面上进行松土。每年2次，第一次松土在原穴范围内松土深度5~10cm，扩穴部分松土深度10~15cm；第二次松土时，可加深至15~20cm。造林后应及时松土除草，做到除早、除小和除了，在农林间作的情况下，行间的松土除草结合农作物的松土除草进行；对郁闭后的林分，可不再进行松土除草，根据不同树种和草灌种类，可选用适宜的化学除草剂除草。

整形修枝：造林后对顶梢折断或顶芽受损的植株，及时把苗木回剪到下边第一个完整侧芽上端1cm处，使这个侧芽发育成为主梢；对枯梢苗，应选留苗木上部与主干夹角最小的一个侧枝，将其以上部分全部剪去。

每个生长季节末(最好在树木落叶之后)都要进行一次修枝，剪去树冠中下部粗大侧枝，一直持续到林木形成4m高通直主干为止。修剪时贴近树干，不留茬。修剪粗枝需用修枝锯时，应先在侧枝下方锯一浅口，然后由上向下锯，侧枝断裂时要避免撕裂树皮。修枝后及时剪去下部主干上长出的萌条。修枝强度：对1~4年生幼树可少量修枝；5~10年生修枝到树高的1/3处；10年以后可修枝到树高3/5处。宜在幼林抚育结束后的2~4年开始进行透光抚育。

病虫防治：常见的病虫害及防治措施参见叶用林培育模式。

轮伐期与产量：通过大量的青钱柳胸径生长分析表明，在1~7年生，其平均连年生长量在1.0cm以上；8~30年生在0.5~1.0cm之间；30年生后低于0.5cm。据此判断，林分平均胸径达到 30cm 的时间约 30 年左右，数量成熟龄在 35 年左右（视立地条件而异）。建议培育大径材的轮伐期以 40 左右为宜，林分蓄积量在 350~480m³/hm² 之间。

### 3. 四旁植树栽培模式

青钱柳用于景观和四旁植树时，需采用大苗造林。移植后培育大苗，要进行适当修剪，培养良好冠形。及时剪除主干上的枝条与萌蘖，并要视需要进行树冠修剪定型。主干高度达到培育目标时要摘除顶芽。

青钱柳作为优良观赏绿化树种造林时，其苗木规格要求为干径 5~6cm，定干高度 2.5~3.5m，造林株行距 4.0~5.0m。大苗出圃时需带土球，且土球要用草绳包扎。大苗出圃要掌握好随挖、随包、随运、随栽的原则。造林季节以休眠期为宜，技术上按园林绿化工程造林的技术规范进行。配合保水剂使用可以确保造林成活率。

## 六、对策建议

青钱柳是集药用、保健、材用和观赏等多种价值于一身的珍贵多功能树种，已引起了社会极大的关注，有广阔的发展前景。大力发展人工林资源并实行定向培育是青钱柳产业发展中急需解决的关键科技问题。

第一，青钱柳优良品种选育。青钱柳广泛分布于我国亚热带地区，由于突变、隔离及自然选择等原因，分化并产生了种内有差别的地理生态种源和家系。需进一步加强种源收集和种源试验，为不同培育目标（药用、材用、观赏等）的人工林筛选出优良的地理种源（家系、品种）。

第二，青钱柳良种的无性系化。在筛选出青钱柳优良品种的基础上，如何使这些优良的种质资源快速扩繁和无性系化，也是今后急需研究和解决的技术关键。目前本砧嫁接技术有所突破，但繁殖成本相对较高，还需进一步探索青钱柳的扦插繁殖、组织培养或以其他树种为砧木进行嫁接的技术，为青钱柳的产业化开发利用做好技术储备。

第三，青钱柳人工林定向培育模式优化。青钱柳为多用途树种，在人工林资源培育时必须实行定向培育。如作为药用资源开发，还需系统深入研究立地条件、造林密度、整形修枝、施肥技术等对单位面积上青钱柳叶产量和质量（药用有效成分含量）的影响；而作为材用资源开发，收获的主要是木材，则需系统研究立地条件、造林密度、混交林营造技术、修枝技术、施肥技术等对单位面积上青钱柳木材产量和质量的影响，从而为不同的培育目标筛选出优化的定向培育模式。

撰 稿 人：尚旭岚　方升佐
咨询专家：尚旭岚　南京林业大学　副教授
联系电话：13770653463　　　025-85427326
电子邮箱：shangxulan@njfu.edu.cn　微信：sxl13770653463

# 铁皮石斛

## 一、概述

铁皮石斛(*Dendrobium officinale*)是重要的林下经济植物(图1),2015年版《中国药典》中药材,始载于《神农本草经》,历代本草均有记载,具有益胃生津、滋阴清热、增强免疫力、抗肿瘤等独特功效。自然分布于浙江、安徽、江西、湖南、广东、广西、云南、贵州、四川、湖北、河南等地,因自身繁殖能力低下、过度采挖与生长环境破坏,野生资源濒临灭绝而列为国家二级保护中药材。20世纪90年代以来,科技人员针对铁皮石斛繁殖难、种植难等制约产业发展的瓶颈问题,逐一解决了"组培快繁"、"品质育种"、"实生后代分离严重"、"种植模式单一"、"目标化合物动态变化规律"等关键科学和技术问题,实现种出铁皮石斛、种好铁皮石斛,使铁皮石斛从珍稀名贵中药材转变为中药大品种,成为近20年来发展最快的中药品种,2019产值突破150亿元。

图1 铁皮石斛形态特征

## 二、发展目标

铁皮石斛设施栽培技术已经成熟,但存在占用良田、投入大、药材功效不如野生等问题,采用"活树附生"、"岩壁附生"等近野生栽培,不施肥料、不用农药,不与粮食争良田、不与林木争林地,建立不砍树也能富的现代林业模式是产业发展的方向。

## 三、品种选择

'森山1号':通过选择育种选育出的国内首个符合药典标准的品种,多糖含量超过

《中国药典》标准28.4%，亩产药材160.3kg，比混合群体高33.6%。

'晶品1号'：用'森山1号'优良单株作为母本，与品质、产量等优良性状种质聚合杂交，育成优质、高产的'晶品1号'，多糖和浸出物含量分别比《中国药典》高84.4%和73.8%，产量比'森山1号'高61.3%。

'晶品966'：用'晶品1号'优良单株作为母本，与抗白绢病的种质进行聚合杂交培育而成，多糖和浸出物含量分别比《中国药典》高94.0%和143.1%，产量比'森山1号'高66.8%，对白绢病高抗，从根本上解决了铁皮石斛近野生栽培白绢病难防难控造成的毁灭性灾害。

'晶品天目山'：首个无性系抗寒良种，岩壁栽培2年生药材多糖和浸出物含量分别比《中国药典》高49.4%、79.4%，耐-14.8℃低温，从根本上解决主产区近野生栽培冻害问题。

'晶品鲜食'：无性系良种，产量比'森山1号'增产171.4%，多糖和浸出物含量比《中国药典》高60.0%、236.9%；渣少，适合鲜食。

## 四、育苗技术

### 1. 设施栽培种苗

（1）实生苗培养。选择饱满无裂缝的蒴果，用无菌水冲洗后置于无菌超净台上用70%~75%的酒精浸泡1min，然后用2%~3%的次氯酸钠消毒10~20min，最后用无菌水冲洗6~8次。将消毒好的蒴果切除最顶部，用镊子将种子均匀地撒在种子萌发培养基上。培养条件为：16h光照，光照强度10~30 $\mu mol/(m^2 \cdot s)$，温度为26~28℃；8h暗培养，温度为20~22℃；上述光照和暗培养交替进行。

待种子萌发，植株长到约2cm高时，转接到壮苗生根培养基。培养条件为：16h光照，光照强度30~50 $\mu mol/(m^2 \cdot s)$，温度为26~28℃；8h暗培养，温度为20~22℃；上述光照和暗培养交替进行。待植株长到苗高5cm左右，茎粗约0.3cm，且具有6张叶片和3~5条根时，可以瓶苗进行炼苗，在自然散射光下炼苗1~2周后，打开瓶盖2~3天取出小苗，洗净并进行根系消毒，待根系稍发白后即可移栽。

（2）组培苗培养。原球茎的诱导可以分为种子和营养器官诱导。以蒴果种子为外植体：蒴果选择和消毒同实生苗培养，把种子均匀地撒在原球茎诱导培养基上进行原球茎诱导。以茎尖、茎段、幼叶、种胚苗、幼根以及试管无菌苗为外植体。用无菌水冲洗外植体，置于无菌超净台上用2%~3%的次氯酸钠表面消毒8~15min，然后用无菌水冲洗6~8次，每次3~5min，接种于原球茎诱导培养基。

挑选长势均一、生长状态好、无分化、色泽嫩绿的原球茎进行再分化培养。继代控制在4代内。待分化的植株长到约2cm高时，转接到壮苗生根培养基。组培苗移栽同实生苗。

### 2. 近野生栽培种苗

选择经设施栽培的1.5~2年驯化苗，选择品种纯正、生长健壮，抗逆境和抗病虫害强的种苗。出苗后3天内不能立即外运或栽植的，要进行假植。假植设施要满足石斛正常生长需要的遮阴保湿要求,冬季应配备必要的防冻加温保护设备。不得堆压,防止发热烧苗。

## 五、培育技术与模式

**1. 设施栽培**

(1)设施。建设配备遮阳网、保温、喷雾或灌溉设备的玻璃温室或塑料大棚等设施。宜选用GLP832连栋薄膜大棚,GP832、GP625等标准大棚(图2)。

(2)基质选择。可选择松树皮、木屑、木炭、木块、碎石作为基质,既满足保水性、通风透气性要求,又有利于植株固定。以松树皮粉碎成2~3cm以下颗粒为宜。基质在使用前应经堆制、浸泡或蒸煮等处理。

(3)基质铺设。将基质铺在畦面上或架子上,地栽厚度10~15cm为宜,下层用5cm左右粒径粗基质,上层用2~3cm粒径松树皮70%+碎石30%配方,搭架栽培厚度8~10cm为宜,一般用2~3cm粒径松树皮基质,基质中可接种共生菌。

(4)栽植种苗。栽植种苗为组培苗,选苗标准为非污染、无烂茎、烂根、黄叶,叶色嫩绿或翠绿;根数2条以上,叶片4片以上,株高≥3.5cm,茎粗≥0.2cm;优质苗根数3~5条,叶片6片以上,株高≥5.0cm,茎粗≥0.3cm。待组培苗根部发白,即可栽植,同一批次种苗尽量在三天内栽完。

(5)栽种时间。应在气温10~25℃时移植,长江流域宜2~5月,夏季移植应在能降温的设施环境,冬季移植应在能增温的设施环境。

(6)栽种方式。宜丛栽方式栽种,3~5株一丛,按10cm×20cm或15cm×15cm间距栽种,用苗量8万~10万株/亩为宜。

图2 设施栽培模式

(7)光照调控。设施栽培遮阳度控制在60%~70%为宜。

(8)温度调控。设施内最高温度应低于45℃,最低温度应视品种抗低温能力定,适宜温度为15~28℃。

(9)水分调控。栽种后当天不宜浇水,第一次浇水时间视栽培基质湿度和种苗状态而定。如遇伏天干旱,可在早晚喷水,切勿在阳光曝晒下喷水。地栽多雨地区和雨季,要加深畦沟和排水沟,及时排水。

(10)通风。春、夏、秋三季都要确保良好通风,冬季气温在0℃以上要适时进行通风。

(11)施肥。宜用蚕沙、羊粪等优质有机肥,控制化肥使用。追肥进行二次,萌芽前施肥一次,生长期再施肥一次。每亩用肥量为200~400kg。肥料使用参照《肥料合理使用准则 通则》(NY/T 496)。

(12)除草。人工除草,禁止使用化学除草剂除草。

(13)越冬管理。保温、防冻、适度通风,降低湿度。每隔半个月左右喷1次水,应在气温0℃以上进行。

**2. 活树附生种植**

(1)林地环境。宜选择温暖、湿润、通风、透气的森林环境,林分郁闭度0.5左右,供水方便的林地,不宜在山坳种植。

(2)附生树种。针叶与阔叶、常绿与落叶、树皮光滑与粗糙的乔木均可。宜优先选择梨树等落叶树,不宜选择树皮会自然脱落的树种(图3)。

图3 活树附生种植模式

(3)林地清理。栽培前清除林下的杂草和灌木,清除枯枝、细枝、过密枝、藤蔓和树干的苔藓、地衣植物等。常绿树种为主的林分郁闭度调整至0.5左右,落叶树种为主的林分郁闭度调整至0.6左右。

(4)栽种方式。用无纺布、麻绳、稻草绳或用板皮小木片等在树干上按丛分层固定,每丛5~10株,层间距35cm左右,层内丛距8cm左右。固定时应露出茎基。

(5)喷灌系统。喷水管道要架在种植层的上方,宜在喷水口上方(20m落差)引水或建贮水池,达到自然喷灌的要求。若贮水池在林地的下方,要根据喷水量和喷水高度计算好增压泵扬程。

（6）栽植苗。选择经设施栽培的 1.5~2 年驯化苗。

（7）栽培时间。在长江流域，宜在 3~4 月栽培，迟至 5 月下旬，华南、云南等地可提早至最低气温达 10℃时进行。

（8）栽后管理。种植后晴天每天喷雾 1h 左右，保持树皮湿润，进入冬季后减少或停止喷水。不使用肥料。

**3. 岩壁附生种植**

（1）岩壁选择。宜选择坡度 85°以上的岩壁；若坡度小于 85°，应进行适当遮阴。

（2）岩壁清理。栽培前，清除岩壁的杂草和灌木；清除枯枝、细枝、过密枝、藤蔓和岩壁的泥土、苔藓、地衣植物等。

（3）种植方法。在岩壁上间隔 35cm 种植一层，种植 1.5~2 年生丛苗，丛距 8cm 左右，用水泥钉固定或其他方法固定。固定时靠近茎基的根系，露出茎基（图4）。

（4）喷灌系统、种苗选择、栽培时间、栽后管理。同活树附生。

（5）有害生物防治。坚持"预防为主、科学防控、依法治理、促进健康"的方针，利用生态系统的自我调节功能，根据有害生物与环境之间的相互关系，充分发挥自然控制因素的作用，将有害生物控制在可承受经济水平以下。

图4 岩壁附生种植模式

近野生栽培应通过构建稳定的森林生态系统或物理、生物的方法控制病虫害。采用化学防治时，应当符合国家有关规定，优先选用高效、低毒的生物农药，尽量避免使用除草剂、杀虫剂和杀菌剂等化学农药，不使用禁限用农药。农药使用参照《农药合理使用准则》(GB/T 8321)。

白绢病防治：梅雨季节，气温在 30℃左右应减少喷水控制湿度，同时保持栽培环境空气流通，一旦发现病株，立刻暂停喷水，及时清除（焚烧或深埋）病株与带菌基质，可有效缓解铁皮石斛白绢病发生与流行。

斜纹夜蛾：7~10 月为高发期，幼虫白天躲在基质中，傍晚后爬到植株上暴食叶片和嫩芽。防治方法主要有：利用杀虫灯、性诱剂等诱杀害虫；及时摘除卵块或初孵幼虫群集的"纱窗叶"；在幼虫低龄期选用高效低毒低残留农药进行喷雾防治，药剂可选用 10%除尽乳油 1500 倍、20%米满乳油 1000~1500 倍、5%抑太保乳油 1500~2000 倍。

软体动物：蜗牛和蛞蝓在整个生长期都可危害，常咬食嫩叶。一般白天潜伏阴处，夜间爬出活动危害，雨天危害较重。防治方法主要有：用菜叶或青草毒饵诱杀。即用 50%

辛硫磷乳油0.5kg加鲜草50kg拌湿，于傍晚撒在田间诱杀；在畦四周撒石灰，防止蜗牛和蛞蝓爬入畦内危害。

（6）采收技术规程。每年11月至翌年开花前采收，宜采收2年生萌条，保留1年生萌蘖。

### 六、对策建议

（1）强化种苗工作，确保良种壮苗。

（2）结合栽培地区生态条件，选择适宜品种及适宜模式进行栽种。近野生栽培模式应选择抗逆性强的品种。铁皮石斛在温度25℃左右生长得最好，温度过低，轻则冻伤，重则冻死，寒冷地区宜选用抗寒性强的品种。白绢病是铁皮石斛毁灭性病害，一旦发病，全年绝收，对于病害严重的区域，宜选用抗白绢病品种'晶品966'。

（3）选择合适的地块。设施栽培基地应选择生态环境良好，不受污染源影响或污染源限量控制在允许范围内，并具有可持续生产能力的生产区域，应特别注意通风和防涝。近野生栽培应选择在森林生态条件好的地区。参照《森林食品产地环境通用要求》（LY/1678）、《森林食品总则》（LY/1684），周围5km内应没有对产地环境可能造成污染的污染源，离公路、铁路等交通干线100m以上，以产地为中心，半径为1.5km范围内森林覆盖率达到60%以上。栽培环境要求通风、透气，不能选在山谷、正北朝向地块。

（4）要以"道地性、安全性、有效性、经济性"为要求，建立全程质量追溯管理制度。

撰　稿　人：李聪　吴令上　陈东红
咨询专家：斯金平　浙江农林大学　教授
联系电话：13868004019　　0571-63743852
电子邮箱：lssjp@163.com　微信：13868004019

# 黄　精

### 一、概述

黄精始载于《神农本草经》，味甘、平，归脾、肺、肾经，具有抗衰老、调节血糖、增强免疫力、改善记忆力等功效，是传统的食药两用植物，既可以像土豆、地瓜一样安全食用，又具有医疗保健的广泛功效。在新时代"人民日益增长的美好生活需要"的大健康背景下，黄精产业进入了飞速发展的新时期，有望成为百亿级产业。

黄精属于喜荫植物，好斜射或散光，忌强光直射，非常适合林下种植，不占良田、不争林地，可实现经济、生态、社会效益三结合，是践行"绿水青山就是金山银山"理念的重要载体，是山区群众"不砍树也能富"的脱贫致富重要路径。

## 二、发展目标

根据不同地区的适生栽培物种，选育推广基于功效成分、抗逆、高产的优良品种。实施规范化栽培，包括光照调控、立地控制、密度控制等关键技术，以黄精药材品质、产量和性状为主要指标，重点推广黄精林下栽培技术，生产优质黄精药材。强化根茎精深加工，花和嫩苗综合利用。

## 三、品种选择

（1）多花黄精（*Polygonatum cyrtonema*）。多花黄精适合在浙江、安徽、湖南、江西、福建、四川、重庆、贵州等地海拔600~2000m种植。选择根茎粗长的种质（图1，图2）。

（2）滇黄精（*Polygonatum kingianum*）。滇黄精适合在云南、贵州、四川、重庆部分地区海拔600~2000m种植（图3、图4）。

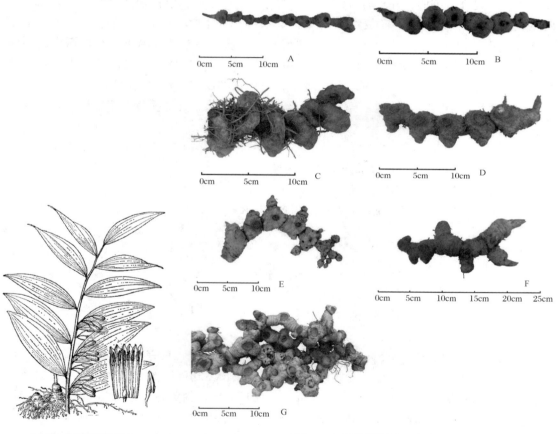

图1　多花黄精形态
（引用自《中国植物志》）

图2　多花黄精根茎种内变异
A. 江西龙虎山；B. 浙江建德；C. 浙江松阳；D. 浙江绍兴；
E. 安徽青阳；F. 福建永安；G. 湖南新化

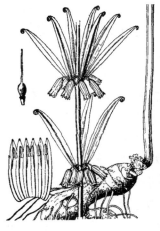

图3　滇黄精形态

（引用自《中国植物志》）

图4　滇黄精的花色变异

（3）黄精（*Polygonatum chinense*）。黄精适合在中国的东北、华北、西北（陕西、甘肃、宁夏等地）、淮河以北及云贵高原部分地区海拔 600～2000m 种植（图5）。

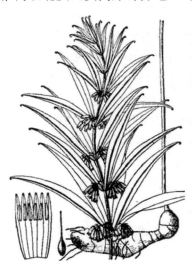

图5　黄精形态

## 四、育苗技术

（1）种子育苗。生长4年以上，进入盛果期的植株种子产量高、质量好，可以采集种子。每年10月前后，果实成熟果皮柔软变黑时采集。采集的果实去果皮果肉，清水冲洗干净后保存。

可秋季种子采收后立即播种，也可第二年春季播种，每亩 5～10kg 种子播种，条播或散播，播种深度 3cm 为宜，注意拔草和灌溉，黄精和多花黄精 4 年后出圃，滇黄精 3 年后出圃。

(2) 根茎育苗。宜选用2节带芽根茎，播种深度5cm为宜，每亩用种量5万个，育苗1年后出圃。

以疏松透气的砂壤土或含腐殖较多的壤土进行育苗。育苗地应选择排灌方便、背风、遮阳率60%的地块进行播种育苗。根据育苗地实际情况，按每亩施500~1000kg的量施入草木灰或充分腐熟有机质，然后翻挖深度为20cm表层土。细碎耙平土壤后，依地势和水湿情况作宽120cm左右的平畦或高畦，畦向以早阳、晚阳为宜，避开中午直射光，并作宽30~40cm、深15cm畦沟和围沟，沟间应相通，并有出水口以利排水。畦面按行距12~15cm，沟深视根茎大小按5~10cm横向开沟，摆放时应尽量避免损害黄精的芽头，芽头需朝上。待种根茎摆放完毕，覆细土浇透水，畦面盖松针或树叶，以不露土为宜。

(3) 组培育苗。以根茎为外植体，培育小根茎，每亩用种量5万~8万个，移栽后2年出圃。

具体方法为：采集优质带芽黄精根茎为初始外植体，经1‰多菌灵浸泡48h后，用0.15%氯化汞(10min)和2.5%(5min)次氯酸钠复合处理，用MS+6-BA 4.0mg/L+2,4-D 0.6mg/L培养基诱导初代芽，将诱导出的初代芽去除叶片，一分为二纵切接种于不定芽分化培养基MS+6-BA 1.0mg/L+NAA 1.0mg/L+TDZ 1.0mg/L上培养40天；将分化出的小芽切成3~5个/丛接种于芽增殖培养基MS+6-BA 4.0mg/L+NAA 0.5mg/L上培养。采用30天叶龄叶基为外植体、MS+6-BA 1.5mg/L+2,4-D 0.2mg/L为愈伤组织诱导培养基，将优质愈伤组织转接到不定芽分化培养基MS+6-BA 4.0mg/L+2,4-D 0.2mg/L上培养30天，分化出的芽转接到MS+6-BA 2.0mg/L+NAA 0.1mg/L或MS+6-BA 2.0mg/L+NAA 0.2mg/L培养基上增殖，3芽/丛在1/2MS+IBA 2.0mg/L生根培养基上培养30天；生根的丛苗移栽于泥炭+蛭石比例为1:1的基质中，浇透水，保持相对湿度90%，适当遮阴。

## 五、培育技术与模式

(1) 立地选择。平地、丘陵山地均可种植，适合腐殖质深厚的林下、坡地种植，土壤以肥沃砂质壤土为宜，忌连作。育苗地选择坡度小于15°~30°的荒地或熟地，土层疏松肥沃，无积水。需进行遮阴，透光率50%~75%。

(2) 整地。10月中旬至翌年3月收获农作物后，清除地面和大田四周杂草，土地深耕20cm以上，晾晒3~5天后开始旋耕耙细。旋地前对土壤进行杀虫、消毒处理。同时在大田四周挖好排水渠。随整地施入基肥，以有机肥为主，化学肥料为辅。农家肥应充分腐熟。整细、耙平、做畦，畦宽120cm，畦高15cm，畦间距60cm。

(3) 栽植。10月中旬至翌年3月种植，宜秋冬季种植。用于移栽的种子苗应具有3~4节、带芽的根茎；根茎苗应带芽，长约8cm、具2个年节，直接用根茎种植，规格同根茎苗，切口稍加晾干，蘸草木灰，或拌适量杀菌剂以防止霉变；组培苗应具有2节带芽的根茎。移栽前在整好的畦面上开沟，将挑选过的黄精种根茎依次摆放在开好的沟内，种子苗、组培苗沟深5cm，根茎苗视根茎大小，沟深5~10cm，摆放时应尽量避免损害黄精的芽头，芽头需朝上。行距30~35cm，株距25~30cm。待种根茎摆放完毕，将细土搂入沟内，覆土至平。

(4) 抚育。大田种植，每年4月下旬至5月上旬在畦沟内播种玉米或遮阳50%，在夏、秋季为黄精遮阴。当年9月下旬玉米收获后，秸秆粉碎还田，覆在畦面上。植株高大易倒伏者，栽植后根据茎秆高度，可用铁丝或尼绒网搭架，防止倒伏。不采种子的可以打尖、疏花抑制地上部分生长。

一般每年3月底4月初即可出苗，要注意及时遮阴。属于浅根系植物，在除草、施肥时应避免伤及根系，结合中耕除草施肥1~2次。在药材生产田，可以摘除花促进高产。

禁止使用壮根灵、膨大素等生长调节剂用于增大黄精根茎。

(5) 林下种植。在杉木、毛竹、果树等林下套种前，清理林地，伐除林下杂灌及部分下部枝桠，调整透光率至50%左右。用种茎带芽长8cm左右(2~3节)，每亩用种量200~250kg，采用开浅沟种植，间距35cm×35cm，种植后覆盖10cm厚茅草，每亩施400~600kg有机肥，一年除草两次，分别为5月初与6月初，5月进行摘蕾与打顶。4~5年采挖。

(6) 采收加工

根茎采收：多花黄精为多年生植物，种子繁育苗移栽后一般生长5年以上才具有经济和食药用价值。用根茎移栽的生长3~4年即可采挖。宜秋季地上部分枯萎时采挖。完整挖出根部，抖去泥土，去除残茎，挑除病根。采挖过程避免破伤外皮，注意防止冻害。

黄精根茎产地初加工：除去须根、洗净，置蒸锅或蒸汽中蒸透后晒干或烘干。烘干温度不超过60℃。加工干燥过程保证场地、工具洁净，不受雨淋等。黄精在烘干过程中不能一次烘干，否则折干率低，色泽较差而且不易干透。第一次烘至全部表面皱缩时，取出放凉，用滚筒搓揉机搓揉3~5min，去掉须根。再入烘室烘8~10h，取出放凉，再用滚筒搓揉机搓揉5~10min，第三次入烘室烘干。如此反复3~4次，至全干。

九蒸九制黄精：鲜黄精根茎在清洗之前，需要晾晒5天左右，晒至五成干。先用根茎类药材专用清洗机清洗，最后用高压水枪再细致地冲洗一遍。节结处最易藏纳泥沙，需耐心刮掉，并除去根须，然后用清水清洗泥沙，全部挨着用刷子刷洗过一遍。开始第一次蒸制前，按照古法炮制工艺加适量黄酒拌匀，装入陶罐并闷润至酒吸尽。然后用不锈钢食品隔水蒸制专用设备蒸至冒气后2h(黄精颜色变深变黄)，然后晾晒至外皮微干，再拌入之前收集的黄精汁和适量黄酒蒸第二次，如此反复九次，然后消毒真空包装。

黄精嫩苗：在黄精新芽长至10片叶时采收。可直接作为野菜供应市场或速冻后供应市场。

黄精花：黄精花盛开(颜色变白)时采收。可直接作为野菜供应市场或烘干制成黄精花茶。黄精花茶60℃通风烘至含水量15%以内。烘干时物料托盘厚度3~5cm，九成干时取出略晒至全干即为成品。以花序完整、身干、颜色鲜艳、气味清香、无梗叶、碎瓣、无霉变者为佳(图6)。

图 6　黄精(多花黄精)嫩苗和花综合利用

## 六、对策建议

目前野生黄精资源枯竭且质量不稳定、人工栽培种质混乱技术滞后、功效物质基础不明确、产品开发低、小、散等现状与瓶颈问题难以支撑黄精产业的飞速发展。针对上述问题，必须在黄精核心功效的物质基础与生物学机制研究基础上，开展黄精栽培品种选育、资源培育、产地加工、大健康产品开发；保证优质种苗的供应，杜绝非药典资源物种的盲目使用；突破光照调控、立地控制、密度控制、精准采收等栽培关键技术，生产优质药材；优化黄精加工工艺，扩大花、叶资源综合利用；科技创新、文化创意、三产融合，利用品牌战略、互联网+等技术，打造现代流通业态，拓展市场，确保黄精产业可持续发展。

撰　稿　人：刘京晶　张新凤
咨询专家：斯金平　浙江农林大学　教授
联系电话：13868004019　　0571-63743852
电子邮箱：lssjp@163.com　　微信：13868004019

# 三叶青

## 一、概述

三叶青为葡萄科(Vitaceae)崖爬藤属(Albertisia)崖爬藤亚属(Tetrastigma)植物三叶崖爬藤(Tetrastigma hemsleyanum)，俗称金线吊葫芦。三叶青生长于阴湿山坡、山沟或溪谷旁林下，具有较强的地域选择性。主要分布于浙江、福建、台湾、江西、湖北、四川、云南、贵州、广西、广东等长江以南省区。以干燥块根入药，具有清热解毒、活血散结、消炎止痛、祛风化痰、理气健脾等功效，用于治疗高热、肝炎、风湿性关节炎及病毒性脑膜炎等多种疾病。三叶青含有黄酮类、多糖类、酚酸类、三萜类、甾类、鞣质类等多种化学成分。现代药理学和临床研究表明，三叶青具有抗肿瘤、抗病毒、消炎镇痛等功效，对提高免疫力效果显著，且毒副作用小，被誉为"植物抗生素"。

## 二、发展目标

目前三叶青产业绝大部分停留在栽培和原药材加工上，以三叶青为原料的中成药开发较少。今后的发展应借助新"浙八味"品牌，培育三叶青的龙头企业和优势产品，促进三叶青产业化发展，提高其核心竞争力和发展后劲，保障浙产三叶青品质和竞争优势。此外可以开发衍生产品，如口腔和足浴用药品、兽药、饲料添加剂等，培育新兴相关产业，延伸中药产业链。利用优质的环境资源和旅游资源，开发中医药特色休闲养生等文化旅游项目，培育和促进产区休闲养生经济的发展。

## 三、品种选择

'泽青1号'三叶青（*Tetrastigma hemsleyanum* 'Zeqing 1'）品种，为浙江金华野生三叶青资源，经 $60Co-\gamma$ 射线辐射选育、扦插扩繁而成。块根呈纺锤形、葫芦形或椭圆形。区域试验结果显示，鲜品达150kg/亩，总多糖242.24mg/g，总黄酮17.71mg/g，总多酚7.41mg/g，醇溶性浸出物11.87%，水溶性浸出物27.72%。适宜种植区为浙北、浙中、浙西等地。

## 四、育苗技术

(1)插穗选取及处理。在母本株上选择生长健壮的二年生枝条，修剪成2~3节的插穗，上部留1~2片叶子，插穗剪成12~15cm长，插穗下部剪成马耳形，上部离芽上部0.5cm左右平剪。扦插前用生长激素 IBA500mg/L+甲基托布津（70%粉剂）500倍液整段浸1min处理，于2月上旬至6月下旬或10月中旬至11月下旬扦插。

(2)基质和方法。以70%细泥土+20%泥炭+5%珍珠岩+3%缓释肥+2%草木灰作扦插基质，用50孔穴盘扦插。

(3)插后管理

遮阴：扦插前架好遮阴棚架，在春末、夏季、秋初应酌情遮挡60%~80%的太阳光，秋后及冬季和初春时节仅需遮挡30%~40%的阳光。

保湿：扦插后在穴盘上架好塑料拱棚，保持塑料棚内温度20~30℃和湿度60%~80%之间。

施肥：插穗基部有根原体出现后，每半个月追施一次浓度0.25%磷酸二氢钾的叶面肥。

炼苗：当苗生根后，在自然光照下适应5天，将瓶盖打开，适当补加无菌水，置于自然光下，锻炼5天后将苗移出，小心洗尽残余培养基后移栽到营养土中培养。培养钵置于遮阴棚内，保持温度15℃以上，湿度90%左右。扦插2~3个月后，适当延长通风和提高光照，以提高种苗适应外部环境的能力。

出圃：生长健壮、无病虫害，根系发达，须根3条以上，长1cm以上，新芽叶2簇以上，叶片嫩绿或翠绿即可出圃。

## 五、培育技术与模式

（1）立地选择。宜选择生态条件良好，海拔在200~800m、年均温在-5~38℃之间的高畦、利于排水的熟化梯田，禁选低洼排水不良、连片、雨季易积水的平原区域水田或刚开垦的山地；竹林遮阴度70%左右，阳光可均匀透视至地面，无大天窗；水源清洁，要求周围5km内无"三废"污染等其他污染源，并距离交通主干道200m以外的生产区域。土壤环境应符合GB15618规定的二级标准；灌溉水质应符合GB5084规定的旱作农田灌溉水质量标准；环境空气应符合GB3095规定的二级标准。

（2）整地。按水平带挖垄，垄宽视坡度陡缓而定，拣出竹蔸、竹鞭、大石块等杂物，亩施腐熟栏肥或专用有机肥250~400kg、磷肥50kg、草木灰50kg或三元复合肥（N∶P∶K=12∶18∶21）50kg，耕深25cm，耙细整平。做龟背形畦，宽50~60cm、高25~35cm。畦之间开排水沟，使沟沟相通，排水良好。

（3）直接栽植。春、秋2季均可种植，以4月上旬至5月下旬或10月中旬至11月下旬为宜，做好防旱、防寒工作。株距30cm、行距25~30cm定植（图1）。

图1  直接栽植　　　　　　　　图2  容器栽植

（4）容器栽植。选择直径约25~30cm，高30~35cm的薄质无纺布袋或底部有排水孔的塑料袋，将垄土与有机质肥料充分搅拌均匀后，装入袋内，均匀地摆放在垄地外沿，袋之间留2cm空隙。压实种苗周围土壤，浇足定根水。春、秋2季均可种植，以4月上旬至5月下旬或10月中旬至11月下旬为宜，做好防旱、防寒工作。每个容器2株定植，栽后压实，浇透定根水（图2）。

（5）栽后管理

遮阴：在种植区域内存在天窗或遮阴度达不到65%的区域，覆盖透光率30%~45%的遮阳网，边缘高度2m以上，中间撑高3m以上，固定拉紧呈伞状（图3）。

浇水：定植初期，3~5天浇水一次，保持地面湿润，不积水。

补苗：移栽30天后，对林地苗木进行1次检查，一旦发现枯苗、缺苗，应在每年种植季节及时补苗，以保证全苗生长。

除草：幼龄期每年5~11月人工除草2~3次。1年后每年人工除草1次，不使用化学

 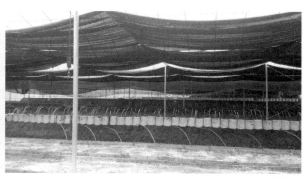

**图3 搭棚遮阴**

除草剂。冬季对过密弱枝和枯枝进行修剪。出笋期间,及时将影响三叶青生长的笋挖除。

施肥:以施有机基肥为主,每年适时、适量喷施叶面肥2~4次。第1次追肥在2~3月植株抽芽前,第2次在5~8月植株生长期,第3~4次在9~11月块根膨大期。

控制光照、防止霜冻:三叶青是喜凉环境生长的作物,环境和气候对其生长十分重要。长时间太阳光直射、严寒及湿度过大,均能造成三叶青生长不良,甚至死亡。在夏季和秋初,应酌情遮挡65%左右的太阳光,秋后及冬季和初春时节则需稍稍增加光照度,同时要做好严寒霜冻的预防工作。

搭架引蔓:当三叶青的藤蔓长到25cm以上,出现须蔓攀延时,插入高80~120cm的竹枝竹竿等将藤蔓引向搭架,防止其藤蔓匍匐落地生根。

竹林套种生产管理:竹林挖笋时要注意做好三叶青的保护工作,搬开种植袋,挖后随即填平凹坑恢复原状;春笋长成嫩竹,当最下面1~2托竹枝分离竹箨(笋壳)初长嫩叶时,须摇竹去顶梢;当竹林遮阴度超过65%时,需疏伐毛竹,增加林地通风透光,疏伐时间以10月下旬至11月上旬为宜。

(6)病虫害防治。三叶青主要病害有霉菌病、根腐病、叶斑病等,虫害有蛴螬等。应坚持贯彻保护环境、维持生态平衡的环保方针及预防为主、综合防治的原则,采取农业防治、生物防治和化学防治相结合方法,提高防治效果,将病虫害危害造成的损失降到最低。

霉菌病:生长旺盛或种植密度过大,易得此病,叶片下表面容易出现白色菌丝团,严重时导致三叶青成片死亡。防治措施:发病初期及时剪除病叶,用50%多菌灵可溶性粉剂600~1000倍液喷洒叶片,连喷洒3次。

根腐病:症状为三叶青植株根部发黑腐烂,导致整株死亡。防治措施:发病初期可以使用50%甲基托布津可溶性粉剂800~1000倍液喷洒。

叶斑病:叶片表面产生圆形或不规则深褐色病斑,病斑不断扩大严重时导致全株叶片枯死。防治措施:用65%代森锌500~600倍液或200~300倍波尔多液防治。

蛴螬:喜食根、块茎和幼苗,危害很大。防治措施:可用人工捕杀成虫,或利用成虫的趋光性用黑光灯诱杀,也可用40%新农宝乳油1000倍液或50%辛硫磷乳油1200倍液喷雾防治。

（7）采收与加工

采收时间：三叶青种植3~4年后，藤的颜色呈褐色，块根表皮呈金黄色或褐色时可采收，可在晚秋或初冬采挖。过早采收块根不壮实，产量较低；过晚采收容易受霜冻，影响外观和质量。

采收方法：采收前剪去藤蔓，保留20~30cm藤长即可；采收时注意覆土还原，重新栽种好，浇透水。

加工：去除三叶青地下块茎的须根及杂质，洗净、干燥或切厚片干燥。

（8）贮藏与运输

仓库要求：清洁无异味，远离有毒、有异味、有污染的物品；通风、干燥、避光、配有除湿装置，并具防虫、鼠、畜禽的措施。

方法：应存放在货架上，与墙壁保持足够的距离，不应有虫蛀、霉变、腐烂等现象发生，并定期检查，发现变质，应当剔除。

运输：产品运输工具应清洁卫生、干燥、无异味，不应与有毒，有异味、有污染的物品混装混运。运输途中应防雨、防潮、防暴晒。

## 六、对策建议

**1. 加强种质资源保护，构建动态监测体系**

加强三叶青种质资源保护，通过改善生存环境、就地繁育等手段增加野外种群数量，使其保持群落平衡。在保护的基础上，对三叶青种质资源进行系统的测定、观察、记载、分析和评价，构建动态监测体系，为管理和利用种质资源提供依据。

**2. 推动优良品种选育进展，建立健全良种繁育制度**

加强三叶青种质资源的经济、生物学性状鉴定和评价，筛选出在品质、产量、抗性等方面具有优良特性的种质。通过常规系统选育、杂交育种、分子辅助育种等手段培育出优质、高产、高抗的优良品种。通过在药材生产地区建立良种繁育基地，逐步实现品种布局区域化、种子种苗生产专业化、加工机械化和质量标准化。

**3. 加强质量标准体系研究，切实提高药材品质**

完善三叶青质量评价体系，从源头上控制和提高药材的质量。运用现代的科技手段开展三叶青药效物质基础及作用机理研究。同时，对药材中有毒、有害成分进行有效的控制，加快农药及重金属检测系列标准的研究与制定，保证用药的安全有效。

**4. 加快产品结构调整，促进产业技术升级**

政府相关职能部门应组织科研院所、大专院校以及龙头企业进行联合攻关，使三叶青尽快进入中国药典目录。目前三叶青产品以鲜品、干品、饮片为主，应加大研发投入，开发1~2个疗效确切、安全可靠的产品，提升产品附加值，推动产业技术升级。

撰 稿 人：邢丙聪　邵清松
咨询专家：邵清松　浙江农林大学　教授
联系电话：13758284806
电子邮箱：sqszjfc@126.com

# 枳 壳

## 一、概述

枳壳是药材名,中药材枳壳为芸香科植物酸橙(*Citrus aurantium*)及其栽培变种的干燥未成熟果实。但民间通俗将酸橙树也称作枳壳。本文中遵从通俗,枳壳既指中药材,也指植物酸橙。

枳壳(酸橙)为常绿乔木。枝三棱状,有刺。叶互生,革质,卵状矩圆形或倒卵形,长5~10cm,宽2.5~5cm,全缘或具微波状齿,两面无毛,具半透明的腺点;叶柄有狭长形或倒心形的翅。花1至数朵簇生于当年新枝的顶端或叶腋;萼片5;花瓣5,白色,有芳香;雄蕊约25枚,花丝基部部分愈合。柑果近球形,囊瓣9~13个,成熟果径约7~9cm。主要有臭橙和香橙2个类型。臭橙树形较紧凑,香橙树形更开张。成熟果实臭橙红色,果皮粗糙;香橙黄色,果皮较光滑。

## 二、发展目标

种植枳壳主要采果作药用,枳壳树果实在不同阶段分别作枳实和枳壳药材用。同时枳壳幼果也可作小菜食品,在江西道地产区民间食用历史悠久,深受群众喜爱。目前也有企业生产枳实、枳壳皮为原料的酱菜(图1)。

**图1 枳实(左)与枳壳(右)**

枳壳性味苦、辛、酸,微寒。归脾,胃经。具有理气宽中、行滞消胀等功能,主治胸胁气滞、胀满疼痛、食积不化、痰饮内停、脏器下垂。

枳实性味苦、辛、酸,微寒。归脾,胃经。具破气消积,化痰散痞等功能。主治积滞内停、痞满、胀痛、泻痢后重、大便不通、痰滞气阻、胸痹、结胸、脏器下垂。

枳壳主产江西、湖南、四川、重庆等地。江西为道地产区,江西枳壳具有皮青、肉厚、色白、味香、口面翻卷等特点,是著名的道地药材。江西各地市均有栽培,以樟树、新干、鄱阳、南城、武宁等地为多。江西新干县商洲枳壳、樟树市清江枳壳均被列为国家地理标志保护产品。

## 三、生物学特性

枳壳植物酸橙为多年生常绿乔木，适宜阳光充足、温暖湿润的气候环境。要求年平均气温在15℃以上，生长最适温度20~25℃，一般可耐-5℃极端低温，年降水量适宜1000~1800mm。

枳壳嫁接繁殖第三年可结果，种子繁殖第8年可开花结果。通常一年发梢3次，一般3月萌发春梢，4~5月开花，5~6月生理落花落果（捡拾脱落幼果干燥即为枳实），7月小暑至大暑间采集青果作枳壳，8~9月完全膨大，10~11月逐渐转色成熟（图2）。

**图2　酸橙开花—幼果—采集枳壳时果实—成熟果实**

## 四、繁殖育苗技术

枳壳主要采用嫁接繁殖，春季单芽切接，秋季单芽腹接。接穗宜统一从已开花结果的优良品种或优良类型品系的健壮母树上采集，砧木宜用枳（*Citrus trifoliata*）一年生播种苗或酸橙本砧（图3）。

种苗要求：经审定（认定）良种或品种或优良类型的一年生嫁接容器苗或裸根苗。目前江西省林科院已选育了枳壳优良品种，经江西省级审定的枳壳良种有'新香'（赣S-SC-CA-008-2019）、'新秀'（赣S-SC-CA-009-2019）和'樟香'（赣S-SC-CA-010-2019）3个，并在国家林业和草原局成果入库，适宜枳壳栽培区推广。苗木规格要求地

图3　春季切接与秋季腹接

径0.6cm以上，高度40cm以上，分枝数2个以上，色泽正常，顶芽完好，根茎无扭曲现象，根系完整，主根长20cm以上，须根发达，无检疫性病虫害，无机械损伤(图4)。

图4　大田培育的裸根苗和容器袋苗

## 五、栽培技术

**1. 选地整地**

(1) 选地。宜选择温暖湿润气候，阳光充足，雨量充沛，海拔300m以下的缓坡山地、丘陵、岗地、平原，山地应选择向阳地段。宜平缓的旱地，排水良好、疏松、土层深厚的壤土、砂壤土或冲积土，pH值5.0~6.5。

(2) 园地规划。平原或缓坡地按10亩划分小区，修建4m宽的机耕道。丘陵山地按坡向划分小区，坡向拐角处修建机耕道。低洼处开主排水沟，沟深50cm，沟宽60cm。按水平方向规划行向。

(3) 整地。种植的上年秋冬季进行全面垦复，熟化土壤。机械全面翻耕垦复，或挖条带，或挖大穴。

推荐采取起垄省力化栽培技术，即将表层肥沃土壤堆集成垄，形成行沟相对偏深的垄沟模式，从而提高土壤透气性，增加根际有机质含量，有利于根系的生长和营养吸收，可配合节水灌溉和限根栽培技术,在促进幼树快速生长的基础上,更有利于控制树高和树形,提高单株产量。

方法是全垦翻耕后起垄,以水平方向作行向,按行距5m用挖机开壕沟,沟宽1m,沟深80cm。将表土及杂草直接埋入壕沟底层,填至沟深一半,挖起的底层土放置在壕沟两侧。在壕沟按株距2.5~3.0m定栽植点,栽植点位置施有机肥10kg、钙镁磷肥1kg、生石灰0.5kg,回填土并将行间表土推堆起垄,形成高30~40cm的栽植垄(图5)。

图5 宽行窄株起垄栽培枳壳

穴垦:按行距4~5m、株距3~4m定点挖穴,穴径约80cm,深70cm;栽植穴先回填表土20cm,然后每穴施有机肥10kg、钙镁磷肥1kg、生石灰0.5kg,再回填土并将行间表土推往栽植穴,栽植穴位置形成高于地面20~30cm的土堆。

**2. 移栽前苗木处理**

裸根苗起苗后修剪去除过长主根,主根留长20cm,苗干留高30~35cm截顶,剪除砧木萌枝,适度修剪枝叶,用2%~3%钙镁磷肥拌黄泥浆蘸根,也可用30mg/kg的GGR植物生长调节剂溶液代替清水调泥浆蘸根,蘸根后竖立放置背风阴处,存放时间控制7天之内(图6)。

图6 裸根苗修剪蘸泥浆

容器苗运至栽植地后，苗干留 30~35cm 截顶，剪除砧木萌枝，剥除容器袋。

**3. 定植**

裸根苗 2 月中旬至 3 月上旬，或 10 月下旬至 11 月上旬；容器苗 2 月至 4 月或 9 月至 12 月。宜选阴天定植。栽植深度以嫁接口露出地面为度。定植后，在苗周围作圆盘，浇足定根水。苗蔸 50~70cm 半径范围覆盖防草地布(图7)。

**4. 园地管理**

(1) 施肥。4 年生以下幼树一年施肥 4 次：2 月底春梢肥和 7 月下旬秋梢肥分别每株树施 45%硫酸钾型三元复合肥(15∶15∶15)0.25kg，沿树冠滴水线开深度 5cm 的浅沟施；5 月下旬施夏梢肥，每株尿素 0.05~0.1kg，小雨时撒于树盘下；11 月施冬肥，每株腐熟有机肥 2~5kg、枯饼 0.2~0.5kg，沿树冠滴水线开深 15cm 沟埋施。

结果树一年施肥 3 次：2 月底至 3 月初施萌芽肥，株施 45%硫酸钾型三元复合肥(15∶15∶15)0.3~0.5kg，加硼肥 0.1kg；6 月上旬施壮果肥，每株施 45%硫酸钾型三元复合肥(15∶15∶15)0.6~1.0kg；均以树为中心向外开放射形深度 5cm 的浅沟施(图8)。10 月底至 11 月中旬施冬肥，每株施腐熟有机肥 10~15kg、45%硫酸钾型三元复合肥(15∶15∶15)1kg、钙镁磷肥 1kg，树冠下挖 20cm 深度环状沟埋施(图9)。

(2) 排水抗旱。雨季注意及时排水，防止园地积水。高温干旱季节及时浇水和树盘覆

图 7　树蔸盘覆盖地布

图 8　生长季挖放射状沟施肥

图 9　冬季人工环状沟或机械直线沟施肥

盖抗旱。

（3）中耕除草。幼龄园树盘及时中耕或以防草地布覆盖，做到树盘范围无杂草。行间宜间作绿肥植物或其他低矮作物，秸秆宜深翻埋入土中或覆盖树蔸。成年园每年中耕除草2~3次。春季应多锄浅锄，夏季应深锄，秋冬季宜全垦深翻培土，清园中耕。推广绿肥种植或生草栽培，生长茂盛或盛花期翻入土中作绿肥或旱季来临前割草覆盖树盘。

**5. 保果**

结合春季施肥每株增施硼砂0.1kg，或花蕾期和初花期每亩喷施0.2%硼砂+0.3%复合微肥+0.2%磷酸二氢钾的液体肥50kg。在大部分花谢至幼果初期，每亩喷加杀菌剂的0.2%磷酸二氢钾液体肥50kg。

**6. 整形修剪**

栽植第1年的幼树，留30~45cm短截，作为主干培养，及时抹除主干以下的萌蘖；新梢控制长度及时摘心打顶，春梢留10~12片叶，夏秋梢留8~10片叶。2~4年生树，剪除下垂枝，外围长枝短截，夏梢留长15cm（7~8片叶）摘心，促发秋梢，剪除晚秋梢，形成春梢、夏梢、秋梢三级新梢基本树形。栽植第2、3年选择强壮枝条短截，促发夏、秋梢，形成自然半圆型树冠（图10）。

**图10　修剪培育形成臭橙（左）与香橙（右）树形**

由于枳壳直立性强、易发徒长枝，使树冠分层、树体高大，不利于生产管理和修剪，所以2~4年生幼树可及时采取拉枝减弱顶端优势、促进多分枝，预防树冠分层，培养更多结果母枝。

成年树修剪：在早春剪去枯枝、病虫枝、荫蔽枝和衰老枝；有目的地培养预备枝，促进形成树体冠形结构匀称的树形。11月以后剪除所有未木质化的晚秋梢和冬梢；对丛生枝、下垂枝和徒长枝合理利用，去除多余枝条。对前期管理不够的树，通过大枝修剪开天窗的修剪模式，控制树冠高度2.5m，形成冠形匀称、空间通透的，能上下内外立体结果的丰产稳产树形（图11）。

**7. 防寒防冻**

入冬前施冬肥，培土壅蔸，树干以刷白剂刷白。刷白剂配制可用10kg清水+5kg生石

图11　臭橙(左)与香橙(右)结果树树形

灰充分融化,并搅拌均匀,再依次加入黄泥 1kg,充分搅拌后再加入波美度为 11 度的石硫合剂 1kg,再加入各 0.5kg 的食盐和植物油,充分搅拌均匀。

## 六、主要病虫害及其防治

**1. 溃疡病**

主要危害叶片和幼果,造成落叶落果(图12)。

防治方法:严格执行检疫制度;加强栽培管理,冬季清园,合理施肥,使新梢抽发整齐,做好潜叶蛾防治工作;夏秋梢期喷药防治,使用 1∶2∶200 波尔多液、或松铜·咪鲜胺 600 倍液、或 20% 叶青双 600~800 倍液。一般在第一次喷药后隔 7~10 天再喷一次。

**2. 煤污病**

主要危害叶片、枝梢及果实(图13)。

防治方法:①及时防治介壳虫、粉虱、蚜虫等刺吸式口器害虫;②结合防虫在 5 月和 9 月各喷一次 99% 矿物油乳剂 200 倍液。

图12　溃疡病　　　　　　　　　　图13　煤污病

## 3. 疮痂病

危害新梢、叶片、花、果等幼嫩部分(图14)。

图14 疮痂病

防治方法：①结合修剪，剪除病枝、病叶，集中烧毁；②在春芽萌发前和生理落花停止或花谢后各喷施波尔多液或多菌灵等。

## 4. 树脂病

危害枝、叶、果实(图15)。

防治方法：①加强园地管理，疏通排水沟，增施追肥，增强树体抗病能力；②冬季采用涂白剂刷树干；③及时挖掉病株或锯掉枯死病枝烧毁；④在夏、秋季治理患部，刮除病菌直至树干木质部，然后涂上1∶1∶100波尔多液。

## 5. 红蜘蛛

4~6月和9~11月群集叶片、嫩梢、果皮上吸汁危害(图16)。

防治方法：4~6月、9~11月喷施99%矿物油乳剂200倍液，或1.8%阿维菌素乳油3000倍液，或20%阿维螺螨酯4000倍液，或45%晶体石硫合剂250~400倍液等。通过套种藿香蓟，利用藿香蓟促进红蜘蛛天敌繁殖，改变园地生态。

图15 树脂病　　　　　图16 红蜘蛛

### 6. 潜叶蛾

幼虫潜食幼嫩梢叶，形成银白色不规则隧道，俗称"鬼画符"，致叶片卷曲，新梢不良（图17）。

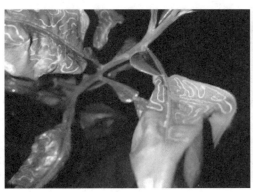

图17 潜叶蛾

防治方法：①及时抹除早夏梢、早秋梢，统一放梢；②芽长5mm时喷20%甲氰菊酯或5%吡虫啉乳油2000倍液，7~10天后再喷1次；③冬季结合修剪剪除被害叶梢，减少越冬虫源。

### 7. 天牛

主要危害主干（图18）。

防治方法：①5~6月成虫出蛰活动初期，使用6%氟虫腈500倍液喷雾树干、树枝和树盘，杀灭天牛成虫或刚孵化幼虫；②发现天牛蛀孔危害，用触杀性杀虫剂对着蛀孔（出现新鲜木屑的蛀孔）喷一下，即可杀死幼虫；③捕杀成虫。星天牛喜在晴天中午，褐天牛喜在闷热傍晚外出活动，此时捕捉成虫效果甚佳；④6~8月注意检查树干，若发现有泡沫状物（内有虫卵和幼虫），用小刀刮除，可起到事半功倍的防治效果。

图18 星天牛与褐天牛

### 8. 介壳虫

有矢尖蚧、红蜡蚧、吹绵蚧和黑刺粉虱等蚧壳虫，危害枝干和果实（图19）。

图19　介壳虫

防治方法：宜于1～2龄若虫盛发期选用20%扑虱灵可湿粉2500～3000倍液，或95%蚧螨灵乳油200倍液，或99%矿物油200倍液，或40%杀扑磷乳油等药剂喷雾防治。冬季休眠期用松碱合剂8～10倍进行喷雾。

### 9. 锈壁虱

危害嫩梢、叶片和幼果（图20）。

防治方法：挑治中心虫株，当有活幼蚧的叶片超过5%时全园普治，药剂可选用双甲脒、阿维菌素、哒螨灵等。

## 七、采收与加工

枳壳谢花后，有2次生理落果现象，及时捡拾落果。直径1cm以内鲜果直接晒干，即为中药材扣青；直径1cm以上鲜果需横切后晒干，即为中药材枳实。

图20　锈壁虱

6月下旬至7月上中旬在果实快速膨大的初期适时采摘。赣中一般在小暑至大暑期间，由于江西南北气候差异，赣南宜在6月下旬采摘，赣北采收期推迟至7月中旬。于晴天露水干后，用长柄钩杆及时采下。

图21　横切枳壳　　　　　　　　图22　烘干枳壳

鲜果采回后及时将果实横切两半，切后瓣瓣即菊花形，摊开日晒，宜"日晒夜露"，晒至六七成干时，收回在干燥通风处堆放2天"发汗"，再晒至全干即可。应在晒垫上晒，晒干过程应避免淋雨水。不可在水泥晒场直接晒干，因其水泥地面连续高温烤晒，会使枳壳药效成分挥发而降低药效，且皮色发红，影响外观品相。

烘干：将采下的鲜果及时横剖两半，先可平摊晾晒，再置烘房或烘干设备中烘干，温度控制在60℃以内，时间6~8h，发汗24h，反复3次至干

图23 机械切制与烘干枳壳

燥。国家药典规定枳实药材含水量不得超过15%，枳壳药材含水量不得超过12%（图21~23）。加工后药材应分别符合《中华人民共和国药典》"枳壳"和"枳实"项下相应规定。

## 八、对策建议

枳壳的种植主要是药材使用，由于其道地性要求较高，建议在道地产区为主发展，不宜盲目引种栽培。道地产区枳壳种植可以采取两类模式，一是规范化建立规模化基地，种植基地与产地加工基地要一起规划建设，全程溯源管理，规范化生产出优质药材。二是延续传统房前屋后四旁种植，只要注意统一品种，稍加规范采收期，农户采收后或可统一加工，由于道地产区群众具有长期种植管理和采摘加工的实践经验，也可以生产出合规产品。

良种是保障药材品质的基础，枳壳优良品种选择使用对药材质量和产量的作用均极为显著，因此，良种化发展是今后的重点。选育自然树形良好，不需要精细修剪管理的品种，以适合轻简化栽培，是今后育种重要方向。

枳壳幼林阶段行间空旷，适宜机械化作业及套种，建议通过套种矮小种类的短期农作物或中药材等，既增加经济效益，也通过生态种植增加多样性，改良土壤，减少病虫草害。

枳壳的干燥初加工可采取机械化趁鲜切片再烘干方式，即将饮片加工提前到产地进行，能更及时干燥生产成饮片，避免了药材干燥后到饮片厂再次水浸润药及干燥导致药材药效成分的损失，既减少工序，也有助于更好保障产品质量。

撰　稿　人：朱培林
咨询专家：朱培林　江西省林业科学院森林药材与食品研究所　研究员
联系电话：13970929897　　　0791-83833803
电子邮箱：yczpl@126.com　　微信：fcnjw53651516

# 覆盆子

## 一、概述

覆盆子为传统药食同源药材。中药覆盆子在《中华人民共和国药典》收载为蔷薇科植物华东覆盆子(Rubus chingii)的干燥未成熟果实。夏初果实由绿变绿黄时采收,除去梗、叶,置沸水中略烫或略蒸,取出,干燥。华东覆盆子为蔷薇科悬钩子属多年生落叶小灌木,其叶形多为五裂,似掌状,又称为掌叶覆盆子,系药食同源植物。华东覆盆子野生于中低海拔的林缘、疏林中、溪边、灌丛中等,自然分布于江西、浙江、安徽、福建、江苏等华东地区及湖北、湖南、广西等地。主产浙江、江西。覆盆子是江西道地特色中药材,江西主要栽培区在德兴等地,德兴覆盆子被国家农业农村部认定为"国家地理标志农产品"。

## 二、发展目标

华东覆盆子以其干燥未成熟果实入药称覆盆子。覆盆子味甘、酸,性温。归肝、肾、膀胱经。具有益肾固精缩尿、养肝明目的功效,用于遗精滑精、遗尿尿频、阳痿早泄、目暗昏花。

覆盆子药食两用,其成熟果实味道甜美,优于一般树莓。目前,部分覆盆子种植来作采摘园,或采果实冷链供应到超市,也将果实泡酒或酿酒,由于保健功效显著而广受欢迎。

## 三、生物学特性

华东覆盆子喜温暖湿润气候,喜温、喜阳光、不耐炎热,野生于山坡路旁灌丛、松林边缘,繁殖力强,适合生于丘陵、山区。

图1　4月中旬华东覆盆子已抽发新基生茎枝　　　图2　2年生枝结果

每年3~4月,掌叶覆盆子地上部分首先由二年生基生枝上的腋芽萌发,长成10~20cm长的结果枝,每节结果枝上通常只有1朵花和3片叶,花与幼叶同期生长(图1、2)。

同时，基部茎根上的休眠芽也萌发生长，钻出土面形成基生枝，基生一年生枝当年不抽生结果枝，至第二年春季才由基生枝上的腋芽萌发长成结果枝。在二年生果枝开花同时，三年生的老枝已经枯死（第二年冬季逐渐枯死）。掌叶覆盆子花期3~4月，果期4~6月。掌叶覆盆子的根系较浅，一般在10~30cm土层中水平生长，根状茎上长出新的基生枝，新的基生枝可以形成根蘖株系，三年以后将变成一丛或几丛（图3）。

图3　华东覆盆子成熟果实

## 四、繁殖育苗技术

### 1. 育苗圃地准备

圃地应设置在交通方便、地势较平坦、背风向阳、排灌良好地段，要求土壤肥沃、土层厚度50cm以上的微酸性砂壤土或壤土。

圃地深翻耕25~30cm，做到地平土碎，清除草根、石块。翻耕圃地时每亩用30~40kg生石灰翻入土中。结合翻耕每亩施腐熟的有机肥2000~3000kg，作床时施菜枯饼100kg、钙镁磷肥50kg。按宽100~120cm，高20cm，步道宽30cm开沟起垄做床。

用黄心土和腐熟有机肥按7:3比例充分混匀，再按照每立方米混合肥土加45%三元复合肥（15:15:15）1kg、钙镁磷肥5kg和适量杀菌剂混拌均匀，堆沤30天后过筛，制成营养土。将配制好的营养土摊平到苗床畦面上，畦内浇一次透水，等水渗下后，再撒一层薄土。

### 2. 育苗方式

华东覆盆子繁殖育苗可分株、根插无性繁殖，大量育苗采取种子繁殖。

（1）播种育苗

采种：选生长健壮、结实多、挂果期长、茎叶略呈红色、多分叉且株型均匀的优良母树采种。采种期5月中旬至6月上旬，为果实颜色鲜红、完全成熟阶段。

选种：无病虫害，籽粒饱满，千粒重在1g以上，无机械损伤的种子。

催芽：将种子用200mg/升的赤霉素溶液30℃浸种8h，再15℃浸种16h，然后转移至清水中，再次30℃浸种8h加15℃浸种16h，然后用砂纸或细砂轻擦种子，湿砂层积贮藏60天，至50%的种子开始露白时即可播种。

播种：2月下旬至4月初。撒播，将已催芽种子与干净细沙混合均匀地撒在畦面上，播种后用火烧土或细土覆盖，厚度以不见种子为度，再用稻草覆盖。播种量每亩0.5kg。播种后盖上30cm高的小拱棚。

幼苗管理：60%~70%的种子发芽幼苗出土时分2次揭草，选阴天或傍晚时进行，第一次揭草2/3，隔7~10天再将剩余草全部揭除。揭草后注意防旱、保湿。

及时除草，保持育苗地无杂草。保持土壤湿润，适时适量灌溉。及时排水、防涝，不得积水。

移栽容器培育：容器宜使用8cm×12cm或10cm×10cm的无纺布容器袋。营养土用杀菌剂消毒2~3天后，装入容器袋，装营养土时注意力度合适，轻轻压实。选取4~5叶小苗来移栽。从苗床将苗轻轻取出，用竹签在营养土钵中挖一个孔，深5cm，将幼苗置于孔中，舒根，用竹片轻压周围基质，将根系埋住，每钵栽1~2株。随栽随淋定根水，移栽结束后浇透水，每2~3天浇适量水，7天后再浇一次透水。维持土壤持水量的70%~80%。覆盖遮阴，注意控温，白天20~25℃，夜间12~15℃。

追肥：在幼苗2~3片真叶开始，根据苗木生长情况，每隔10天每亩用尿素400g+磷酸二氢钾200g兑水100kg喷施，第3次起则每亩喷施45%硫酸钾型复合肥（15:15:15）1kg+磷酸二氢钾250g兑水100kg，9月上旬每亩施硫酸钾10kg，之后停止施肥。

（2）根插育苗

根条采集处理：选择生长健壮、分枝多、结实量多、株型匀称的植株为采根母树，挖取其周围根条。取直径0.4~0.7cm的根截成长20cm的根条，用50mg/kg的绿色植物生长调节剂GGR 6号溶液浸泡30min。

埋根：在苗床上开深10cm的沟，将根条平铺在里面，覆土后压实浇水，保持床面湿润，不得积水。冬季和早春需盖拱棚保温。埋根一个月后即可产生不定芽，当芽苗长至20cm时，将根条取出后按株距10cm、行距15cm分苗培育。苗期施肥管理等参照播种苗后期管理（图4）。

（3）分株繁殖。华东覆盆子植株根颈部会萌发出很多基生枝，秋季或春季将植株蔸部挖起分苗。若苗的茎基部粗度在0.5cm以上时即可直接栽植，否则移入苗圃中进行培育（图5）。

图4 华东覆盆子根插苗

图5 华东覆盆子枝插苗

### 3. 苗木出圃要求

苗木应色泽正常、叶片鲜绿、根系发达、健壮、无病虫害。按表1划分质量标准等级。

表1 华东覆盆子种苗质量等级划分标准

| 等级 | 一级 | 二级 | 外观 |
| --- | --- | --- | --- |
| 苗高(cm) | ≥60 | ≥50 | 苗木应色泽正常，叶片鲜绿，根系发达，健壮，无病虫害。 |
| 苗径(cm) | ≥0.8 | 0.5~0.7 | |
| 分枝数 | ≥5 | 3~4 | |

## 五、栽植技术

（1）选地整地。符合中药材GAP要求基础上，在温暖湿润气候，阳光充足。海拔200~800m、坡度为5°~30°的缓坡山地、丘陵区域，选择小地形平缓的坡地，土壤pH值4.5~7.0，湿润、疏松、肥沃排水良好的轻粘壤土至砂质壤土。秋季整地，清理山场后机械化条垦或全垦，起垄高30cm。然后根据肥力状况按株距0.8~1.0m，行距2.5~3.0m宽行窄株，或株距1.3~1.5m，行距1.5~2.0m，亩栽222~333株。挖30cm见方，深25cm的穴，每穴施0.5~1kg腐熟有机肥及50g钙镁磷肥或45%硫酸钾型复合肥（15:15:15）25g，并与表土拌匀回填（图6）。

图6 华东覆盆子整地栽植

（2）起苗定植。11月至翌年3月上旬，选择阴天或小雨天气栽植。起苗时应尽量多保留须根，起苗时间根据栽植时间而定，随起随运随栽，异地运苗注意保湿。栽植前修剪苗木过长主根，保留长度约15cm，苗干留20cm截顶。根部用50mg/kg的绿色植物生长调节剂GGR溶液浸泡苗木根系30min或调泥浆蘸根。在施肥回土备好的栽植穴挖深20cm的坑，将种苗放入后填土，稍用力向上提苗，使种苗根系舒展，压实，浇足定根水，再覆土至略高于地面。

（3）中耕除草。视杂草情况及时除草，通常3~4月中耕除草2次，冬季培土除草1次。夏末秋初旱季不宜中耕除草。中耕深度6~10cm，根际周围宜浅，远处可稍深，切勿伤根。后期枝条郁闭时，只能割、拔除草。

（4）施肥。施肥3次：第1次3月上旬萌芽期，每亩施45%硫酸钾型复合肥（15:15:15）30kg；第2次夏季去除老枝后，每亩45%硫酸钾型复合肥（15:15:15）20kg；第3次在秋冬季结合垦复施肥，除草、清园、培土的同时，每亩沟施菜枯饼肥50kg或穴施或腐熟的农家肥1000kg，同时可加钙镁磷肥50kg。另开花期可用硼砂+磷酸二氢钾+尿素液喷雾，浓度均0.2%。

覆盆子为浅根作物，不耐旱，水分不足会抑制生长和结果，影响产量，建议尽可能采取节水灌溉水肥一体化方式管理。

（5）搭架引缚。华东覆盆子枝条柔软，常因果实重压下垂到地面，弄脏果实，还造成通风透光不良。因此，可春季结合修剪，在株间竖立支柱将枝条引缚到支柱架上（图7）。

（6）整形修剪。3月春剪，剪去顶部细弱干枯部分；5月果实采完后夏剪，剪除全部2年生枝（当年已采完果的枝条），当年生基生枝打顶截短高度1~1.4m，每丛保留约5个健壮基生枝，多余基生枝从根基部去除；9~11月秋剪，疏除过密枝、病虫害枝（图8）。

图7　华东覆盆子立支架支撑　　　　图8　华东覆盆子结果后剪去老枝除草施肥覆盖

## 六、主要病虫害防治

预防为主、综合防治，优先采用农业、物理、生物防治措施：采用杀虫灯或黑光灯、粘虫板、糖醋液等诱杀害虫，保护和利用天敌，控制病虫害的发生和危害，应用有益微生物及其代谢产物防治病虫。优先选用高效低毒生物农药，尽量减少使用化学农药。

**1. 叶斑病**

初在叶片正面出现黑褐色的斑点，形状不规则，边缘较模糊，后增大褪色呈灰白。危害主要集中在结果植株的老叶上，新生枝上的嫩叶上也有少许分布。

防治方法：及时疏沟排水，降低田间湿度，保持通风透光，增强植株抗病力；发病前期喷70%甲基硫菌灵800倍液，或80%代森锰锌800~1000倍液防治。

**2. 根腐病**

病株地上部的症状表现为局部枝条或全株叶片萎蔫。病害主要发生在植株的根颈部，并沿主根向下扩展，逐渐造成全株死亡。

防治方法：加强排水，降低土壤湿度，拔除病株，病穴撒石灰消毒，多施草木灰等钾肥，以增强植株抗病力。

**3. 虫害**

华东覆盆子虫害发生较少。小猿叶甲主要在5月食叶危害，茎蜂（钻心虫）主要在5~6月蛀食茎干和根部，蚜虫多发生在3~6月，危害叶片。金龟子幼虫和成虫分别危害苗木根部和枝叶。金龟子主要是傍晚和夜间危害，有假死性，体壳坚硬，不易防治。

防治方法：及时剪除被危害的枝叶，人工捕杀害虫。喷90%敌百虫晶体800倍液，

7~10天1次，连续喷2~3次，或用50%吡虫啉可湿性粉剂1000倍液喷雾防治。蚜虫可喷洒蚜虱净2000倍液。茎蜂可选用内吸性杀虫剂灌根或叶面喷雾。苗圃蛴螬（金龟子幼虫）在发生初期用辛硫磷3%颗粒剂每亩2.0~2.5kg拌细土均匀撒施。金龟子成虫用氯虫苯甲酰胺20%悬浮剂1000~2000倍液，发生初期喷雾使用，喷药时间为16:00以后。

## 七、采收与加工

4月底至5月中旬果实颜色由绿变绿黄时采收，直接采摘或剪果枝回室内用脱果器脱果。果实采回后，除净梗、叶等杂质，用沸水烫2~4min，然后置于篾垫上置阳光下晒干，或60℃以下低温烘干，筛去灰屑，除杂。含水量应不超过12%，药材质量应符合《中华人民共和国药典》覆盆子项下有关规定。

## 八、对策建议

覆盆子是药食兼用功效明显的上品药材，但是由于其刺多，采摘不便，丛生，结果枝为2年生枝，挂果期又处于一年生枝旺盛生长中，如何解决采集困难的问题是其重要课题。因此建议，一是选育无刺覆盆子品种，方便建设采摘鲜果的采摘园，以及减少采摘用工成本。二是研究新的栽培经营模式，并且研制机械化采摘技术。对于作为果品鲜食，则主要迫切需要解决储藏保鲜技术。

由于覆盆子的良好功效，尤其适宜于老年人群。而老龄化是社会趋势，因此覆盆子产品的开发将具有良好市场前景，其果实和叶片均可开发各类药食保健产品。因此，以种植为源头，延伸拓展覆盆子种植基地的产业，包括健康产品开发、采摘休闲、中药科普、旅游康养等均有一定的机遇，值得关注。

撰 稿 人：朱培林
咨询专家：朱培林　江西省林业科学院森林药材与食品研究所　研究员
联系电话：13970929897　　0791-83833803
电子邮箱：yczpl@126.com　　微信：fcnjw53651516

# 第六篇

## 食用菌

# 黑木耳

## 一、概述

黑木耳（*Auricularia auricula*）又称木耳、细木耳，隶属于木耳科木耳属的真菌。其子实体丛生，常覆瓦状叠生，耳状，边缘波状，薄。初期为柔软的胶质，黏而富弹性，以后稍带软骨质，干后强烈收缩，变为黑色硬而脆的角质至近革质。

黑木耳是一种营养价值较高的山珍食品，也是我国传统的大宗出口商品。黑木耳以其质地细嫩、滑脆爽口、味美清新而备受世人喜爱，被称之为"素中之荤、菜中之肉"。黑木耳不仅营养丰富，而且具有较高的药用价值，自古有"益气不饥、润肺补脑、轻身强志、和血养颜"等功效，并能防治痔疮、痢疾、高血压、血管硬化、贫血、冠心病、产后虚弱等病症，它还具有清肺、洗涤胃肠的作用，是矿山、纺织工人良好的保健食品。

## 二、发展目标

东北林业大学示范推广了先进的黑木耳栽培实用技术。该技术立足结合当地区域气候、生产资源特点，选择适合菌种，探索标准化栽培方法，形成可复制、可推广的模式，引导林农积极参与黑木耳栽培产业，增加林农收入。促进当地种植业结构调整，提升农林业可持续发展水平。

通过黑木耳栽培技术的应用，以典型引路，采取现场培训示范等方法，建立一支较为充足的食用菌栽培人才队伍，促进食用菌科技创新落地转化。

## 三、菌种的选择

### 1. 大筋菜品种的选择

大筋菜是出耳较快的中熟品种，其耳片黑厚、圆润、筋脉较多，易形成碗状耳，产量高，干湿比大，如东林黑厚园（图1）。

### 2. 半筋菜品种的选择

半筋菜品种是目前使用较多的一个品种，其耳片黑厚、圆润、筋脉较少，耳形好，耳芽形成快，产量高，干湿比小，商品价值高，如东林黑元帅（图2）。

图1　大筋品种：黑厚园

图2　半筋品种：黑元帅

图3　微筋品种：东林青瓦

### 3. 微筋菜品种的选择

微筋菜品种耳片黑、圆润、筋脉少、耳芽形成快、出芽整齐，耳背面晒干后有细密的小绒毛，呈青灰色，商品价值高，如东林青瓦（图3）。

## 四、黑木耳栽培种的制备

### 1. 采伐剩余物的处理

先去除采伐剩余物中的松柏木，然后粉碎成大小为2mm×2mm的木屑，这种小的颗粒木屑装袋后具有保水耐腐烂的特点。

### 2. 黑木耳菌袋的选择

为了获得优质黑木耳子实体必须采用小孔出耳方式栽培。但由于诱导耳芽时，栽培种菌袋开口口径小，容易造成憋耳现象，因此栽培种菌袋要选择与菌丝亲和力好的菌袋。聚乙烯塑料袋（乌袋）是首选，而聚丙烯（亮袋）不易使用，菌袋规格为17cm×34cm，菌袋厚4~4.5丝，优质菌袋充气按压时有网状格出现。

### 3. 制菌时间的安排

采用菌棍制菌的时间安排为1月中旬至3月上旬，制菌时间不宜过早，以免造成菌丝老化产生袋料分离出现憋耳现象，或者产生黄耳降低子实体产量和商品价值。

### 4. 拌料装袋

（1）栽培种配方

配方一：木屑81.5%、稻糠15%、豆粉2%、石膏1%、白灰0.5%，含水量55%。

配方二：木屑88.5%、麦麸8%、石膏1%、豆粉2%、白灰0.5%，含水量55%。

（2）拌料装袋。使用拌料机充分把培养料搅拌均匀，然后采用卧式装袋机装袋（图4、图5）。

图4　拌料

图5　装袋

### 5. 灭菌

采用常压灭菌锅要求排气充分无死角，100℃灭菌8h。高压蒸汽灭菌锅，冷气排出后121℃灭菌2h以上（图6）。

### 6. 接种

灭菌处理后的菌袋，待温度降低到30℃以下就可以接种。接种时必须在无菌环境下操

图6 液体菌种制备设备

图7 接种

作,要求接种迅速,动作幅度小,保证无菌操作,最好采用液体菌种接种(图7)。

### 7. 养菌

菌袋卧式摆放养菌:卧式摆放养菌是每层培养架摆放五层菌袋。摆放时靠墙的菌袋要求菌袋袋底靠墙,避免棉塞受潮感染霉菌。靠近运菌通道的菌袋袋底向外,避免工作人员在运菌过程中带起的灰尘杂菌落到棉塞上,引起菌袋污染。宽菌架每摆放两行,中间间隔10cm,利于通风换气避免上热(图8)。

变温培养发菌:接种后1~7天内菌种定植,此期温度应控制在26~28℃,使菌丝在最适的环境中加快吃料,定植蔓延,占领培养料,减少杂菌感染。菌丝发育期,接种后8~15天温度应控制在22~26℃,让菌种迅速抢占料面形成菌群使杂菌无法进入。菌丝迅速生长期,接种后15天温度控制在22℃左右,此期菌袋温度逐渐上升,自身产生热量,袋内温度与袋外温度差距较大,无需人工加热。为了避免菌袋上热,应在菌室中央安放换气扇,或冬季时将顶层窗户打开,换上多层纱窗进行温度调节。此期测量温度时,应将温度计液泡直接插入菌袋与菌袋之间,测量菌丝体自身温度,控制温度在22℃。当温度过高时打开降温设备,温度适宜后再关闭。成熟期即接种35天后,菌丝进入生理成熟阶段,即将从营养生长阶段过渡到生殖生长阶段,室温以18~20℃为宜(图9)。

图8 卧式摆放养菌

图9 培养好的菌袋

## 五、出耳管理

黑木耳菌丝长满菌袋后,经过10~20天的后熟,就进入了地栽出耳管理阶段。地栽出耳管理阶段可分为前期的催耳管理和后期的全光照栽培。前期催耳管理包括耳场的选择、菌袋划口、集中催芽、分床；分床后就进入了全光照栽培阶段，全光照栽培主要是人为控制水分，创造最佳的黑木耳子实体生长的环境。

**1. 出耳场地的选择**

耳场应选在地势平坦、近水源、水质好、空气流通、环境清洁、无污染的地方，最好选择坡度较小的地块，这样的地势有利于排水，适合黑木耳生长。耳床的床高10~15cm，宽1.5m，长度为40m左右。如果耳床过长，浇水时距离水泵近的雾管出水量大，而远端出水少，浇水不均匀，所以耳床的制作不是无限长的。较长的菌床可以从中间向两侧浇水。

**2. 菌袋划口**

出耳之前必须划口，划口是黑木耳袋料栽培的关键技术之一，它直接影响出耳的迟早、耳朵大小、产量高低、耳质优劣等。不少栽培者因忽视划口这一环节，使产量下降，减少了收益。现将划口技术介绍如下：

(1) 菌袋开口时间。把长满菌丝的菌袋运到出耳场地，放在编织袋内进行菌丝恢复，一般3~5天当菌丝产生袋料贴合后进行开口，室外开口最好选择晴天进行，最好开口后一周内不下雨。

(2) 菌袋开口口形。常见口形有一字口、X形口、三角口、尖刀口和钉孔。一字口对菌丝破坏较轻，刀口恢复快，耳芽形成快，产量与品质均较好。钉孔对菌丝破坏较重，耳芽形成慢，但耳形佳，碗状，适合成熟的种植者进行管理。X形口和三角口对菌丝的破坏、耳芽形成以及产量介于钉孔与一字口之间。尖刀口具有一字口对菌丝破坏小、耳芽形成快的优点，又有钉孔耳片的形状，是值得推荐的开口形式（图10、图11）。

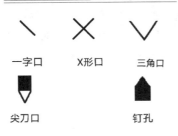

图10　刀口形态图　　　　图11　一字口耳芽的形成

(3) 菌袋开口深度。开口口径最佳直径为4~5mm，过大会造成黑木耳耳根大，过小时容易产生憋耳芽现象；开口深度为3~8mm，过深采摘黑木耳时容易带根，过浅耳片大的时候容易掉耳，最佳深度为5mm。

(4) 菌袋开口个数。以高度为21cm的菌袋来说，地栽开口个数为200~220个为宜，开口个数过多后期高温高湿容易产生白醭，开口个数过少耳片形成较大，商品价值低。吊袋大棚由于出耳季节稍早，气温较低，高温期来临时已经采摘完毕，所以开口个数可以适当增加，以高为21cm的菌袋来说，开口个数为220~240个。划完口的菌袋刀口变白或出现黑线时就可以进行摆放。

**3. 短草帘子覆盖集中催耳**

催耳技术是黑木耳形成子实体的关键技术，以室内催耳和集中催耳方式为佳，全光照催耳也可以但难度大，后期耳形欠佳且易出现憋耳现象。催耳关键技术主要是保湿为主，通风为辅，湿长干短。

（1）菌床预处理。摆袋前应在菌床上铺上编织袋或地膜等，以防止菌袋和地面接触使耳片带泥，然后在编织袋或地膜上撒白灰进行消毒。

（2）埋管。将雾管管孔向下，平放在菌床中间的编织袋上面，便于在催耳期进行床内补水。

（3）摆袋。摆袋时菌袋与菌袋之间的距离为1.5cm左右，防止相邻菌袋的耳芽粘连。

（4）塑料布和草帘子的铺设。菌床摆满菌袋后，迅速盖上塑料布，然后盖上草帘子。

（5）催耳期的管理。应做到以下几点：一是地面无干土、无水渍；二是菌袋表面早晚有小水滴形成，菌袋表面湿润；三是经常通风换气。耳芽形成的最佳温度为18℃。

（6）分床。分床的最佳时期是当菌袋划口处出现珊瑚状的原基时，将菌袋间距不少于15cm呈"品"字型摆放（图12）。

图12 分床管理

图13 出耳期管理

**4. 出耳期管理**

催耳结束就进入了科学浇水阶段，浇水的好坏直接关系着耳形的好坏，以及黑木耳产量的高低。浇水过勤，容易出现片耳，生长快，但产量偏低；浇水时间短、少，易出现朵耳，产量高耳形差。所以浇水管理应做到：保湿为主，干湿交替，根据情况灵活机动地进行浇水。初期勤浇少浇，中期干湿交替，后期集中大水管理。在出耳期应尽量使用薄草帘子覆盖进行出耳管理，这样管理的黑木耳色黑、质厚、边圆，能形成碗状耳，耳形和品质极佳（图13）。

**5. 采收及采后管理**

采摘地栽黑木耳时，应遵循采大留小，采上留下的原则。耳片形态一致的可采用采耳器一次采完。手工采摘时用手将耳片连同基部一起捏住，稍转动，即可将耳片采下。采摘后的黑木耳应及时晾晒。晾晒时应保持通风、阳光直射，以免黑木耳在筛子上出现大面积孢子弹射，使黑木耳品质下降。直径 2.5~3cm 的潮湿状态的黑木耳可晾晒出 2cm 左右的干耳，直径 3~5cm 的潮湿状态的黑木耳可晾晒出 3cm 左右的干耳。

采摘后的菌袋，要及时晾晒，一般晾晒 4~5 天后就可以进行第二茬耳的管理（图 14、图 15）。

图 14　优质黑木耳耳片　　　　　　　图 15　干耳片

## 六、对策建议

（1）建立协作机制。地方各级政府应高度重视食用菌产业的重要地位，将食用菌栽培推广列入当地农林业产业调整重要项目，主动做好与农林业科研单位的对接，加大食用菌品种本土化联合研究攻关。结合当地区域气候、生产资源特点，重点选育推广适合本地有良好市场化前景、有产品竞争力的品种，优化标准化栽培方法，形成可复制、可推广的模式，以引导林农积极参与黑木耳栽培产业。

（2）打造产业链平台。食用菌从制种、栽培、采收到加工，是一个系统化平台，涉及原材料加工、栽培技术、子实体后期加工等系统化产业链条，当地政府应注重协调推进各产业环节的配套，引导黑木耳栽培产业链完善，提升行业竞争力，增加产品附加值，打造地方优势品牌，从而更大程度地促进当地农林结构调整，提升农业可持续发展水平。

（3）抓好队伍建设。各级政府应围绕食用菌产业发展需求，创新职业教育办学模式，推进产教融合，稳定涉农林专业招生规模，为林区培养高技能人才；吸引林科大学生进入基层科技推广队伍，强化基层科技推广人员集中培训力度，通过培训示范，加大定向培养林区人才力度；以新型农林经营主体为重点培育黑木耳栽培科技示范户，通过以点带面，建立一支较为充足的食用菌栽培实用人才队伍，促进食用菌科技创新能够顺利落地转化。

撰　稿　人：邹莉　许泽成
咨询专家：邹莉　东北林业大学　教授
联系电话：13903650896
电子邮箱：13903650896@163.com　　微信：13903650896

# 香 菇

## 一、概述

香菇（*Lentinus edodes*），属真菌门（Eumycophyta）担子菌亚门（Basidiomycotina）层菌纲（Hymenomycetes）伞菌目（Agaricales）侧耳科（Pleurotaceae）香菇属（*Lentinus*）。国内有香蕈、冬菇等别称，商品名还有花菇、光面菇。日本称椎茸。香菇是著名的食用菌，不仅味道鲜美，香气浓郁，还具有良好的保健和养生价值。

目前国内香菇年生产量居各种食用菌首位，2018年我国香菇总产量达到961.51万t，2010—2018年，我国香菇总产量增长了533.86万t，增幅达到124.84%。香菇种植生产周期短、见效快、效益高，一般每棒投入2~3元，产值在4~6元，投入产出比为1:2~1:3，生产周期9~10个月。在广大农村尤其是山区和贫困地区实现农村发展、脱贫攻坚、乡村振兴战略中发挥了重大作用，是目前国家精准扶贫实施最多的项目。

## 二、发展目标

香菇是目前国内产量最大的食用菌，产品深受消费者喜爱，国内生产规模增长但已经开始放缓，市场竞争加剧。产业生产方式开始转型，由一家一户小规模全程自己操作的生产方式向产业链专业化分工即企业+农户，集中制棒与分散管理相结合的方式转型发展，向工厂化企业化转型发展。产品从注重产量向注重质量转型发展，虽然生产规模、国内市场容量已近饱和，但结构性供给不足仍然存在，尤其是满足不同消费者个性化需求。因此高品质品种选育、特色化品种选育、高效栽培技术、适合不同层次主体的机械装备是当前香菇产业发展的重要目标。

## 三、品种选择

（1）层架栽培模式的主要品种：L808系列：L808、215、浙香6号；0912系列：0912、庆科212、238；雨花系列：花菇3号。

（2）立棒式栽培模式的主要品种：L808系列：L808、浙香6号，0912系列：0912、212、238。

（3）主要品种简介

'香菇L808' 该品种是丽水市大山菇业研究开发有限公司选育的品质优良的中高温型香菇品种。2008获得国家认定（国品认菌2008009）。广泛用于南方秋冬季出菇，北方和南方高海拔地区中高温季节出菇品种，是国内应用量最大的香菇主栽品种。

'香菇 L808'

'香菇0912' 该品种是辽宁省抚顺市农科院选育的香菇优良品种，'0912'品种的优点是产量高，管理简单，温差小也能正常出菇，但菇的品质不如'L808'。

'香菇0912'

## 四、菌棒制作技术

**1. 原辅材料与选择**

（1）木屑。木屑是香菇生产发育所需碳素营养的供给者，是袋栽香菇成效好坏的关键。以壳斗科、金缕梅科、桦木科为主的木材粉碎而成。选择木材比重大的硬质阔叶树种，如白栎、麻栎、青冈、甜槠等，梨、苹果、桃子等果树可以与硬质阔叶树混合使用，杨树等太松的木材不宜使用。松、杉、柏、樟等含芳香性物质的木材不宜使用。

木材新鲜粉碎成片粒状，以5~15mm左右，避免使用砍伐后久置被杂菌分解的木材。

生产香菇用的阔叶树木材

木材粉碎

（2）麦麸。又称麸皮、麦皮，是香菇菌丝生长所需氮素营养的主要供给者，是袋料栽培香菇的最主要辅料，能促进香菇菌丝对培养基中木质纤维素的降解和利用，提高生物学效率。

目前市售麦麸有红皮和白皮之分，大片和中粗之分，其营养成分基本相同，生产上多选用红皮中粗或大片的麦麸，原因是白皮麦麸易被掺入玉米芯粉、麦秆粉，难以辨认。

麦麸要求新鲜无霉变、无虫蛀，陈旧、潮湿的麦麸容易滋生杂菌和螨虫，导致营养损失，不宜使用。

（3）石膏。其化学名为硫酸钙，中性，主要提供钙素和硫素，可调节培养料 pH 值，具有一定的缓冲作用。

（4）碳酸钙。选用轻质碳酸钙，碱性，主要提供钙元素，调节培养料 pH 值。

（5）糖。生产上常使用的是红糖、白糖，都是蔗糖，适量添加有利于菌丝恢复和生长。

（6）筒袋。筒袋选用高密度低压聚乙烯（HDPE）制作，折径 15cm，厚度 0.0045~0.0055cm（即 4.5~5.5 丝），保水膜袋为规格折径 15cm，厚度 0.001~0.002cm（即 1~2 丝），外套袋的折径为 17cm，厚度为 0.001cm，长为 55cm。

**2. 配方与配料**

杂木屑 78%，麦麸 20%，糖 1%，石膏 1%（经典配方）

杂木屑 79%~83%，麦麸 16%~20%，石膏 1%

杂木屑 78%~82%，麦麸 16%~20%，石膏 1%，碳酸钙 1%

**3. 拌料**

关键是原辅料比例适合、混合均匀，含水量适宜，木屑需要预湿，然后拌入麦麸、石膏、碳酸钙。

适宜的培养料含水量为 55%。一般每个菌棒（15cm×55cm 规格筒袋）重为 1.8~2.0kg，高于 2.2kg 的含水量偏高，低于 1.6kg 的含水量偏低。

香菇培养料的 pH 值以 5.5~6 为宜，上述香菇配方的 pH 值适宜，无需调整。气温较高时，为了防止培养料酸化配料时可加入 0.5%~1% 石灰。

木屑、麦麸料堆

自走式拌料机拌料

### 4. 装袋灭菌

装料要紧实，料袋搬运过程要轻拿轻放，装料场所和搬运工具需铺放麻袋或薄膜，防止料袋被刺破。为防止培养基发酵、胀袋，装袋要抢时间，最好在5h内完成，另外培养料的配制量与灭菌设备相符，日料日清，当日装完，当日灭菌。

简易装袋机

半自动装袋流水线

香菇培养料棒采用常压蒸气灭菌法。通过灭菌一方面杀死培养料中的杂菌，另一个作用是使培养料熟化，香菇菌丝更易吸收利用培养料中的营养。适当延长保温时间，可加快菌丝生长速度，提早出菇，增加产量。

灭菌时料棒堆放要合理。一是堆放能确保蒸气畅通，温度均匀，灭菌彻底；二是防止塌棒。

灭菌开始时，火力要旺。争取在最短(5h以内为佳)时间内使灶内温度上升至100℃，

全自动装袋流水线

以防升温缓慢引起培养料内耐温的微生物继续繁殖，影响培养料质量。只有当灶下部料棒温度达到98℃以上才可以开始计时保持12~16h，中间要匀火烧。

出锅冷却：灭菌结束后，应待灶内温度自然下降至80℃以下再开门，趁热把料棒搬到接种场所冷却。

灭菌料棒堆放用绳子固定

薄膜罩灭菌

常压灭菌

高压灭菌

**5. 接种**

香菇一般采用开放式接种。将菌种及其他物品放置料棒堆上，然后用气雾消毒剂按每1000棒5~10盒(200~400g)点燃，并用薄膜把料棒覆盖严密，尽量不要让气雾消毒剂的烟雾逸出来，消毒时间3h以上。接种操作将覆盖料棒的薄膜掀开一部分，直接在菌棒上打孔、接种，套袋或用地膜胶水封口。

接种完毕后薄膜重新覆盖菌棒堆上，每天清晨或夜里掀膜一次，一般菌种吃料菌圈有3~5cm大即可撤去薄膜。

**6. 发菌管理**

发菌场地：要求通风、干燥、光线暗。采用开放式接种可以就地接种，就地发菌。

菌棒的堆放：刚接种后的菌棒采用一字型或一层4棒井字形排放，注意接种孔要朝向侧面，防止接种口朝上或朝下因菌棒堆压造成缺氧及水渍导致死种，层高一般10层左右，每行或每组之间留50cm的走道，也可以接种后直接上架培养。

温度管理：香菇菌丝生长以24~26℃最好，后期22~24℃低温养菌是高产的关键，有条件的采用控温培养室发菌。

湿度管理：前期空气湿度宜掌握在70%以下，后期应掌握在70%~80%，这样可以减少菌棒的失水量。

光照：前期场地光线以暗为好，可以促进菌丝生长，也可降低培养场地温度。后期要增加散射光，这样有利菌丝生理成熟，要防止光照过强如直射光照射，菌棒、菌袋受强光照射，导致菌丝老化，过早产生原基，影响产量。

### 7. 刺孔增氧

香菇是好气性真菌，要想菌丝生长快，浓白健壮，必须有充足的氧气，只有充足的氧气才能充分降解培养料中的木质纤维素，转化为出菇所需的营养和能量。

开放式接种

刺孔通气增加培养料中氧气含量，排除菌丝生长释放出的废气，加速菌丝生长，缩短菌丝达到生理成熟的时间。尤其中、迟熟品种，其作用突出。实践证明，正确合理的通气是秋季袋栽香菇优质高产的重要措施之一。

菌棒培养全过程通气增氧一般为3~4次。

第一次，当菌丝圈直径6~8cm，结合捡杂菌翻堆。

第二次，菌棒满袋可以去掉套袋。脱去套袋不宜太早，若菌丝圈直径只有5~6cm时脱袋，其菌棒的杂菌感染率会显著增加；要分批脱套袋，防止脱套袋后，氧气增加，菌丝生长加速而导致堆温过高的烧菌现象。

第三次，接种口开始出现瘤状物，进行全面刺孔一次。

第四次，出菇前刺孔，减少第一批畸形菇。

## 五、栽培管理技术

### (一)大棚立式出菇模式

**1. 场地选择与菇棚搭建**

(1)场地选择：场地选择影响菇棚的温湿光气等因子，选择日照长的场地，冬季温暖、冬菇产量高、靠近活水源、地势平坦、交通方便、土壤透水保湿性能好的田地。

(2)菇棚搭建：菇棚有竹材搭建的，多数采用蔬菜钢管大棚、北方用日光温室大棚，规格多种。

(3)畦床设置：菇棚畦床根据棚宽划分，以采菇操作人员拿菌棒方便为宜，畦沟(兼人行道)间走道宽50cm。

(4)菇架搭建：在畦床上每隔2.5~3m设一高30cm左右的横档，然后用铁丝纵向拉线，用纤维绳将铁丝固定在横档上，两端的铁丝绕在木桩上，敲打入地以拉紧铁丝，逐条拉好即完成，为了防止纵向铁丝拉不紧，在纵向铁丝中加入螺丝扣，可以调节拉紧。

每隔 1.5m 设一横跨畦面的弧形竹片,用于覆盖小棚膜。

**2. 脱袋管理**

脱袋期选择主要考虑菌龄、天气和第二次穿孔后菌棒的生长情况。

(1)菌龄。菌龄是菌棒从接种发菌培养直至脱袋的天数,不同品种都有相对稳定的菌龄,可以作为脱袋期选择的一个参数。L808、168 等品种的菌龄为 100~120 天,212 品种的菌龄为 70~90 天。菌棒生理成熟的标志是至少有一半转色、部分菌棒出现菇蕾,用手抓菌棒弹性感强。

(2)天气。天气是脱袋时机选择的另一关键因素,脱袋时温度必须在该品种的出菇范围内。

(3)菌棒的生长状况。菌棒第二次刺孔,再培养 7~10 天,然后将菌棒搬到出菇棚,经过 7~10 天的培养,菌棒表面出现淡黄色或棕褐色菌皮,整个菌棒手感弹性好,到小孔均被菌丝布满,一些菌棒开始出现小菇蕾,方可开始脱袋。

**3. 秋菇管理**

秋季香菇,价格较高,秋季出菇管理的关键是出好第一批"领头菇"。秋季香菇管理要点是催蕾、控高温、防霉。一是拉大温差,刺激原基的发生和菇蕾的形成,昼夜温差越大,越容易诱发子实体原基形成。二是保持相对湿度,此阶段最理想的相对湿度为 80%~85%。三是增加通风,减少畸形菇发生。四是适时喷水。

(1)催蕾。菌棒脱袋后,及时采取温差刺激、震动刺激等方法进行催蕾。白天关闭棚膜,使温度上升,傍晚打开棚门,通风 1~2h,降低棚温,使菇床温差拉大,连续 3~4 天,大量菇蕾发生,菇蕾形成后,在早晨或傍晚对菌筒喷水 1 次,并打开棚膜通风换气,待菌筒游离水蒸发后盖好薄膜。震动刺激,要选好时机,最好是临近冷空气来临之前 2~3 天,采用拍打菌棒震动方法,促使其出菇,结合含水量较少的菌棒,通过注水,起到湿差刺激的作用,促使菌棒出菇。

(2)控高温、防霉。秋季大棚式栽培的脱袋时间一般是 10 月下旬至 11 月,此时气温最高温度还可接近 30℃,棚内温度超过 30℃,要控制高温,保湿度。采取适当增加遮阳物,控制菇床温度,加强通风,通风与保持湿度相结合,先喷水增加空气湿度,然后再通风,每天 1 次,每次约半小时。若高温又下雨,把盖膜四周拉空通风,加大通风量可以防止或减少霉菌侵染。

**大棚地栽出菇**

(3)转潮管理。一潮菇采收后,停止喷水增加通风,降低菇床湿度,当采过香菇的穴位又长出白色菌丝时为养菌结束,一般7~10天。含水量较高的要放低覆盖薄膜,拉大温差、湿差,刺激原基形成。若菌棒较轻(原重的1/3~1/2)养菌7天左右后,采取注水补充水分,使菌棒含水量达60%左右,直观标准注水至菌棒表面有淡黄色水珠涌出为宜,再拉大温差刺激。3~4天后,促使下一潮菇形成。

菌棒补水注意要点,一是必须在适宜出菇的温度范围,若温度不适宜,补水后不会出菇,且会导致菌丝缺氧、烂棒;二是菌棒的含水量下降40%以下或重量减轻1/3~1/2;三是补水量以达到第一潮菇时菌棒重的95%为宜,随着出菇潮次的增多,补水量要适当减少;四是水要清洁,温度高的季节,补水的水温要低于菌棒的温度,低温时,补水的水温最好高于菌棒温度,温差越大,越有利于菇蕾的发生。

**4. 冬菇管理**

冬季香菇生长慢,品质好,同时市场消费量大,菇价高,但由于冬季气温低,出菇量不多。管理重点是提高菇棚温度和选择合理的催蕾方法,缩短菇蕾形成时间,增加菇蕾形成数量,尽量多长菇。提高棚温是促进冬菇多出的基础条件,具体方法一是把遮阳网与大棚膜内外对调,使阳光更多射入棚内提高棚温;二是在气温低时,把遮阳网撤掉,移入大棚内,直接覆在小拱膜上,防止太阳直射菌棒;三是利用加温设施,对保温性能好的菇棚进行加温,提高出菇数量。

管理上每天结合采菇通风一次,每次30min,采菇后要及时喷水保持棚内湿度,待菌筒表面游离水风干后,再盖好薄膜。催菇结束后,可以根据市场行情,加盖遮阳网、增加通风,可以减缓香菇成熟时间,推迟采摘2~3天,错时上市,提高售价。

**5. 春菇管理**

春天气温升高,昼夜温差大,湿度大,是香菇出菇的高峰期。管理重点是控湿、通风防霉,及时补充水分,抓转潮管理,多出菇,后期结合补水添加适量营养物,提高产量。

(1)早春管理。春季前期气温不高,主要是做好养菌,菌棒养菌结束后及时补水,增温闷棚,促进菇蕾发生,菇蕾发生后要根据气温及时通风,也可以结合采菇喷水通风,视天气状况决定喷水量,直至采收,采收后及时养菌补水催蕾。

(2)中晚春管理。白天气温高,晚上低,温差大,加上降雨增多,湿度大,重点是降温、控湿、防霉。降温方法包括重盖遮阳网,早晚喷水通风每次30min,达到降温、增氧、保湿的作用,采收后打开两端棚膜门养菌3~4天,在注水时加入0.1%尿素与0.3%过磷酸钙,三十烷醇1.5μg/L或0.2%的磷酸二氢钾,0.01%~0.02%的柠檬酸,提高产量。

## (二)层架栽培模式

**1. 层架菇棚**

由遮阴棚、塑料大棚、多层出菇架三部分组成。

(1)搭建遮阴棚。又称高棚,高2.4m左右,用镀锌管、木搭成,支柱设在走道旁,菇棚南北窄、东西长,便于空气流通。上面加盖遮阳网遮阴,遮阴棚的四周应比下面的拱形塑料大棚加宽些,尤其是要注意东西方向的加宽,以防太阳的直损伤菌棒。由于菌棒放在棚内越夏,遮阳物要隔空两层遮阳网覆盖,并配以喷水带。

**木材屋脊式层架连片棚**

(2) 搭建塑料大棚。遮阴棚下搭建塑料大棚,宽 2.8~3.2m,肩高 1.8~2m,一般用镀锌管、木作骨架,棚顶塑料薄膜用压膜线或塑料绳固定,塑料大棚四周的薄膜要可升可降,便于调节菇棚内温、湿度。为防止地下水蒸发引起菇棚内空气相对湿度升高。除菇棚四周要深挖排水沟外,菇棚内地面可用塑料薄膜或油毛毡覆盖。若土壤干燥的,也可在地表铺一层干沙子。

(3) 设置塑料大棚。大棚内设多层栽培架。可用木材、镀锌管搭建,一般 5~8 层,层距 0.3~0.4m,底层高 0.15~0.2m,架宽 0.40~0.45m,中间两排并拢,两边各设一排,左右两面操作道距离 0.6~0.7m。另外,在菇棚不同部位挂几只温湿度计,以便随时观察调控温度、湿度。菇棚四周应保持有 2m 的开阔地,以免影响通风。

**钢管大棚层架**

## 2. 菌棒越夏

越夏管理的关键就是做好降温通风的措施,促进菌丝转色。菌棒在夏季高温来临前已完成转色。目前采用的室外遮阴棚越夏由于通风好、降温快,可有效减少烧菌情况发生。

一是设施降温,目前一般采用两层隔空遮阳,降温效果良好,通过增加棚顶喷水方式降低棚温。二是采用水帘设施降温。三是做好通风降温工作,一般傍晚卷起棚四周的遮阳网进行通风,次日早上放下遮阳网。

**3. 菇木补水**

对越夏结束进入出菇阶段的菌棒,重量减轻的菇木在出菇前7~10天进行补水工作,使每袋重达1.5~1.6kg。保证袋内有充足水分,供给幼蕾生长发育。

**4. 催蕾**

催蕾包括头潮菇的催蕾和采收后的催蕾,其中头潮菇的催蕾尤为重要。一般头潮菇出得好,以后每潮菇催蕾就比较容易,甚至不用催蕾就能连续发生。反之菇蕾就很难催出来。所以,一定要非常重视头潮菇的催蕾。

合适出菇期间,受冷空气影响出现连续3~5天的明显降温,气温在18℃左右的天气,要抓住上述的气候变化时机,给予比较适度的振动刺激。用木板拍打菌棒,或用2根菌棒互相拍打,3~7天就能普遍发生菇蕾。

(1)温差刺激。拉大昼夜温差来刺激菌棒出菇,昼夜温差不小于10℃。在具体操作上当气温在20℃以上,湿度在65%~80%时菇棚不需放下四周活动塑料膜,应加强通风管理工作,尽量让夜间空气自然下降温度来调节温差和凉棚内的湿度。反之当气温低于10℃、湿度低于65%时,晚上应下降四周活动塑料膜,促使凉棚内增温增湿。白天升起四周活动塑料膜降湿,让自然空气自动调节,尽量争取温差越大越好,并需连续操作7~10天,促使菌棒整批出菇。

(2)湿差刺激。对水分偏低的菌棒要在催蕾之前给予补充水分,用于注水的水温一定要比菌棒温度低5℃以上。对个别菇木因含水量确系过高的必须进行排湿增氧,以达到合理的含水量和增加干湿差。

(3)拍打等机械振动刺激。对采用前面两种方法还未出菇的菌棒可用此法,即搬动、调层次、拍打等以达到出菇的目的。

**5. 育菇**

催菇后,就要注意保温保湿,相对湿度保持在80%~90%,温度10~22℃。若要育花菇,菇蕾达到3cm以上时,相对湿度为50%~68%、温度为8~22℃。一日内棚内最高温度应在20℃左右,同时又有10℃以上的昼夜温差,最适宜花菇生长发育和裂化。

如在严寒季节,日最高温度在10℃以下,可将凉棚上的遮阴物开天窗或拉稀,促使日照透入塑料大棚内来提高棚内的温度,

层架式出菇

保证香菇形成期所需的温度。如塑料棚内温度、湿度过低，可下降塑料棚四周的塑料膜来增温保湿。反之升膜来降低棚温，以达到逆向作用。

**6. 菌棒补水**

进行香菇出菇管理的菌棒一般不能喷水，补水的方法有浸水和注水两种。菌棒一般采用注水方式补水。因浸水易引起养分流失，也难于控制吸水量，容易造成表皮过湿，现蕾过多，也会造成袋内积水，滋生霉菌。

补水最好在天气变化前后进行，补水后有 3~5 天晴天。水分补充量应在 250~500g 之间，不宜一次补水过多。也不能在香菇采收后立即补水。必须给菌棒 1 周左右的养菌时间，让菌丝在较"干"的条件下积贮养分，待菇脚孔长出菌丝变白后再补水，加大干湿差，以利于菇蕾发生。

**7. 采摘**

按不同的销售要求适时采收。如果鲜销，当菌膜还未破裂，边采摘边进行分级，其商品价值最高；如果干销，可以在七八成熟，菌盖尚未完全开展还保持内卷时采摘。

## 六、对策建议

**1. 加快香菇品种选育，满足不同消费群体的需求**

市场和生产对香菇的品种要求是多种多样，如鲜食与干品，菇体大和小、颜色深浅，高温与低温出菇，工厂化栽培与农用设施栽培，还有功能性成分含量如多糖等含量不同，加快优质、特色香菇育种是香菇产业发展的重要工作。

**2. 加强香菇生产原料储备资源的研究**

香菇生产需要消耗大量木材资源，随着生态保护力度的加大，各地对森林资源采伐的限制，栽培原料已经成为香菇产业发展的主要瓶颈。因此发展香菇产业的地区要加强香菇资源林的培育和研究，其次是要加快速生替代资源的开发研究。

**3. 发展香菇明确发展目标和定位**

根据当地区位、消费习惯、市场容量以及交通条件明确选择产品定位是鲜菇还是干菇为主，市场定位是当地市场还是国内大城市市场或是出口。从栽培效益看，通常鲜菇为目标的高于干菇为目标，但是干菇为目标的营销方便，比较稳定；无论哪一个地区、无论是企业或农户，香菇生产都要以优质菇种植为目标，熟练掌握全套技术，适度规模经营，才能取得良好经济效益，实现可持续发展。

撰　稿　人：应国华
咨询专家：应国华　丽水市农林科学研究院食用菌所　正高级工程师
联系电话：13757862672
电子邮箱：zjlsygh@163.com　　微信：13757862672

# 猴头菇

## 一、概述

猴头菇（*Hericium erinaceus*），又名猴头菌、刺猬菌、花菜菌、对脸蘑，隶属于齿菌科猴头菌属的真菌。子实体卵圆形或块状，悬于树干上，少数座生，直径 5~20cm，最初肉质，后变硬，个别子实体干燥后菌肉有木栓化倾向，有空腔，松软。新鲜时白色，有时带浅玫瑰色，干燥后黄色至褐色。菌刺长 2~6cm，粗 1~2mm，针形，末端渐尖，直或稍弯曲，下垂，单生于子实体表面之中，下部、上部刺退化或发育不充分。

优质猴头菇

猴头菇是我国著名的食、药用真菌。其肉质鲜嫩可口，被誉为"山珍"，长期以来与熊掌、燕窝、鱼翅齐名。猴头菇性平味甘，有利五脏、助消化、滋补身体等功效。猴头菇的多糖和多肽类物质，可以提高机体免疫功能，对小白鼠肉瘤 180 有明显的抑制作用。国内已经用猴头菇菌丝体制成"猴头片"，用于治疗胃溃疡、慢性胃炎、慢性萎缩性胃炎，对胃癌、食道癌也有一定疗效。猴头菇是一种木腐菌，在自然界多发于秋季，生于柞树等树权的枯死处。

## 二、发展目标

应结合当地区域气候、生产资源特点，选择适合菌种，探索标准化栽培方法，形成可复制、可推广的模式，引导林农积极参与猴头菇栽培产业，增加林农收入。促进当地种植业结构调整，提升农林业可持续发展水平。

通过猴头菇栽培技术的应用，以典型引路，采取现场培训示范等方法，建立一支较为充足的食用菌栽培实用人才队伍，促进食用菌科技创新落地转化。

## 三、菌种的选择

优良猴头菇品种：菌丝生长速度快，适用性强；菇蕾形成快，成熟后菇体个体较大，菌刺下垂生长，呈圆锥形。适应温度范围广。

## 四、猴头菇栽培种的制备

**1. 栽培种配方**

（1）木屑麦麸配方：木屑 83%，麦麸 15%，石膏粉 1%，豆粉 1%，含水量 55%。

（2）玉米芯豆饼粉配方：玉米芯 87%，麦麸 10%，豆饼粉 2%，石膏粉 1%，含水量55%。

(3) 木屑玉米芯配方: 木屑55%, 玉米芯30%, 麦麸10%, 豆饼粉4%, 石膏粉1%, 含水量55%。

配方所用玉米芯、麦麸、豆饼粉等要求新鲜、无霉变、无虫害。但是木屑却要求陈旧, 最好是在室外堆置数月, 经日晒、雨淋, 除去了芳香性物质。木屑要过筛子, 剔除小木片、短枝条及其他硬物, 以防装袋时刺破菌袋。其他原料均不应有硬物、尖物。

颗粒木屑

玉米芯

### 2. 栽培种菌袋的制备

(1) 预湿。由于玉米芯、颗粒木屑吸水速度慢, 应提前一天喷水搅拌预湿, 然后闷堆4~10h再进行拌料。

(2) 拌料。根据配方要求按照主料、辅料投放比例把原料投入到第一搅拌池内充分搅拌, 然后传送到第二搅拌池内搅拌均匀。

(3) 装袋。菌袋要选择与菌丝亲和力好的塑料袋, 聚乙烯塑料袋(乌袋)是首选, 而聚丙烯(亮袋)不宜使用。菌袋规格为16cm×36cm, 厚度4~4.5丝。优质菌袋充气按压时有网状格。采用卧式装袋机装袋。

(4) 灭菌。采用常压灭菌锅要求排气充分无死角, 100℃灭菌8h。高压蒸汽灭菌锅, 冷气排出后121℃灭菌2h以上。下面介绍常压灭菌的注意事项。

及时进锅: 装袋完毕, 应立即将菌袋装进灭菌锅, 并迅速升温灭菌。防止菌袋中的微生物繁殖, 将基质分解, 导致酸败。特别是高温季节, 更应该注意这一点。

菌筐之间留空隙, 菌袋装入锅内应叠放成多行, 自下而上排放。行与行之间, 袋与袋之间要留有一定间隙, 使汽流能自下向上畅通, 防止局部"死角", 造成灭菌不彻底。

控制温度: 装锅完毕应快速加热升温。上汽后, 要注意放气, 把冷空气排尽。排气后, 使锅内温度尽快上升到100℃, 做到中途不停火, 不加凉水, 不降温, 维持100℃灭菌8h。灭菌过程中温度不能忽高忽低, 并要注意锅中水位, 勿烧干锅。

### 3. 接种

无菌接种是猴头菇栽培生产中最关键、技术性强的一项工作, 在接种室通过无菌通道传送菌袋进行接种。

(1) 消毒。将灭菌后的菌袋送入接种室, 用臭氧消毒。当菌袋温度降至室温时接种。

（2）接种。进入接种室前，工作人员要洗手，穿净化服和戴净化帽，经风淋室进入接种室。接种前工作人员要用70%~75%的酒精棉球消毒双手、消毒菌种瓶外壁，点燃酒精灯，通过火焰消毒接种工具，在酒精灯火焰上方打开菌种瓶，除去老菌丝。打开被接菌袋口，用接种铲将菌种迅速接入袋口内，然后封口。每袋原种可接80袋栽培种。最好采用液体菌种接种，接种量20mL/袋。液体菌种具有接种快、菌丝萌发快、生长速度快、出菇快的特点。

### 4. 发菌管理

即菌丝体培养阶段。菌袋进入培养室后，在适宜条件下，25天左右菌丝即可长满菌袋。为了使其顺利完成发菌，实现高产优质，应从以下几方面加强管理。

（1）叠层养菌与吊袋绳网养菌。根据自然气温确定菌袋入培养室后的堆放方式。一般堆放四层，袋与袋之间应有空隙，菌袋多时，也可采用"井"字双层排放。气温低时可双层或多层排放。一定要根据气温的变化而灵活掌握。

吊袋绳网养菌，袋与袋之间有间隙，养菌期菌袋散热快，不会造成菌袋上热死亡。

叠层养菌　　　　　　吊袋绳网养菌　　　　　　优质栽培种

（2）调节温度。菌袋初入培养室的1~4天，室温应为24~26℃，以使所接菌种在最适环境中尽快吃料，定植生长，抢占料面，减少杂菌污染。第5天起，随着菌丝生长，袋内温度上升，应将室温调至24℃以下。第16天以后，猴头菌新陈代谢旺盛，室温控制在20~23℃为宜。

（3）控制湿度。发菌期，菌丝是依靠基质内水分生长，不需要外界供水，所以室内空气相对湿度达到60%即可。阴雨天室内空气湿度大时，往往会使棉塞潮湿，导致杂菌滋生，应开窗通风。但发菌需保证黑暗条件，通风宜在夜间进行。

（4）检查菌袋。菌袋入培养室3~4天，一般不宜翻动。7天后检查菌丝生长情况及有否污染杂菌。一旦发现杂菌污染菌袋立即清出，焚烧或深埋处理以防传染。

## 五、栽培技术

### 1. 出菇吊袋大棚的建设

由于猴头菇生长发育对温度、湿度等环境条件要求比较严格，使其栽培场地受到限制。北方地区栽培猴头菇宜在塑料大棚进行，菇农也可利用冬季蔬菜大棚、库房、山洞、室内等场地。建造大棚应选地势平坦、靠近水源、环境洁净的地方，大棚的走向宜选择东西走向，阳光照射好，利于猴头菌出菇。大棚东西长20~40m（根据栽培规模大小确定），南北宽7~10m，中部最高点高4.2m，两侧立柱高2.4m。主体由钢筋和钢管构成，钢筋为1寸管，吊杆为4分或6分钢管，钢管采用焊接连接或者用专用连接件连接锁定。在每组吊杆上方安装一根喷管，棚架两侧各安装一根喷管，一根喷管上安装8根水管，每根水管的入水端必须装有过滤器。喷头安装在水管上，每间隔0.8~1.2m安装一个喷头，为使喷水均匀两根水管上的喷头应错开安装。

大棚骨架

大棚立柱布局

### 2. 栽培季节

根据猴头菇生长发育对温度的要求，合理安排栽培季节。北方可于5月中旬制备猴头菇栽培种，9月中下旬出菇；或冬季制菌，翌年5月底出菇，7月中旬出菇结束。

### 3. 出菇管理

菌袋经过20多天发菌培养，菌丝达到生理成熟，即从营养生长阶段转入到生殖生长阶段，进行出菇管理。

（1）菌袋开口与吊袋。用开口器在菌袋上开边线长2cm的3个大V字形口。3个开口应上下错开，左右错开。将开口的菌袋用钢丝卡扣固定到吊绳上，每串吊7袋。长40m，宽10m的菇棚可以吊大约20000袋。

吊袋出菇

菌袋口型

(2)调节温度。菌袋进菇棚后,温度应调至14~20℃。在低温刺激下,诱导原基形成,从原基形成到采收需10~12天。菇棚内温度低于12℃,原基不易形成,或已形成的猴头菇子实体容易发红。温度超过23℃,子实体生长发育缓慢,菌柄增长,菇体形成菜花状畸形菇。温度超过25℃,子实体会萎缩死亡。因此菇棚温度应调至14~20℃,这是猴头菇栽培成败的关键。

(3)保持菇棚湿度。当菌袋进入菇棚后,需要向菇棚空间、地面喷水,使菇棚内空气的相对湿度达到85%~90%,保持菌袋料面湿润,促使原基形成,子实体正常生长发育。如果菇棚湿度低于70%,原基不易形成,或已分化的原基停止生长;如果菇棚湿度高于95%,再加上通风不良会造成杂菌滋生,子实体腐烂。

(4)通风。当菌袋进菇棚后,注意菇棚通风换气,保持菇棚空气新鲜。通风少时,会出现畸形菇;通风多时应注意通风与保湿的关系,应先喷水后通风,保证菇棚内空气的相对湿度在85%~90%,空气新鲜,利于子实体正常生长发育。

(5)光照。保持一定光照,子实体生长发育过程中,需要200~400lx光照,菇棚光照太强菇体发黄品质下降,影响价格。光照太弱原基形成困难或形成畸形菇。

### 4. 采收及采后管理

(1)适时采收。猴头菇一般从原基形成到采收需10~12天,猴头菇子实体成熟的标志:菇体色白,表面出现菌刺,在没有弹射孢子前适时采收。适时采收产量最高、品质最好。采收过迟,菌刺过长,孢子大量散发,子实体变得疏松,发黄,苦味浓,品质和食用价值均下降。

(2)采后管理。第一茬菇采收后,将料面的残菇、碎菇清理干净。停止喷水3~4天,通风使菌丝体获得充足的氧气,随后进行补水。注意温度、湿度、通风、光照等方面的管理,可收获三、四茬菇,生物学效率达80%~120%。

达到采摘标准的猴头菇

猴头菇棚室

## 六、对策建议

(1)建立协作机制。地方各级政府应高度重视食用菌产业的重要地位,将食用菌栽培推广列入当地农林业产业调整重要项目,主动做好与农林业科研单位的对接,加大食用菌品种本土化联合研究攻关,结合当地区域气候、生产资源特点,重点选育推广适合本地有良好市场化前景、有产品竞争力的品种，优化标准化栽培方法，形成可复制、可推广的模式，以引导林农积极参与猴头菇栽培产业。

（2）打造产业链平台。食用菌从制种、栽培、采收到加工，是一个系统化平台，涉及原材料加工、栽培技术、子实体后期加工等系统化产业链条，当地政府应注重协调推进各产业环节的配套，引导猴头菇栽培产业链完善，提升行业竞争力，增加产品附加值，打造地方优势品牌，从而更大程度地促进当地农林结构调整，提升农业可持续发展水平。

（3）抓好队伍建设。各级政府应围绕食用菌产业发展需求，创新职业教育办学模式，推进产教融合，稳定涉农林专业招生规模，为林区培养高技能人才；吸引林科大学生进入基层科技推广队伍，强化基层科技推广人员集中培训力度，通过培训示范，加大定向培养林区人才力度；以新型农林经营主体为重点培育猴头菇栽培科技示范户，通过以点带面，建立一支较为充足的食用菌栽培人才队伍，促进食用菌科技创新能够顺利落地转化。

撰　稿　人：邹莉　许泽成
咨询专家：邹莉　东北林业大学　教授
联系电话：13903650896
电子邮箱：13903650896@163.com　微信：13903650896

# 竹　荪

## 一、概述

竹荪菌（*Dictyophora indusiata*），又名竹笙、竹参，属真菌门（Eumycophyta）担子菌亚门（Basidiomycotina）腹菌纲（Gasteromycetes）鬼笔目（Phallales）鬼笔科（Phallaceae）竹荪属（*Dictyophora*），是寄生在枯竹根部的一种隐花菌类，形状略似网状干白蛇皮，它有深绿色的菌帽，雪白色的圆柱状的菌柄，粉红色的蛋形菌托，在菌柄顶端有一围细致洁白的网状裙从菌盖向下铺开，被人们称为"雪裙仙子"、"山珍之花"、"真菌之花"、"菌中皇后"。竹荪营养丰富，香味浓郁，滋味鲜美，自古就列为"草八珍"之一，具有很高的药用价值和食用价值。

野生竹荪产量很小，全国约年采收100kg左右，远远无法满足国内外市场需求，因此野生竹荪市场价格很高。20世纪80年代末，竹荪人工栽培获得了成功。目前，我国竹荪产区主要分布于云南、贵州、四川、湖南、江西、福建、浙江等地，其中以福建古田的棘托竹荪产量最多，其次是四川省宜宾市的长裙竹荪，然后是贵州省织金县的红托竹荪。

## 二、发展目标

针对我国大、中径材竹林的林地面积大、竹材及其加工废弃物资源等丰富的现状，在南方竹区因地制宜地发展数十万亩仿野生竹荪产业，改变传统大田栽培模式，提高竹荪的品质，改善竹荪产业的产品结构，促进竹荪产业的可持续发展，助力精准扶贫和乡村振兴，为"两山"转化提供样板。

## 三、栽培技术

### 1. 场地要求

宜选择交通方便、背风保湿、水源充足、排水良好、土壤肥沃、坡度小于25°、林分郁闭度0.7左右、无白蚁危害、具有种植空间的可经营的竹林地，且近3年内未栽培竹荪的地块。毛竹林立竹密度宜为160~180株/亩；雷竹林密度为900~1000株/亩；麻竹林丛密度为42~50丛/亩；绿竹林密度为50~60丛/亩。

毛竹林

雷竹林

### 2. 原料要求

选用无霉变、洁净、无虫、无异味、无污染的毛竹、麻竹、绿竹、雷竹等竹类植物的竹屑，包括杆、枝、叶、鞭、根等部位，粉碎为粒度宜小于5mm的颗粒。

加工竹屑

竹林废弃物粉碎物

### 3. 菌种类型

选用长裙竹荪、棘托竹荪。目前主要栽培的品种有：D89、D42、D1等。

### 4. 栽培基质制备

（1）栽培基质配方。每亩竹林地栽培基质按照3000kg鲜竹屑配备。发酵所需辅料配比：每3000kg鲜竹屑添加尿素15kg、过磷酸钙30kg、轻质碳酸钙30kg、二水硫酸钙（石膏粉）15kg。

竹屑与辅料混合　　　　　　　　　　　竹屑沤堆

（2）建堆发酵。在播种前60天建堆（在当年1月上、中旬开始进行准备）。堆制前1~2天，先给竹屑浇透水。堆制时，先将发酵所需的全部辅料混合，然后再将辅料混合物大致均匀散于竹屑表面，宜用铲车将竹屑与辅料混合物搅拌均匀，再补水，竹屑等堆料含水量控制在60%~70%（手握紧略有水渗出），堆高宜2.0m以上，长度不限。堆料后表面覆盖一层黑塑料薄膜以保湿增温。堆后15天，进行第一次翻堆。以后每隔10天翻堆1次，前后共翻堆3次。翻堆时要求做到上下、内外的基质料互相调换位置，并补足水分至60%~70%，使基质料上下、里外发酵均匀一致。堆制50~60天后可用，要求发酵后的基质料松软、变褐、有香味。使用前2~3天，揭开黑塑料薄膜使发酵料中的氨气等废气充分释放，并浇足水。

**5. 栽培时间**

竹荪播种时间以3月初至4月下旬为宜（从南到北先后进行），日均温度16℃以上为播种最佳时期。

**6. 种植方法**

（1）种植沟准备。要提前挖种植沟。依据具体竹林地块按等高线挖宽度为30~40cm，深度为10~15cm的种植沟。种植沟的间距宜为50~60cm。四周按照顺坡方向开好排水沟，便于排水。每亩竹林下种植竹荪的用地面积约为180~250m²。

挖沟　　　　　　　　　　　　第一层辅料15~18cm厚

（2）铺料和播种。发酵后的栽培基质料铺放前要吸足水分，释放完氨气（特别重要），基质料含水量保持在60%~70%；基质料分层铺放，先铺放基质料约15~18cm厚；然后把菌种掰成块状（30g左右），按梅花状接种在基质料表层上，接种点间距8~10cm，每平方米菌种用量为2~2.5袋（0.5kg/袋）。放菌种后在菌种附近竹屑表面均匀撒施少量玉米粉。然后在菌种上面再铺放基质料约12cm厚，略压实，堆成龟背状。

铺菌种 2~2.5 袋/m²

铺第二层料 12cm 厚及覆土 3~5cm 厚

（3）覆土保湿。播种后在竹屑基质料表面宜覆盖疏松的种植地表土，以小块土（直径1~3cm）3~5cm厚为宜。覆土后，表面喷水浇湿，以土壤含水量保持在20%~25%为宜。

### 7. 栽后管理

（1）菌丝生长期管理。栽后以基质料含水量保持在60%~70%之间，土壤含水量保持在20%~25%，土壤温度保持16~28℃为宜。播种7~10天后检查菌丝发育状况，发现菌种不萌发、发黑，应及时补播菌种。播种后25~30天内为菌丝快速生长时期，以保持表土湿润为宜；如遇连续晴天5天以上，则要喷水，喷水至覆盖土壤湿润即可，切勿浇水太多，以降低基质料温度。如遇涝，应及时排水。

（2）菌蕾期管理。接种45~60天后，菌丝爬上畦面，并形成菌索，菌索尖端扭结形成菌蕾（竹荪蛋）。菌蕾生长期需水量增加，使土壤含水量保持在20%~25%，晴天需早晚各喷一次水，林内相对湿度保持在80%~90%为宜。

(3)出菇期管理。林下种植2个半月至3个月开始产生菌蕾(竹荪蛋)。一般6月中下旬开始产菇，9月下旬至10月上旬结束。

温湿度要求：播种后70天左右子实体(菌蕾)形成，菌蕾尚未破口，应适时对菌床喷水，除雨天外，在傍晚时都应喷水。基质料含水量控制在60%左右。通过喷雾措施使菌床表面空气相对湿度保持在85%~95%，温度保持在23~30℃为宜。

光照：子实体(菌蕾)形成期，需保持自然散射光，林分郁闭度调整为0.7左右，过高或过低都将会影响出菇产量。阳光过强，菌蕾易灼伤。

虫害防治：竹荪地除白蚁危害外，在菌蕾形成期主要是蛞蝓危害。在菌蕾形成期，可用菜籽饼/油茶饼等预防，按每亩2~3kg的用量，捏碎后均匀撒在竹林内。

## 四、采收与加工

### 1. 采收

一般从播种至采收需75~90天，整个采收周期为80~90天，即可发菇3潮。当菌蕾(竹荪蛋)破口至荪裙开始往下生长时，应及时采收。采收时应保持清洁，外观形态完整，上午8:00~9:00、10:00~11:00时各采收一次，高温季节采收时间可适当提前一些。采收后应及时剥离菌盖，将竹荪菌裙翻上后放置在竹筛上，使菌柄与菌裙位置分离，然后按菇大小分层整齐摆放烘烤，菌盖可另外烘烤。也可直接采收形成期5~7天的菌蕾(竹荪蛋)鲜销或烘干。

**竹荪成熟采收期**

### 2. 烘干

竹荪采后至菌裙完全展开后应立即烘干。烘干时，烘房温度宜先升高至70~85℃，放入鲜竹荪后快速脱水半个小时左右扎捆，等待全部鲜竹荪快速脱水后，再一起在40~50℃的温度下烘2~3h，至干品含水量控制在12%~13%，竹荪干品为色白略带黄，而且气味香浓。

竹荪烘干

### 3. 储存

烘干后的竹荪，应及时放在避光的容器里（以锡箔袋为佳），然后放置在干燥、低温的地方，以冷库保存为佳。

## 五、对策与建议

### 1. 积极发展竹荪仿野生产业，促进竹荪产业健康发展

在 20 世纪 80 年代末，我国突破了竹荪大田栽培技术，大幅提高了竹荪产量。遗憾的是，大田栽培的竹荪已与"竹"无缘，因为其基质是木屑、棉籽壳、谷壳等的混合物，而且因农田的重金属含量高，竹荪的蛋白质、氨基酸、多糖和微量元素等含量降低，品质变差，使竹荪的市场价一度低于 160 元/kg，竹荪产业效益也十分低下，菇农没有种植的积极性。将竹荪重新引入竹林进行仿野生栽培，既可挽救竹荪产业的发展，提高竹荪的市场价格，又可提高竹林的综合效益，还可改善竹林土壤的肥力，而且增加竹材及其废弃物的生物利用途径，拓展了竹材的利用领域，是一项一举多得的好事，具有很好的发展前景。

### 2. 加快竹荪培育技术提升，提高竹荪优质产品的产量

目前，棘托竹荪、长裙竹荪等品种的大田栽培技术比较成熟，产量比较高，但其品质较差，市场价格低；红托竹荪虽然价格高，但单位产量低，栽培技术不成熟，种植风险大。因此，要加强竹荪仿野生栽培技术创新研究，提高仿野生竹荪的市场占有率，并且熟化红托竹荪的栽培技术，降低其种植风险。

### 3. 探索竹荪复合种植模式，提升综合经济效益

因竹荪存在种植地需要轮休的问题，限制了竹荪产业的可持续发展。因此，要积极探索竹荪与其它食用菌进行季节配置，以提高种植地的综合经济效益。目前，"竹荪＋大球盖菇"一年两季配置模式比较成功，即 3~4 月至 9 月初种竹荪，9 月初至翌年 4 月种大球盖菇，这种模式获得了年产值 5 万元/亩以上，纯收入可达 2.5 万元/亩以上。

**4. 加强竹荪保鲜与加工技术的研发，提高竹荪的附加值**

竹荪营养丰富，香味浓郁，滋味鲜美，是著名的"草八珍"之一，具有很高的药用价值和食用价值，深受人们喜爱。但因不易保鲜、价格贵、运输成本高、产品单一等原因，竹荪没有进入平常百姓家的餐桌，销售市场仅局限于珠三角、长三角、成渝等地区和北京市。因此，要加强竹荪的方便食品开发，实现产品的多样化，如竹荪蛋、竹荪即食产品等，并利用淘宝、盒马鲜生等平台，开展竹荪蛋、竹荪等鲜品销售，以扩大竹荪的销售市场和提高竹荪的附加值。

撰 稿 人：谢锦忠
咨询专家：谢锦忠　中国林业科学研究院亚热带林业研究所　研究员
联系电话：13868141030
电子邮箱：jzhxie@163.net